高等学校电工电子类系列教材

MICROCOMPUTER
PRINCIPLE & APPLICATIONS

微机原理及应用

主　编　王培进

副主编　朱桂新　庄克玉

参　编　朗丰法　孙红霞

主　审　曹茂永

中国石油大学出版社

内容提要

计算机技术更新快、发展快，现有的相关教材在内容、知识体系结构等方面有一定的不足。本着系统性、实用性、逻辑性、新颖性和简练性的原则，结合以往的教学经验、教学研究成果和学生的接受能力，编写了本教材。

本书以PC微型计算机技术为核心，主要由四部分内容组成，共十四章。第一部分内容为微机原理方面，主要包括PC微处理器、PC机的指令系统、汇编语言程序设计基础、存储器接口等知识体系；第二部分内容为I/O接口方面，主要包括微机接口技术基础、中断技术、定时与计数技术、并行接口技术、串行通信接口技术、A/D和D/A转换接口技术等知识体系；第三部分内容为应用方面，主要包括系统总线技术，本门课程知识在自动控制系统中的应用介绍等；第四部分内容介绍了嵌入式系统新技术。

本书内容新颖，语言通顺，文字叙述简练，主要章节运用了较多的例题分析，也有一些实用电路。

本书可作为高等学校电气信息类专业教材，也可作为从事计算机应用的工程技术人员或其他自学者的学习参考书。

图书在版编目(CIP)数据

微机原理及应用/王培进主编. —东营:中国石油大学出版社,2009.9
ISBN 978-7-5636-2922-0

Ⅰ. 微…　Ⅱ. 王…　Ⅲ. 微型计算机—高等学校—教材
Ⅳ. TP36

中国版本图书馆CIP数据核字(2009)第173440号

微机原理及应用

主　　编: 王培进
责任编辑: 刘　静

出 版 者: 中国石油大学出版社(山东 东营,邮编 257061)
网　　址: http://www.uppbook.com.cn
电子信箱: cbs2006@163.com
印 刷 者: 青岛锦华信包装有限公司
发 行 者: 中国石油大学出版社(电话　0546—8391810)
开　　本: 185×260　印张:17.25　字数:419千字
版　　次: 2009年11月第1版第1次印刷
定　　价: 29.80元

编审委员会

BIANSHEN WEIYUANHUI

出版说明

电工电子技术作为当前信息技术的基础，在国民经济和社会发展中起着越来越直接和越来越重要的作用。在高校中，由于广阔的技术应用和良好的就业前景，使电工电子类专业成为近年来发展势头最强劲的专业之一。在学生人数激增、学科应用拓展、学科发展加速的现实背景下，要使高校的专业教学跟上发展的步伐，适应社会的需求，则必须进行课程体系和课程内容的改革。这是摆在我们电工电子类专业从教者面前的一项重要而紧迫的任务。

正是在这种共同认识的驱动下，我们 20 多所高校——一些平时在教学改革方面颇多交流、在学科建设方面颇多借鉴的院校，走到了一起。我们这些院校各有所长，在一起切磋、比较、学习，搭建了一个很好的学习和交流的平台，共同推动了教育教学改革，促进了各自的发展。经验告诉我们，教改的核心是课程体系和课程内容的改革，但课程体系和课程内容改革的成果呈现在学生面前的最主要资源便是构架完备系统的教材。因此，课程改革与教材建设同步，编写出一套适合当前教学改革要求、结构体系完备、体现教学改革思路的好教材，成了我们共同的追求。

教材指导教学，教材体现教改。根据我们现实的教学需求和进一步的发展规划，我们把这套教材的建设构架为三个方面，也可以说是三个模块：

第一个方面是电工电子的基础理论与技术教材，主要针对工科类学生的通识课或者基础课，包括信号与系统、电路分析、电子线路、模拟电子技术、数字电子技术、单片机原理及应用、微机原理及应用、电气控制及 PLC 技术、计算机控制技术、电机与电气控制技术、传感器与检测技术、电机与拖动等，涵盖电气工程及其自动化、自动化、电子信息工程、通信工程、计算机科学与技术、电子科学与技术等专业的基础知识。为确保教材的权威性、科学性，各书主编及主要撰写者，均由具有多年教学经验的教授和专家担任。教材的覆盖面广、知识面宽，以高校的精品课建设为基础，着重基本概念和基本物理过程的论述，注重教学内容的内拓和精选，突出先进性、针对性和实用性。

第二个方面是实验与实训类教材。实验教学是培养学生基本工程素质、提高工程实践能力的重要手段，是高校工科教育教学改革的核心课题。为此，我们这些高校都极其重视实验教学改革与教材建设，不断更新实训教育理念，注重学生创新能力和动手能力的综合发展。国家级实验教学示范中心是高等学校实验教学研究和改革的基地，引领全国高等学校实验教学改革的方向。我们的整套实训教材以山东科技大学和青岛大学“国家级电工电子实验教学示范中心”为依托，将任务驱动与项目引领相结合，融基础实验与综合技能训练、系统设计与综合应用、工程训练和创新能力培养为一体，体系完整、内容丰富、工程实践性强，以期达到加强学生的系统综合设计能力和训练学生工程思维的目的。这一类教材主要包括电路实训教程、模拟电子技术实验教程、数字电路逻辑设计与实训教程、电子工艺与实训教程、PLC应用实训教程、电子工程实训教程、电气工程实训教程等。相信这部分教材对加强、规范和引导相关高校的实验教学会有一定的借鉴作用。

第三个方面则是我们独具特色的电工电子类专业的双语教学教材。我们本着自编和引进并重的原则，打造适合我国高等教育发展的电工电子类双语教材体系。我们拥有具有东西方不同教学体系下丰富教学经验的外国专家和教授，他们以纯正的英语语言直接面向我们的大学生编写教材，这在国内恐属首创。比如这套教材中的双语教材之一《Introductory Microcontroller Theory and Applications》就是由英籍专家Michael Collier主编完成的英文版双语教材。该教材已在试用中得到了教师和学生的很高评价。在编写原创双语教材的同时，为了提供更丰富的双语教材资源，弥补原创双语教材在数量上的不足，各校将在共同讨论的基础上，引进相对适应性广泛的原版教材。另外，电工电子类双语教学网站也在同步建设中，为师生提供双语教学资源，打造师生互动平台。

诸事万物，见仁见智。对一套好教材的追求是我们的愿望。但当我们倾力追求教材对于我们学校现实的适用性时，我们真的惧怕它们或许已离另一些学校更远。站在不同的起点或角度进行教材构架时，这种差异有时会影响人们对教材的评判。这就时刻提醒我们参与教材编写的院校，在追求教材对于自身的适用性的同时，需要努力与其他院校做更多的沟通和了解，以使自身更好地融入全国教改的主流，同时使这套教材具有更好的普适性，有更广泛的代表意义和借鉴作用。

教材是教学之本。我们希望这套教材：不仅能符合专业培养要求，而且能顺应专业培养方向；不仅能符合教育教学规律，而且能符合学生的接受能力和知识水平；不仅能蕴含和体现丰富的教学经验和思想，而且能为学生呈现良好的学习方法，能指导学生学会自主学习，能调动学生的创造力和学习热情……我们将为此继续努力！

编委会
2009年10月

PREFACE 前言

"微机原理及应用"是自动化、电气、电子信息以及其他电气信息类专业的一门重要专业基础课。自从20世纪80年代IBM公司研制了第一代微型计算机PC机以来，微型计算机技术得到了快速发展和应用。本书以PC机技术为核心，通过介绍PC机的工作原理、组成原理、设计原理，使学生全面掌握微型计算机技术。与现有教材相比，本教材有如下特点：

1. 原理、接口、应用和最新技术俱全

全书主要由四部分内容组成，共十四章。第一部分内容为微机原理方面，主要包括PC微处理器、PC机的指令系统、汇编语言程序设计基础、存储器接口等知识体系；第二部分内容为I/O接口方面，主要包括微机接口技术基础、中断技术、定时与计数技术、并行接口技术、串行通信接口技术、A/D和D/A转换接口技术等知识体系；第三部分内容为应用方面，主要包括系统总线技术、本门课程知识在自动控制系统中的应用介绍等；第四部分介绍了嵌入式系统新技术。

嵌入式系统是在微机系统的基础上发展起来的，因此学好本门课程再去学习或自学嵌入式系统技术就变得很容易。

2. 考虑非计算机专业学生的特点

鉴于非计算机专业的学生主要是以应用为主，因此本教材省略了在实际应用中很少涉及的DMA接口技术的内容。对于存储器这一章，在教学过程中可以根据情况选学，或简要学习。因为本部分内容虽便于理解微机的工作原理，但在实际应用中很少设计存储器系统。

3. 强调应用，注重基础

通过本书第一章、第十三章的学习，学生能够知道学习本课程需要哪些基础知识，能够回答学生关注的为什么要学习本门课程，本门课程的知识点到底如何应用等问题，便于激发学生学习本门课程的积极性。

4. 条理清晰，突出重点

本着实用性、逻辑性、新颖性和简练性的原则，结合以往的教学经验、教学研究成果和学生的接受能力，编写本教材。重点在汇编语言的学习与编程，接口原理技术的理解与学习。

全书由烟台大学计算机学院王培进教授主编。第一、二、六、十二、十三、十四章由烟台大学王培进编写，第三、八、十一章由青岛科技大学庄克玉编写，第七、九、十章由青岛科技大学朱桂新编写，第四章由烟台大学孙红霞编写，第五章由聊城大学朗丰法编写。本书由山东科技大学曹茂永教授主审。

本书是“高等学校电工电子类系列教材”之一，各参编学校的有关领导和专家都给予了大力支持，在此表示感谢。由于作者水平有限，存在一些不足之处，恳请读者批评指正。

作　者

2009 年 10 月

目录 CONTENTS

第一章 绪 论

本章要点：理解自动化与信息化之间的关系；掌握计算机、微处理器、微型机、单片机、微型机系统等概念；回顾微型机、PC机的发展史；学习二进制、常用数字逻辑电路的作用；认识微型计算机系统常用的外围设备。

1.1 自动化科学技术与信息科学技术的关系

1.1.1 信息与信息科学技术

信息是指符号、信号或消息中所包含的用来消除对所反映客观事物的不确定性的内容。信息普遍存在于自然界和人类社会，信息的概念是随着科学技术的发展而不断发展的。哈特莱(Hartley)在1928年发表的《信息传输》一文中首先提出信息的概念，被认为是最早对信息进行科学定义的人。1948年，信息论的创始人香农(Shannon)在研究广义通信系统理论时把信息定义为信源的不定度。

信息科学是以信息为主要研究对象，以信息的运动规律和应用方法为主要研究内容，以计算机等为主要研究工具，以扩展人类的信息功能为主要目标的一门综合性学科。信息技术则是关于信息传输和信息处理的一门应用性技术。按目前较为流行的一种观点，从广义角度看，信息科学的理论基础是所谓的“三论”，即香农(Shannon)的《信息论》、维纳(Wiener)的《控制论》和贝塔朗菲(Bertalanffy)的《系统论》。信息技术的主干技术则包括信息获取、信息传输、信息处理与信息应用四个部分。

1.1.2 自动化技术与信息技术的关系

自动控制的核心是信息、反馈与控制。无论前馈控制还是反馈控制，获得被控系统的信息是实行控制的前提，而信息的处理与输出则是实现控制的关键。以计算机技术、网络技术、通信技术为代表的信息技术推动了自动化技术与理论的发展，使自动化的发展进入了综合自动化时代。

计算机技术的重点在于信息的处理，而自动化技术的重点则在于信息的控制和应用。自动化技术的本质是完成对信息的控制应用，因而在整个过程中离不开对信息的获取、传输与处理。而自动化技术之所以发展到今天这样的高度，同样也离不开计算机技术与通信技术进步的支持。

自动化技术的重点在于信息的控制应用，而这是由自动化的目标所决定的，即通过有效地利用信息以达到促进能量与物质的有效利用的目的。同时，这也体现了自动化技术的另一重要作用，即系统集成的作用。对大型复杂的系统或过程（如交通运输系统、通信系统、电力系统等）的控制，采用的自动化技术中将综合运用信息获取、信息传输和信息处理等技术，并引入人的因素、环境的因素等的相互作用与影响。这种系统集成的作用往往比单一控制作用更能达到综合良好的控制效果。

1.1.3 自动化与信息化的关系

自动化科学与信息科学有着共同的理论基础，自动化技术涉及几乎全部的信息技术，两者的这种密切关系自然地决定了自动化与信息化的密切关系。

1. 自动化

自动化最早是伴随着工业化的进程而发展起来的。工业化起源于 1760 年开始的工业革命，至今已经历了三个阶段，即机械化、电气化与自动化。

(1) 机械化：起源于 1760 年蒸汽机的出现至 1870 年前后蒸汽机作为主要原动机在各种生产中大规模使用，形成了工业化的基础。

(2) 电气化：起源于 1870 年前后电和发电机的发明至 20 世纪初在机器系统中普遍使用电机与供电网络，实现了方便的电力能量驱动方式，使机器系统与机器大工业发生了革命性的变化。

(3) 自动化：起源于 1927 年电子反馈放大器的正式诞生至 1950 年前后在机电系统中进一步引入自动调节器，形成了大规模的自动化生产线，使机器系统能更有效、更安全地生产出更高质量的产品。

2. 信息化

"信息化"一词最早起源于 20 世纪 60 年代的日本。这一概念的引入是信息科学技术与信息产业迅猛发展的产物，以使人们相信人类社会已从农业时代、工业时代进入到今天的信息时代。至今为止，信息化的发展也经历了三个阶段，即计算机化或数字化、网络化、系统化或集成化。信息化同时也极大地推动了自动化的进一步发展。

(1) 计算机化：起源于 1946 年世界上第一台计算机的诞生至 1960 年前后计算机的大量应用，奠定了信息化的基础，并推动在自动化机电系统中大规模使用数字计算机。

(2) 网络化：起源于 1969 年世界上第一个计算机网络的建成至 1980 年前后通讯、网络的大量应用，实现了网络信息流，并导致在自动化机电系统中大规模实现计算机联网。

(3) 系统化：起源于 1975 年提出的计算机集成制造(CIM)概念至 1990 年前后形成综合集成系统观念与管理理念的 CIMS 和计算机集成过程系统(CIPS)等。

本质上，计算机化、网络化和系统化都归属于自动化的组成部分。与工业化不同，信息化则不仅用于作为第二产业的工业，而且也覆盖于第一产业和第三产业，特别是第三产业为自动化提供了新的应用领域。传统意义的自动化主要着眼于减轻体力劳动和提高产品质量，而处于信息化时代的自动化更多涉及管理、服务与决策的自动化。

综上所述，作为非计算机专业的学生，在当今综合自动化时代，必须学习掌握以计算机技术为核心的信息技术，才能更好地应用自动化理论与技术解决大系统、复杂系统的控制问题。本门课程的学习正适应了这一时代的要求。

以 PC 机为代表的微型计算机在当今综合自动化时代发挥了重要作用，在工业、农业、军事、科学研究、交通运输、商业、医疗、服务和家庭、航空航天等领域涉及的自动化系统或装置、

设备都能够发现微型计算机的身影。因此,“微机原理及应用”课程的学习意义深远而重大。

1.2 微型计算机的发展史

1.2.1 计算机的概念及其发展

广义地说,计算机泛指任何一种能进行计算的装置或设备,它来源于拉丁文“Computare”。从这个意义上说,中国的算盘是最早能进行计算的设备,如图 1-1 所示。从世界上第一台手摇式计算机诞生到今天,计算机的发展经历了:机械式(图 1-2)、电动式、电子管式、晶体管式、集成电路、大规模集成电路及智能计算机等几个阶段。对计算机的分代,人们习惯于从第一台电子数字式计算机的诞生开始。

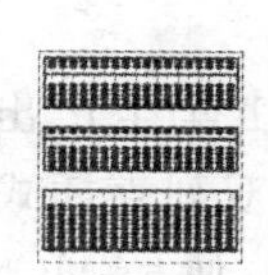

图 1-1 算盘

图 1-2 机械式计算机

世界上公认的第一台电子数字式计算机是 1946 年在美国科学家冯·诺依曼(Von Neuman)领导下设计完成的,如图 1-3 所示。构成这台计算机的基本细胞是电子管,由电子管为主要逻辑元件制造的电子计算机就是第一代计算机。由于电子管体积大(一般达十几个立方厘米),功耗高(每个达几百个毫瓦),反应速度慢,寿命短,所以第一代电子计算机体积庞大,重量和耗电量大,运行速度慢,工作的可靠性差,造价也高得惊人。以冯·诺依曼计算机为例,总投资近 100 万美元,用了 18 000 多个电子管,占地 150 平方米,重为 30 吨,总耗电量 150 千瓦,运算速度只有 5 000 次/秒,大约每过 15 分钟就会有一个电子管失效,所以工作人员必须日夜守在机器旁以随时更换那些失效的电子管。

图 1-3 电子数字式计算机

随着电子技术的发展,1956 年出现了晶体管,这是一种用半导体工艺制成的电子器件,它有效地取代了大部分电子管的功能,而体积和能量消耗却只有电子管的几十分之一,寿命长,反应速度快。所以,用晶体管制造的第二代计算机便很快取代了第一代电子计算机,运算速度、可靠性方面都有了大幅度提高,体积、重量、功耗、造价也大幅度下降。

随着半导体技术的发展,1965 年出现了一种新的、性能更好的电子器件——集成电路(Integrated Circuit,简称 IC),它把许多个晶体管采用特殊的制作工艺集成到一块面积只有几十平方毫米的半导体芯片上。最初集成十几个到几十个晶体管,称为小规模集成电路(Small Scale Integrated Circuit,简称 SSI)。用这种小规模集成电路制造的电子计算机就是第三代计算机。1967 年,我国生产的 DJS-130 机就是小规模集成电路计算机,它的体积相当于一张书桌,功耗为几个千瓦。

第四代计算机主要以采用大规模集成电路(Large Scale Integrated Circuit,简称 LSI)和超大规模集成电路为标志。例如 1971 年生产的 4004 微处理器芯片集成了 300 个晶体管，而 1989 年推出的 80486 芯片则集成了 118 万个晶体管，而 PⅡ 则集成了 750 万个晶体管。集成电路技术的发展，使第四代电子计算机向更高速化、体积更小化发展。

对于第五代计算机，说法不一。有些人认为在第四代计算机基础上向智能化发展的计算机是第五代计算机。这种计算机的功能应该更接近人类的大脑，其核心能像人类一样进行逻辑推理，并且采用各种先进技术来大大提高计算机的运行速度。也有些专家认为，第五代计算机应突破现有的硬件结构及系统结构，使各方面性能都有大幅度提高，如有些专家提出的生物材料计算机、光纤材料计算机等。日本、美国等国家正在进行第五代计算机的研制。

1.2.2 CPU 与微处理器

冯·诺依曼型计算机的研制提出了计算机的五个基本组成部分：运算器、控制器、存储器、输入设备、输出设备。其中，运算器、控制器两部分合起来又称为中央处理单元——Central Processing Unit，简称 CPU。微处理器（Microprocessor）就是大规模集成电路的 CPU，它由几片或一片大规模集成电路芯片组成。

作为全球最大的 CPU 生产厂家，Intel 公司于 1971 年生产出第一个微处理器 Intel 4004，它是 4 位微处理器，采用了 PMOS 技术，16 条引脚双列直插式封装。若 Intel 4004 配上 RAM、ROM、移位寄存器、输入/输出等 4 个芯片电路，便是 MCS-4 微型计算机，主要用于电动打字机、照相机等设备。其后，Intel 公司将其改进为 4040 型微处理器。这是第一代微处理器。1972 年，Intel 公司生产出 8 位微处理器 8008，1973 年研制出 8080 微处理器。这时很多公司都对微处理器产生了极大的兴趣，许多厂商加入这一行业，生产出一批 8 位微处理器，如 Motorola M6800、6502，Zilog Z80 等。这是第二代微处理器。20 世纪 70 年代末期，微处理器的设计和生产技术已经相当成熟，并大多朝着：提高硅片集成度；提高功能和速度；降低成本和功耗；增加外围配套电路的种类并增强其功能；把 CPU、存储器、输入输出电路集成在一块芯片上等方面努力。

1977 年左右，超大规模集成电路工艺宣告成功，在一片硅片上可以集成一万个以上的晶体管。从 1978 年开始研制 16 位微处理器，如 Intel 公司的 8086、80286，Zilog 公司的 Z8000 和 Motorola 的 M68000 等。这是第三代微处理器。

20 世纪 80 年代初，超大规模集成电路工艺可以在单片硅片上集成几十万个晶体管，32 位微处理器开始被生产出来，如 Intel 80386 CPU，Motorola M68020 等。这是第四代微处理器。20 世纪 90 年代生产出 Pentium 系列第五代 CPU。

Intel 公司的 CPU 性能演进基本上代表了整个 CPU 行业的发展过程（详见第二章）。微处理器时钟速度由最初的 1 MHz（Intel 4004）提高到现在的几个 GHz；地址总线宽度从过去的 8 位发展到现在的 64 位；数据总线宽度从 4 位发展到 64 位。微处理器发展到今天，使微型机在整体性能、处理速度、3D 图形图像处理、多媒体信息处理及通信等诸多方面达到甚至超过了小型机。

计算机领域正在发生着悄无声息的革命。Intel、AMD 及其他芯片制造商不断推出在单晶片上集成多重处理单元的新型芯片，取代过去的单一中央处理器。目前计算机正在步入多核时代。

微处理器的速度在很大程度上取决于时钟频率传递给处理器执行指令的速度有多快。

时钟频率越快,处理器在指定时钟内执行的指令数目就越多。半导体的物理特性对处理器时钟频率速度的提升会有限制。随着时间的推移,微处理器的平均时钟频率和热量消耗有关。时钟频率越高,消耗能量越大。能量消耗的持续攀升,要求更多的冷却和电力服务来维持处理器的运行。解决的方案是增加处理器内核的比例来取代单纯提升时钟频率。Intel公司的首款"双核"处理器的面世,其设计就考虑到了热量的问题,比单核处理器设计的时钟频率要低。"双核"是一种突破主频限制、提高性能的技术,简单地说,就是将两个计算内核集成在一个处理器中,从而提高计算能力。双核芯片能达到单核芯片两倍的性能,从而能不断提高处理器的性能。2005 年推出双核处理器,2007 年推出四核处理器,2009 年将推出八核处理器。关于多核处理器的介绍详见第二章。

1.2.3 微型计算机、单片机、微型计算机系统

由微处理器构成的计算机称为微型计算机,图 1-4 给出了其基本结构,主要由三部分组成:微处理器、存储器、输入输出接口 I/O。

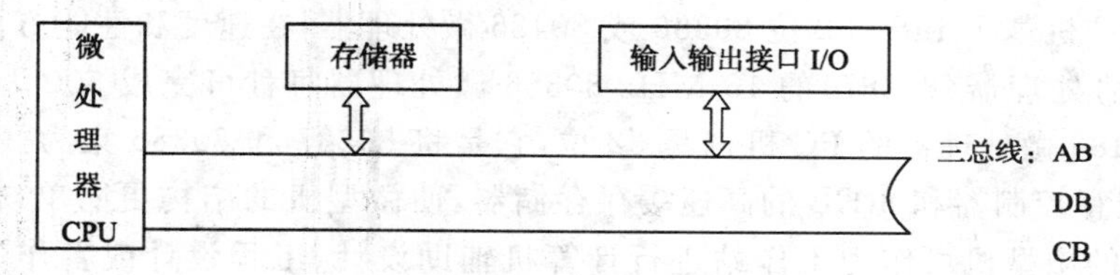

图 1-4 微型计算机结构示意图

把微处理器、部分存储器、部分输入输出接口再集成在一个芯片上就称为单片机。顾名思义,一个芯片就是一台微型机。8051 单片机如图 1-5 所示。

图 1-5 8051 单片机

在微型机的基础上,通过输入、输出接口连接各种外部设备就构成微型计算机系统。图 1-6 所示为微型计算机系统的结构示意图。

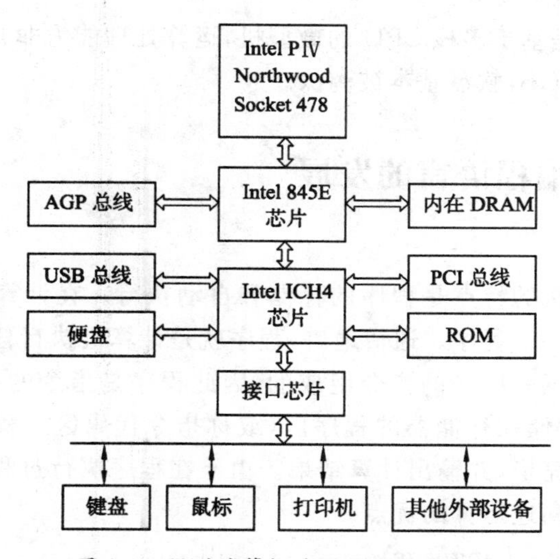

图 1-6 微型计算机系统的结构示意图

1.3 PC机发展史

20世纪80年代,个人计算机技术已经成熟。美国IBM公司于1981年8月12日率先推出IBM-PC/XT个人计算机(Personal Computer,简称PC),获得了很大的成功,并且很快成为工业标准。IBM-PC/XT为第一代PC机,使用了Intel 8088微处理器,时钟频率为4.77 MHz,外部数据总线为8位,内部为16位。Microsoft公司为其编写了操作系统,称为PC-DOS(个人计算机磁盘操作系统)。另外,Microsoft公司还推出了自己的MS-DOS操作系统,也成为公认的标准。

IBM-PC/XT进行了一系列改进,增加硬盘,扩大内存容量,由单色显示器(MDA)到彩色显示器(CGA)。IBM公司于1984年推出了以80286为CPU的16位高级(Advanced)第二代PC机——IBM-PC/AT机,使得微型计算机的发展又前进了一步。在系统设计中采用了很多新技术,使得IBM-PC/AT机在速度、内存容量等方面有了较大突破。

第三代PC机基于Intel 32位80386或80486微处理器,在速度和性能方面比前代产品大大提高,带协处理器(80387)的16 MHz 80386微处理器每秒可完成500万次浮点运算。基于Intel 80486微处理器的PC机也是32位,它是将80387和80386集为一体,同时内部集成了高速缓存控制器和8 KB的高速缓存存储器,使微型机的结构更简单,性能更佳。以80486为核心的微型机可作为工作站进行计算机辅助设计、工程设计或者作为微机局域网中的资源站点等。

第四代PC机是基于Intel第五代微处理器的微型机。这一代PC机在多媒体信息处理、网络通信等方面发挥了巨大的作用,其相应的内存及外围I/O得到了很大发展。内存容量在16～256 MB之间,且采用一级、二级高速缓存,读写时间由原来的十几个微秒缩短到几个微秒;硬盘容量从最初的10 MB发展到20 GB,甚至更大,进入海量存储器时代;5.25英寸的软盘被淘汰,仅保留3.5英寸/1.44 MB软盘及相应驱动器;光驱从4倍速发展到64倍速;高性能显示器也得到应用。

第五代PC机应该是基于多核CPU的微型机,运算处理能力非常强大,内存可以到几个G,硬盘容量可以到100 GB,软盘基本被淘汰。

1.4 计算机编程语言的发展

1. 指令和程序

冯·诺依曼型计算机的特点是程序的存储和自动执行。在计算机执行某一任务之前,首先要为这一任务编写一个程序。通俗地讲,程序就是计算机执行任务的步骤或操作过程,它又是由一系列能完成某一操作的指令组成的,因此程序是指令的有序集合。在编写好程序以后,还要把它事先存储在存储器的程序区(或称指令代码区),程序一旦启动,计算机便能自动地从头到尾执行完毕,并输出计算结果。由于在程序执行过程中不需要人进行干预,所以充分发挥了计算机高速运算的优点。

2. 机器语言(Machine Language)

机器语言就是二进制编码的机器指令。计算机在运行过程中首先将指令从内存储器的

指令代码区取至CPU的指令寄存器(IR),然后对指令代码进行译码,从而针对不同指令产生不同的操作控制信号,以完成指令所指定的功能。显然,只有这种指令代码符合计算机事先对代码的约定,计算机才能理解和执行这些指令。用这种指令代码书写的程序叫做机器语言程序。

用机器语言编写的程序,通常又称为目标程序(Object Program)。这种程序虽能为机器所理解并执行,但却存在着严重的缺点:用机器语言书写的程序既不便于理解、阅读和交流,且又是一件繁重的工作,极容易出错。

3. 汇编语言(Assemble Language)

为了便于理解和记忆指令,人们采用能帮助记忆的英文缩写符号(称为指令助记符)来代替指令的操作码。用指令助记符及符号地址所书写的指令,称为汇编格式指令,而且用汇编格式指令编写的程序称为汇编语言(Assembly Language Program)。

虽然汇编语言程序为人们对程序的编写、阅读和交流带来了方便,但是机器只认识(理解)用机器语言编写的目标程序,因此必须在计算机执行程序之前,将汇编语言源程序(Source Program)翻译成机器语言的目标程序。这种翻译工作可由人们通过查表的办法进行,这种工作叫做人工汇编(或称代真)。人工汇编是一种单调、重复、繁重而效率低的工作,它完全可以由电子计算机来完成,因此用电子计算机翻译的过程称为机器汇编。

4. 高级语言(High Level Language)

汇编语言仍然是面向机器的语言,要求编程人员对特定机器的指令系统有详细深入的了解,而高级语言则是面向使用者(用户)的语言,它更接近于人们日常习惯的数学语言,它不要求编程人员对机器指令系统有深入的了解。一个用高级语言编写的程序由语句组成,每个语句相当于若干条机器指令,因此语句的功能很强,并且用语句编写程序要容易得多。

高级语言也是逐步向前发展的。第一代高级语言是解释性语言,以BASIC为代表(Beginers All_purpose Symbolic Instruction Code,初学者通用符号指令语言),第一代PC机中都固化了ROM-BASIC。这种语言的特点是计算机每解释一条语句就执行一条语句,运行速度慢。第二代高级语言是编译性语言,如编译Basic、Qickbasic、Fortran、Pascal、C语言、C++、DBase、FoxPlus、FoxPro等。这些语言的特点是将源程序先编译,然后连接生成EXE文件执行,一次编译一次执行,速度快。尤其是C语言及C++语言(为面向对象编程的语言),适合于系统程序设计与开发。第三代高级语言是可视化编程环境、面向对象的编程语言,如:从BASIC发展而来的Visual Basic,简单易学;从Pascal发展而来的Delphi,是可视化和效率综合平衡最出色的语言;PowerBuilder是构造Client/Server数据库应用的最强大的语言;从Dbase发展而来的Visual FoxPro是我国市场基础最雄厚的桌面数据库语言;从C++发展而来的Visual C++语言是代码优化做得最好的语言;Visual J++如日中天,“一次学习到处编程”,伴随着网络技术的发展,前途不可估量。

1.5 计算机操作系统

1. 操作系统的功能

操作系统是一种软件,是计算机系统的重要组成部分。它的任务是对中央处理器、存储器、输入输出设备等硬件资源进行管理和调度,以便充分发挥它们的潜力;还要对任务、程序、数据和文件等软件资源进行管理和调度，使整个计算机系统有条不紊地工作。可以说，它是计算机系统功能的扩展，也是计算机资源的管理器。操作系统的主要功能如下：

1）作业的管理和控制

每个用户请求计算机进行操作的一个独立任务称为作业。作业管理包括：作业的输入和输出、作业的调度和控制。

2）文件管理

文件是计算机在外部存储器上存储信息的基本单位，不管一个程序或者一组数据，都把它组织成一个文件的格式。操作系统负责面向文件的所有管理工作，包括文件目录管理，为文件分配存储空间，文件存入、取出、增加、删除、查找、修改等。

3）进程管理

当多个用户程序或多个应用程序同时执行，即具有多个作业时，CPU 只有一个，同一时刻只能做一个作业，因此如何合理而有效地使用 CPU 是非常重要的事情。对 CPU 进程的管理靠操作系统来实现。

4）存储管理

存储管理的主要任务是对执行的程序进行内存分配、内存保护、内存的扩展与扩充等。存储管理系统的好坏直接影响计算机系统的效率。

5）I/O 设备的管理

完成 I/O 设备的输入输出任务，有效地使用 I/O 设备，保证每个 I/O 设备的正常工作。

2. 操作系统的分类

1）单用户单任务操作系统

一个用户独占计算机系统的软硬件资源，在同一时间内只有一个作业在运行，如 DOS 系统。

2）单用户多任务操作系统

仍然是一个用户独占计算机系统的资源，但在同一时间内可运行多个程序或任务，如 Windows 系统。

3）多用户多任务操作系统

多个用户共享计算机系统的资源，并且允许在同一时间内执行多个任务。这种计算机系统需要精心设计，其功能强大，如 Unix 操作系统，在微机上为 XENIX 系统。

1.6 二进制简介

电子计算机所处理的信息必须经过信息数字化处理，即数据、文字符号、图形、声音、图像等各种信息都要经过编码，成为计算机可以识别和处理的数字信息。因此，计算机选择哪种数字系统，如何表示数据，将直接影响机器的性能和结构。数字在机器内部是用电子器件的物理状态表示的，故在工艺条件允许的情况下，应尽量选择简单的数据表示形式，以提高机器效率和通用性。第一台电子计算机奠定了二进制是计算机的数字基础，并沿用至今，一方面是因为二进制只有“0”和“1”两个数码，与大部分电子器件的两种状态相对应，易于物理实现，运算规则简单；另一方面，采用二进制能方便地使用逻辑代数这一数学工具进行逻辑电路的设计、分析、综合，并使计算机同时具有算术运算和逻辑运算功能。

谈到二进制，应该知道二进制的创始人是德国数学家莱布尼茨（Leibniz，1646～1716），而莱布尼茨创立二进制的灵感来源于《周易》。《周易》是我国一部古经，是具有完整体系的哲学典籍，分为《经》、《传》两部分。17世纪一名德国传教士将《周易》传到德国，被莱布尼茨发现并进行了研读。若用“0”表示阴，“1”表示阳，三位二进制（000～111）的8种组合恰与《周易》中阴、阳组合的八卦相对应，6位二进制（000000～111111）组合与64卦相对应。因此，有感于《周易》中的阴阳之学说，莱布尼茨于1703年发表了一篇名为《谈二进制算术》的论文。

二进制只有“0”和“1”两个数字，同十进制一样，可进行加、减、乘、除运算。不过在二进制中，减法可以通过补码由加法实现，乘法可转化为加法，除法可转化为减法，因此，二进制的加法是最基本的算术运算。有关二进制数的运算及与其他进制数的转换见有关参考书。

1.7 常用数字逻辑电路简介

1.7.1 基本逻辑门电路

在微型机系统中，常用逻辑与、逻辑或、逻辑非等基本逻辑门电路构成一些复杂的逻辑信号组合输出，用于片选信号，参与译码电路，驱动外围芯片等。由这些门电路构成的TTL集成电路有：74LS00（四-二输入与非门），74LS02（四-二输入或非门），74LS04（六反向器）等。

1. 逻辑与

图1-7所示为二输入逻辑与门的国际标准符号，其真值表如表1-1所示。

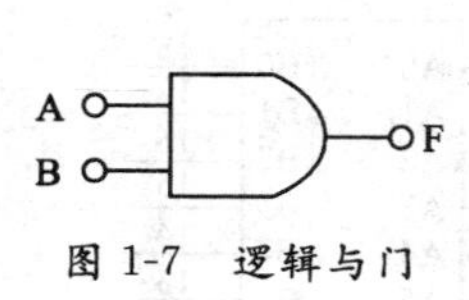

图1-7 逻辑与门

表1-1 逻辑与门真值表

A	B	F
1	1	1
1	0	0
0	1	0
0	0	0

2. 逻辑或

图1-8所示为二输入逻辑或门的国际标准符号，其真值表如表1-2所示。

表1-2 逻辑或门真值表

A	B	F
1	1	1
1	0	1
0	1	1
0	0	0

图1-8 逻辑或门

3. 逻辑异或

图 1-9 所示为二输入逻辑异或门的国际标准符号，其真值表如表 1-3 所示。

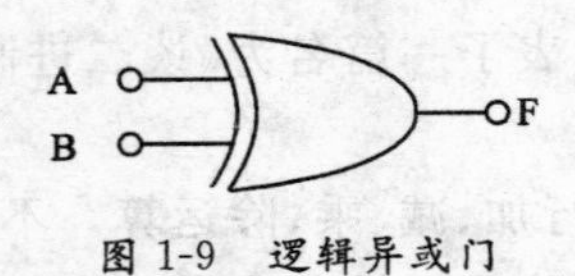

图 1-9 逻辑异或门

表 1-3 逻辑异或门真值表

A	B	F
1	1	0
1	0	1
0	1	1
0	0	0

4. 逻辑非

图 1-10 所示为逻辑非门的国际标准符号，其真值表如表 1-4 所示。

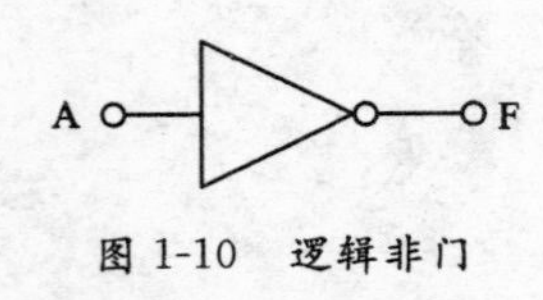

图 1-10 逻辑非门

表 1-4 逻辑非门真值表

A	F
1	0
0	1

1.7.2 缓冲器、锁存器、译码器

CPU(微处理器)有三总线：地址总线 AB、数据总线 DB、控制信号总线 CB。CPU 与外部存储器或输入输出设备之间进行数据传递时，先有地址信号，然后在控制信号线的作用下通过数据总线实现数据传递。数据传递过程中常用到缓冲器、锁存器；地址信号的产生常用到锁存器、译码器；控制信号的产生也常用到锁存器。

1. 缓冲器

图 1-11 所示为 74LS244 单向缓冲器，图 1-12 所示为 74LS245 双向缓冲器。

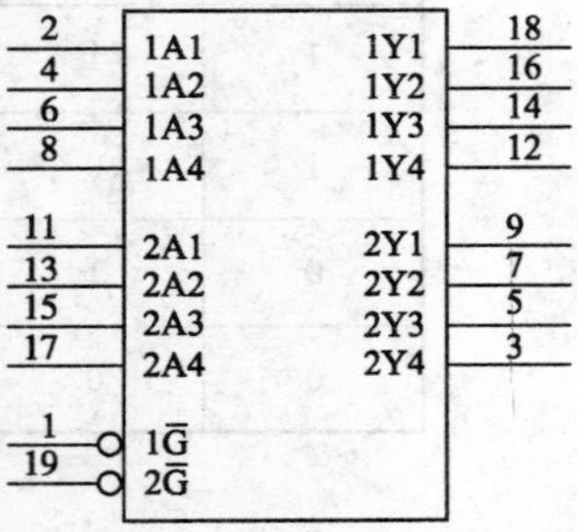

图 1-11 74LS244

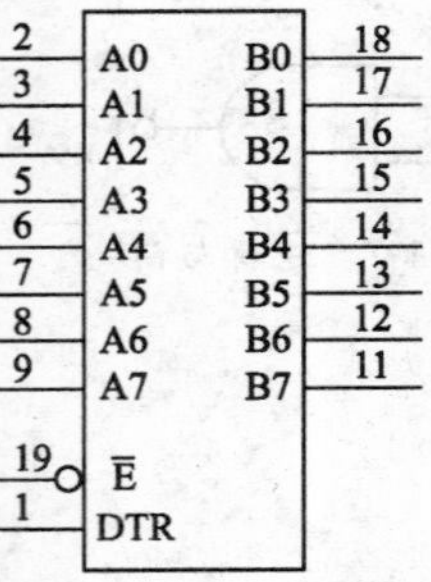

图 1-12 74LS245

74LS244 为 TTL 8 位单向缓冲器，分成 4 位的两组，每组的控制端连接在一起。控制端低电平有效，输出与输入同相。

74LS245 为 TTL 8 位双向缓冲器，控制端连接在一起，低电平有效，可以双向导通，输出与输入同相。当 DTR 为高电平时，从 A 到 B 输出；当 DTR 为低电平时，从 B 到 A 输出。

2. 锁存器

图 1-13 所示为 74LS273 锁存器，图 1-14 所示为 74LS373 锁存器。

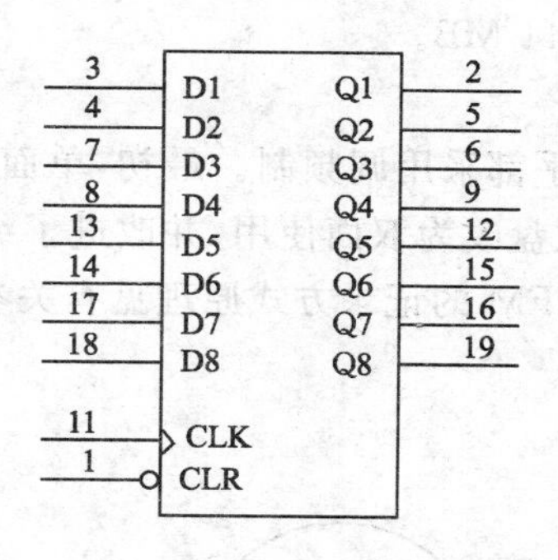

图 1-13 74LS273

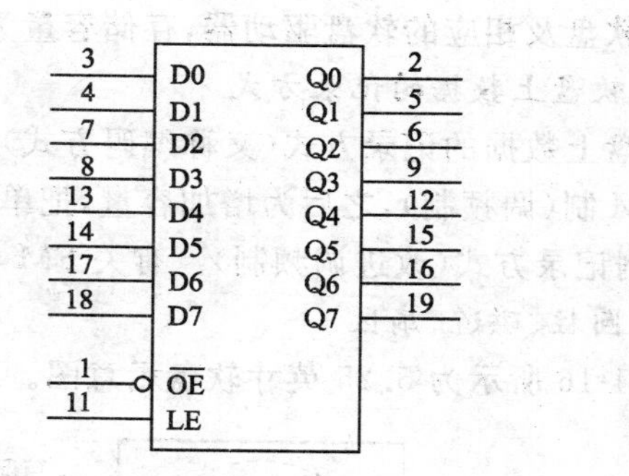

图 1-14 74LS373

74LS273 是具有异步清零的 TTL 上升沿锁存器。74LS373 是具有三态输出的 TTL 电平锁存器，LE 为高电平锁存引脚，$\overline{OE}$为低电平允许输出引脚。

3. 译码器

常用的译码器集成电路有 74LS138 三-八译码器和 74LS139 双二-四译码器。图 1-15 所示为 74LS138 三-八译码器的管脚图，输出低电平有效，其逻辑关系如表1-5所示。

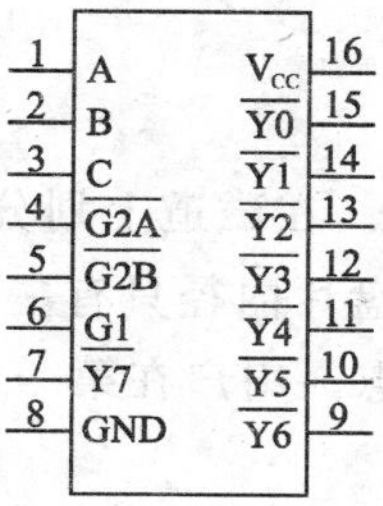

表 1-5 74LS138 译码逻辑关系

C B A	译码输出
0 0 0	$\overline{Y0}$
0 0 1	$\overline{Y1}$
0 1 0	$\overline{Y2}$
0 1 1	$\overline{Y3}$
1 0 0	$\overline{Y4}$
1 0 1	$\overline{Y5}$
1 1 0	$\overline{Y6}$
1 1 1	$\overline{Y7}$

图 1-15 74LS138

1.8 微型机系统外围设备简介

1.8.1 软 盘

一个完整的软盘系统由软盘片、软盘驱动器、软盘适配器组成。它们之间的关系是：软盘片与软盘驱动器构成外部设备，软盘适配器为 I/O 接口。本节主要介绍软盘的基本知识。

磁盘是在圆形盘基上涂以磁性材料作为存储介质的。盘基为聚酯塑料的磁盘称为软盘。IBM 公司从 1962 年就开始研制软盘，1972 年推出了一种单面单密 8 英寸软盘，存储容量为 240 KB；1977 年又推出双面双密 8 英寸软盘，存储容量为 972 KB；20 世纪 80 年代 IBM 公司生产第一代 PC 机 IBM-PC/XT，使用了 5.25 英寸双面单密软盘，容量为 360 KB，此后改进为双面高密度软盘，存储容量为 1.2 MB。从 386 PC 机开始，又推出了 3.5 英寸，体积更小的软盘及相应的软盘驱动器，存储容量为1.44 MB。

1. 软盘上数据的记录方式

软盘上数据的记录方式(又称编码方式)，几乎都采用调频制。最初，单面盘片记录方式采用FM制(调频制)，之后为增加容量，把单面软盘改为双面使用，并改进了编码方式，采用MFM制记录方式(改进调频制)。有关FM与MFM的记录方式原理见有关参考书。

2. 圆柱、磁道、扇区

图1-16所示为5.25英寸软盘示意图。

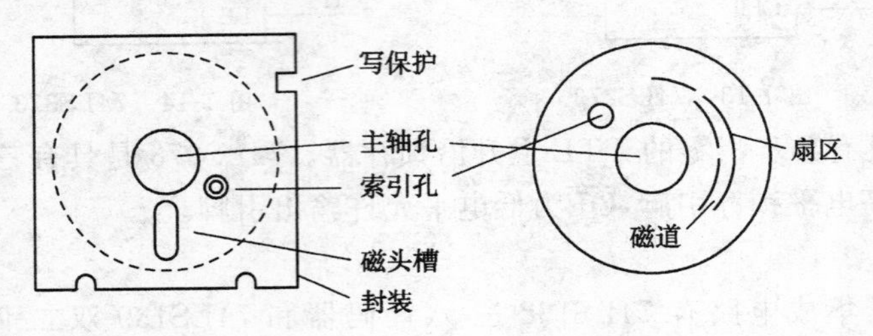

图1-16 软盘示意图

软盘上的信息是按一个个同心圆(圆柱)记录的，每面每一圈称为一个磁道，上下两面相同标号的磁道称为圆柱，每个磁道又划分为几个扇区。磁道编号从外到内，如5.25英寸、360 KB软盘，每面40道，最外道00，最内道39，每道划分成9个扇区，每个扇区记录512字节数据，总记录容量为：$2\times40\times9\times512=360$ KB。对于1.2 MB软盘，每面磁道为80个，每道扇区为15个，其存储量为$2\times80\times15\times512=1.2$ MB。

3. 软盘上数据的记录格式

通常把每个扇区包含的信息称为一个记录，又称数据块。在磁道上划分扇区有软分区方法和硬分区方法两种。我们现在使用的都是软分区方法，盘片内径只有一个索引孔，由索引孔输出产生的索引脉冲(地址脉冲)作为磁道的起始点标志。用户在第一次使用新盘时，通过格式程序选择各个区的长度，并写明该区的地址。

每个扇区的数据块(或记录)由一个识别场(ID Field)和一个数据场(Data Field)组成。识别场写在数据场前边，其作用指明本扇区的数据场是第几个磁道(C)，哪个扇区(R)，哪个面(H)及数据长度(N)。可以说，识别场起着相当于地址的作用。每个场开始有若干个字节的同步码号，接着是地址标记(如AM1、AM2)，每个场最后2个字节是CRC校验码。图1-17所示为5.25英寸软盘的磁道格式。扇区与扇区之间有一个间隙(Gap)。

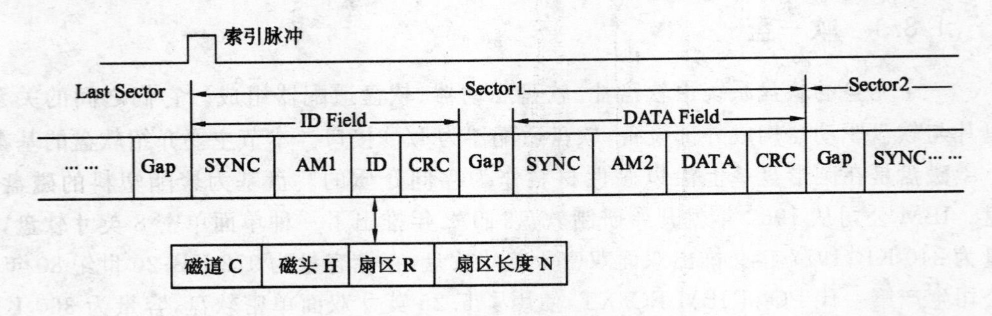

图1-17 5.25英寸软盘的磁道格式

4. 软盘上各扇区的使用情况

表 1-6 给出了软盘上各扇区的一般使用情况。

表 1-6 软盘 DOS 分区使用情况

起始位置	区 数	使 用
0 面 0 道 1 区	1	引导程序 BOOT
0 面 0 道 2 区	2	第一文件定位表/FAT1
0 面 0 道 4 区	2	第二文件定位表/FAT2
0 面 0 道 6 区	7	根目录 ROOT DIR
0 面 1 道 4 区～1 面 39 道 9 区	708	DOS 系统文件区、用户文件区

在以 PC 机为代表的微型机系统日新月异的变化中，因数据需要流动和备份保存，使3.5 英寸软盘的存在持续了 20 年之久。美国 Iomega 公司于 1995 年推出了一种新一代超大容量 Zip 软盘系统，它结合使用了标准硬磁盘驱动器的磁头和软盘磁介质的相关技术，大小为 3.5 英寸，容量高达 100 MB，数据传输率为 1.4 Mbps，平均存取时间为 29 ms，介质盘转速为 3 000 rpm，具有外置并口、SCSI 接口及内置 SCSI 接口等几种连接形式。从 Zip 的性能指标来看，它远远高出现有的 3.5 英寸/1.44 MB软驱。另外，Iomega 公司还在不断开发新产品，已有容量高达 2 GB 的 Jaz 和只有信用卡一半大小而容量却有 40 MB 的 Click 等新品面市。

目前，U 盘、移动硬盘等外围存储设备逐步替代了软盘，因此曾经作为一种重要数据存储设备的软盘正在退出历史舞台。

1.8.2 硬 盘

硬盘驱动器及硬盘适配器在功能、原理、主要电路及信息存储方式几个方面都与软盘驱动器及适配器很类似。不同点在于：

(1) 硬盘是由带刚性的涂有金属氧化物的金属盘制成，硬盘转速高。

(2) 采用浮动磁头。盘片高速旋转，使盘片的表面产生一层气垫，使磁头浮在盘片表面的这层气垫上，不仅提高了盘片和磁头的寿命，而且磁道的密度大大提高，因而存储容量大，传输速率高。

(3) 磁盘驱动器机构、电路、盘片等被密封在一起，一般不能拆装。

(4) 硬盘驱动器有单片机电路，不仅完成控制和检测功能，而且有自诊断能力，因而开机后，硬盘有初始化功能。

(5) 硬盘适配器控制器部分采用了微控制器结构，是智能型控制器。硬盘适配器也是开始连接于 I/O 通道上，后逐步被直接设计在主板上。

硬盘是 PC 机系统的重要部件，目前 PC 机系统中所用的硬盘几乎都是温彻斯特式，可分为内置式、外置式和活动式等几种。内置式硬盘固定在主机内部；外置式硬盘放置在主机外部；活动式硬盘是一块便携硬盘，用于大容量软件的硬盘对拷，提高了工作效率。

衡量硬盘的存储能力即容量的大小主要由其柱面数、磁头数、扇区数、每个扇区的字节数决定：

硬盘容量=磁头数×柱面数×扇区数×每个扇区字节数

从容量上讲，硬盘容量越大越好，其发展从最初的 10 MB 到现在 100 GB 甚至更大，硬盘进入海量存储时代。

从硬盘的容量大小、主轴转速、数据传输速率、平均无故障时间等几个技术指标，可以评价一个硬盘的性能优劣。硬盘的主轴转速有：3 600 rpm、4 500 rpm、5 400 rpm、7 200 rpm，甚至可达 10 000 rpm。平均无故障时间参数可评价一个硬件设备的可靠性，对于硬盘来说，其故障的发生具有突发性和毁灭性。目前生产厂家采用 SMART 技术(Self-Monitoring Analysis and Reporting Technology)自动监视并分析硬盘的性能和状态参数，预报未来的性能级别，使用户及时了解硬盘的运行情况，以保护数据的安全。

美国、日本、韩国拥有目前世界上生产硬盘的主要厂商。美国的主要品牌有昆腾(Quantum)，希捷(Seagate)，迈拓(Maxtor)，IBM，西部数据(Western Digital)等；日本的主要品牌有 NEC，富士通(FUJITSU)；韩国的主要品牌有三星(Samsung)。其中，美国是硬盘技术的领导者，昆腾公司有 Fire Ball 火球系列产品，希捷公司有大灰熊系列产品，迈拓公司有钻石系列产品。

硬盘使用注意事项：

(1) 买硬盘不要一味追求速度和容量，要根据主板的参数及用途而定。

(2) 硬盘分区不要过小，尤其系统区，一般大于 600 MB。

(3) 如果系统崩溃不要低级格式化硬盘，只要用 FORMAT 即可，这样才不会对硬盘造成物理损伤。

1.8.3 光 盘

光盘(Optical Disk)是用光学方式进行读出或写入信息的盘片，现在通常称为 CD(Compact Disc，压缩磁盘/高密磁盘)，其特点是高密度存储。激光技术使高密度存储成为可能，在 CD 中写入和读出数据都是使用激光来实现的。激光的主要特点是可以聚焦成能量高度集中的极小光点，为超高密度存储提供了技术基础。

1. 光盘的种类和标准

根据性能和用途的不同，CD 可分为 CD-ROM(Compact Disc-ROM，只读型光盘)、CD-R(Compact Disc-Recordable，可记录光盘)和 DVD(Digital Video Disc，数字视盘)三大类。

1) 只读型光盘 CD-ROM

目前应用最广的是 CD-ROM，盘片中的信息由生产厂家预先写入，出厂后用户只能读出，不能写入。CD-ROM 用于存放数字化的文字、声音、图像、图形、动画以及全活动视频影像，可提供高达 550 MB(存放文本和程序一类信息时)至 680 MB(存放声音、电视图像一类信息时)的存储空间，在电子出版业中具有广阔的市场。在计算机领域中，CD-ROM 主要用于文献数据库以及其他数据库的检索，也可用于计算机辅助教学(Computer Aided Instruction，简称 CAI)；若用于多媒体计算机中，则可获得高质量的图像和高保真度的音乐效果。Philips 公司和 Sony 公司在 1985 年制定了“黄皮书”标准，该标准制定了数字信息如何记录在光盘面上并如何加入检错和纠错码。它包括两种模式：模式 1 具有检错和纠错码，主要用于记录文字和数字信息；模式 2 检错和纠错码，用于记录声像信号。该标准未规定数据文件的组织方式。符合该标准的光盘均标有“Data Storage”标志。由于黄皮书标准只规定了

CD-ROM 上的数据记录格式，而未规定数据文件在盘上是如何组织的，因此，1986 年几家 CD-ROM 制造公司制定了“High sierra”标准，确定了 CD-ROM 上的数据文件的组织。1988 年，在“High sierra”标准的基础上，经国际标准化组织制定，成为正式国际标准。这是一个为 CD-ROM 盘上的数据文件系统而定义的国际标准，是黄皮书标准的补充，称为 ISO9660。同时，1989 年 ISO/IEC 又在黄皮书标准的基础上为 CD-ROM 的数据交换建立了一个国际标准，命名为 ISO/IEC 10149。按盘片中记录格式和功能的不同，CD-ROM 又有如下几种不同的产品。

(1) CD-DA(Compact Disc-Digital Audio，激光唱盘)，即传统的 CD 唱片，主要用于存储歌曲和音乐制品，单面灌录，直径为 12 cm，最多可记录 74 分钟的立体声数字音频信号。所采用的标准称为“红皮书”标准，该标准定义了 CD-DA 的尺寸、物理特性、编码、错误校正等。符合该标准的光盘都有“Digital Audio”字样。标准中规定的物理结构目前已成为所有 CD-ROM 的标准。此标准是由 Philips 公司和 Sony 公司于 1982 年制定的，1987 年 IEC 在该标准的基础上建立了国际标准“IEC908”。

(2) CD-V(Compact Disc with Video，激光视盘)，是集立体音频信号和彩色图像于一体的光碟，即带视频的激光唱片。单面灌录，在 7.4 cm 直径圈内录有 20 分钟与 CD 同样的数字音频信号；在直径 7.8 cm 以外录有 5 分钟 NTSC 制式的彩色模拟图像信号和数字音频伴音信号。CD-V 中的音频部分可在普通 CD 唱机上播放；而 5 分钟的 NTSC 制式视频部分必须用一台能兼容 CD、CD-V 和 LD(Laser Video Disc，大影碟)的影碟机才能播放。CD-V所采用的标准为“蓝皮书”标准。这一标准规定存储在盘上的声音信号是数字信号，而电视图像信号仍是模拟信号。

(3) CD-I(Compact Disc Interactive，交互式光盘)，是交互式声音、图像、计算机多媒体系统的一种，把高质量的文字、程序、声音、图形、动画和静止图像等，都以数字形式存放在大容量的 CD-ROM 上，用户通过计算机、鼠标器、操纵杆和电视机等同该系统相连，实现人机、人媒的交互作用。CD-I 所采用的“绿皮书”标准是 Philips 公司与 Sony 公司于 1987 年提出的，该标准增加了交互表达音频、视频、文字、数据的格式，以及多媒体的其他技术规格。可以通过电视机、音响设备以及计算机监视器交互播放 CD-I 盘上的多媒体节目。

(4) Photo CD(照相 CD)，是在 CD-ROM/XA 基础上由 Kodak 公司提出的 CD 格式标准，主要用于在 CD 上存放照片图像，并在电视机或计算机显示器上显示。一张 CD 光盘上最多能存放 100 多张彩色照片，存放方便，且永远不会褪色。

(5) VCD(Vide Compact Disc，视频 CD)，又称“小影碟”。由于 CD-V 上的模拟彩色图像仅能播放 5 分钟，却占用了 2/3 的 CD 存储空间，为此，1994 年由 JVC、Philips、Sony 和 Matsushita 等公司制定了“白皮书”标准。该标准利用 CD-DA、CD-ROM、CD-ROM/XA 和 CD-I 的物理格式，以及 ISO9660 逻辑格式中的适用部分，而把 MPEG-1 作为它们的逻辑格式，适用于全动态图像及音频相结合的场合，能在 CD-ROM、CD-ROM/XA、CD-I 以及卡拉 OK CD 播放机中播放。按白皮书标准，一片12 cm的 VCD 盘上可存放 74 分钟的电视节目，图像质量达到家用放像机 VHS 标准，声音质量相当于激光唱片的水平。VCD 盘片上的视频和音频信号采用国际标准 MPEG-1 进行压缩编码，按规定的格式交错地存放在 CD 盘片上，播放时进行实时解压缩处理。

2) 可记录光盘 CD-R

CD-R 有两种——CD-WO 和 CD-E。

(1) CD-WO(Compact Disc-Write Once Read Many Times,一次写入多次读出光盘),主要用于计算机系统中的文件存档或写入的信息不用进行修改的场合。用户可以用专用的写入器在空的 CD-WO 光盘上写入信息,一次写入信息以后,只能读出这些信息,不能再次写入别的信息。CD-WO 由"橙皮书"标准的 Book2 定义。该标准定义了用户可写一次,而能在 CD-ROM 驱动器上读多次的光盘系统,规定了一次写入光盘的格式与信息记录方法,并以"黄皮书"标准为基础,提出了逐次写入的标准。

(2) CD-E(Compact Disc Erasable,可擦除光盘)有两种,即 CD-MO(Magnet Optical,磁光盘)和 PCD(Phase Change Disk,相变光盘)。这是两种既可以录入又可以擦除的可重复使用的光盘。

CD-MO 由"橙皮书"标准的 Book1 规定。1991 年发布的橙皮书 Book1 主要是定义可擦除可重写的磁光盘。磁光盘表面涂覆的是磁性介质,有 5.25 英寸(130 mm)和 3.5 英寸(90 mm)两种,前者容量可达 2.6 GB,后者容量可为 650 MB,也有容量达 1.3 GB 的产品。

PCD 是利用材料在受到激光照射后从晶态变成非晶态来存储信息,写入用激光,读出也用激光,可以同 CD-ROM 做成一个驱动器。PCD 驱动器的结构比较简单,是很有发展前途的一种可重写光盘,大小为 90 mm(3.5 英寸),容量为 1.3 GB。

3) 数字视盘 DVD

DVD 的原意是 Digital Video Disc,即数字视频光盘,现改称为 Digital Versatile Disc,即数字多用光盘。这是一种质量比 VCD 更高的 CD 产品,采用 MPEG-2 标准,把分辨率更高的图像和伴音经压缩编码后存储在高密度光盘上,光盘容量达(单面)3~5 GB 以上,读出速率超过 1 MB/s,每张光盘可存放 2 小时以上高清晰度的影视节目。

目前 DVD 光盘按功能可分为 5 类:

(1) DVD-VIDEO 用于记录视频信息,可重放 135 分钟 720 行的电视;

(2) DVD-ROM 用于记录多媒体信息;

(3) DVD-AUDIO 用于记录更高品质的或更长时间的音频信息;

(4) DVD-R 用于一次性写入上述三类光盘格式的信息;

(5) DVD-E 用于多次擦写的 DVD。

其中(1)、(2)和(3)为只读式 DVD。另外,DVD 光盘还有单面单涂层、单面双涂层、双面单涂层和双面双涂层,以及 12 cm 和 8 cm 直径之分。所谓双涂层是指同一面上刻有两层深浅不同的坑,以用于分别读取。

2. 光盘读写原理

光盘片的基片材料一般采用聚甲基丙烯酸甲酯(PMMA)。这是一种耐热的有机玻璃,经过精密加工后成为 2.5、5.25、8 和 12 英寸等直径的圆盘,然后涂上一层记录介质。对 CD-ROM 采用掺入适量 Se(硒)、Sb(锑)等元素;对 CD-WO 采用稀土-铁族系磁材料。

利用激光束在光盘记录表面上存储信息。对于 CD-ROM 和 CD-WO 的光盘,写入时激光束聚焦成直径为 1~2 μm 的微小光点,产生热量融化光盘表面上的磁合金薄膜,在薄膜上形成小凹坑,表示"1";无凹坑,表示"0"。读出时,在读出光束的照射下,有凹坑处和无凹坑处反射的光强是不同的,可以读出"0"和"1"两种信息。由于读出光束功率极小,仅为写入光束的 1/10,因此不会产生新的凹坑。

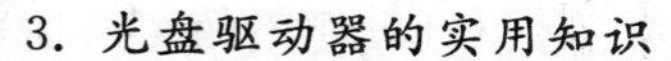

3. 光盘驱动器的实用知识

1）CD-ROM 驱动器的类型

CD-ROM 驱动器有内置式、外置式和多片式等。

(1) 内置式：又称插入式。其外形类似 5 英寸软盘驱动器，在主机机箱 5 英寸软盘驱动器的位置上可以直接装入 CD-ROM 内置式驱动器，安装和使用都很方便。

(2) 外置式：又称外接式。这种 CD-ROM 驱动器在主机机箱内无安装位置时使用，同内置式 CD-ROM 驱动器相比，使用不太方便。

(3) 多片式：有一种 6 盘片的 CD-ROM 变形产品，是 Pioneer New Media 技术公司推出的 4 倍速驱动器，数据传速率达 676 KB/s，平均存取时间和寻址时间分别为 150 μs 和 110 μs，主要用于存储档案数据、处理图像或制作多媒体产品，系统切换盘片时间不到 5 s，并支持主要的 CD 标准和格式。这种 CD-ROM 驱动器内还有 DOS、Windows 和 Macintosh 软件驱动程序，同时支持 Unix、HP-UX 等。

2）注意兼容性

常见的 CD-ROM 驱动器都支持 CD-DA、CD-ROM、CD-ROM/XA、CD-R 标准，但不一定支持 Photo CD、CD-I 和 VCD，在选购 CD-ROM 驱动器时必须注意。CD-ROM 驱动器可对各种格式的盘片进行自动识别。

3）CD-ROM 驱动器的接口

一般提供三个物理接口：一个数据接口（对目前最常见的 IDE 接口而言为 40 芯插头座）、一个音频输出接口（4 芯插头座）和一个电源接口（4 芯插头座）。

1.8.4 显示子系统

微机的显示子系统是微机系统的重要输出设备，是微机操作中实现人机交互的重要工具之一，其性能的优劣直接影响微机的工作效率及质量。它包括显示适配器和显示器两部分，只有二者的有机配合才能实现高质量的显示。

1. 显示适配器（显卡）

显示适配器从组成原理上看主要有两个部件：CRT 显示控制器和显示存储器（显存）。早期的显示适配器（CGA、VGA）主要起到 CPU 与显示器之间的接口作用，显示字符、文字和一般的图形。CRT 显示控制器采用可编程的 MC6845，显存较小，分辨率为 320×200、640×480 等。随着多媒体技术的发展及显示技术的需要，CRT 显示控制器被具有处理图形数据、加速图形显示的图形加速芯片所代替，显存、分辨率也进一步增加。图形加速芯片是一个固化了一定数量常用基本图形程序模块的芯片，包括控制硬件光标、光栅操作、位块传输、画线、手绘多边形、多变形填充等。它从图形设备接口（GDI）接收指令流，把它们转换成一幅图画，然后将数据写到帧存储器中，以红、绿、蓝数据格式传递给显示器，因而图形加速芯片大大减轻了 CPU 的负担，加快了图形操作速度。

显示存储器的类型主要有 VRAM（Video RAM）、DRAM、EDO DRAM、MDRAM（Multibank DRAM）、RDRAM（Rambus DRAM）、SDARM（Synchronous DRAM）、SGRAM（Synchronous Graphics RAM）、WRAM（Windows RAM）等多种。图形适配器使用的标准存储器类型主要有 VRAM、SDRAM、EDO DRAM 等。在 PC 机系统中，单显的显示缓冲区是从 B0000H 开始的 4 K 字节内，彩显的显示缓冲区是从 B8000H 开始的 16 K 字节内。

图形适配器的接口形式主要是 ISA、VESA、PCI 和 AGP 等，相对应使用的图形加速芯片可分为 16 位、32 位、64 位、128 位，支持的分辨率为 640×480 到 1 600×1 200，色彩数为 16 色至 16.7 M 真彩色甚至更高。显示存储器容量与分辨率和色彩的关系是：分辨率越高，色彩数越多，要求的显存越大。

随着 PC 机不断升级及其应用领域的进一步扩展，逼真的 3D 显示受到重视，3D 图形显卡伴随着微软的 3D(三维)的出台而诞生。3D 图形显卡主要含有 2D/3D 的图形/图像双加速芯片，3D 多边形运算器和时钟合成电路。显存都是 EDO DRAM 或更快速的存储器，容量在 2 M 以上。

AGP(Accelerated Graphics Port)加速图形接口，是 Intel 公司提出的新型视频接口标准，可把主存和显存直接连接起来，其总线宽度为 32 位，时钟频率为66 MHz，能以133 MHz 的频率工作，最高传输率达 533 MB/s，是新一代图形卡接口，在 3D 图像处理、动画的再生处理等方面有积极的作用。

2. 显示器

CRT(Cathode Ray Tube，阴极射线管)显示器与显示适配器相一致，从前端表面上看，可分为球面、柱面、平面直角、完全平面等多种类型；从屏幕扫描方式看，有隔行扫描和逐行扫描；从屏幕尺寸看，有 14 英寸、15 英寸、17 英寸、19 英寸、21 英寸等，点间距为 0. 39 mm、0. 33 mm、0. 31 mm、0. 28 mm、0. 26 mm、0. 25 mm 等。

起初用于 DOS 操作系统的显示器多为 14 英寸、点间距为 0. 33 mm、隔行扫描方式的球面设计。随着图形用户界面应用的迅速普及，用户对分辨率和色彩的要求越来越高，致使点距越变越小。同时，用户追求更大的有效可视空间，因而屏幕尺寸越变越大，CRT 显示器的前端开始采用平面直角或完全平面的设计。

表 1-7 给出了 PC 机三种彩显典型指标的对照。点距越小，分辨率越高，色彩越多；尺寸越大，有效可视空间越大。

表 1-7　PC 机三种彩显典型指标的对照

指标尺寸	像素点距(mm)	最高分辨率(H×V)	水平扫描频率(kHz)	垂直扫描频率(kHz)	视频带宽(MHz)	显示范围H×V(mm)
14 英寸	0.28/0.31/0.39	1 024×768	30～48	45～72	50	250×180
15 英寸	0.25/0.26/0.28	128×1 024	30～66	45～90	90	270×200
17 英寸	0.25/0.28	160×1 280	30～90	45～120	120	325×243

(1) 点距：点距是指一种给定颜色的一个发光点与相邻最近的同色发光点之间的距离。点距不能用软件来更改。在任何相同的分辨率下，点距越小，图像越清晰。

(2) 分辨率：分辨率是指屏幕上所显示出来的像素数目。像素数目越多，分辨率越高。

(3) 扫描频率：扫描频率是指显示器每秒钟扫描的行数，单位为 kHz。水平扫描频率、垂直扫描频率、分辨率三者之间密切相关，每种分辨率都有其对应的扫描频率。

当前对计算机显示器的要求正在不断增长，14 英寸的标配只能满足最低要求，15 英寸已经逐渐替代了 14 英寸。多任务、多窗口及多媒体显示等能使人们的视野更开阔，因此 17 英寸显示器成为标配在所难免。

1.8.5 打印机

1. 打印机的分类

1）按原理分类

打印机是计算机系统的主要输出设备，按照其打印原理的不同，可分为击打式和非击打式两类。击打式的主要代表是24针点式打印机，它是用针击打打印媒体(色带)，从而在与打印媒体相接触的介质上(打印纸)得到输出的文字和图像。非击打式输出设备是用某种物理或化学方法印刷出文字和图像，主要有喷墨式、激光式和热敏/热转印式。非击打式的优点是噪声低，打印质量高等。

2）按用途分类

随着信息技术的高速发展，各种类型的打印输出设备不仅已形成系列化产品，而且应用领域正向纵深发展。目前从产品的档次和应用看，已形成通用、商用、专用、家用、便携、网络等多种类型。

(1) 办公和事务处理通用打印机：主要使用针式和喷墨式。

(2) 商用打印机：一般选用以激光式为代表的、具有高打印质量和快速输出的页式打印机，如报社、出版社等使用的激光照排系统。

(3) CAD/DTP打印机：指输出幅面为A3或B4的机种，以高分辨率的激光打印机为主，用于各种计算机辅助作业系统。

(4) 便携式打印机：体积小，重量轻，可用电池驱动，便于携带，通常选用喷墨式与笔记本电脑配套。

(5) 专用打印机：如微型打印机、存折打印机、平推式票据打印机、条形码打印机等。

(6) 家用打印机：主要与家用电脑配套，价廉、功能少。

(7) 网络打印机：计算机网络中使用的打印机。

表1-8给出了几种打印机的性能对比。

表1-8 几种打印机的性能对比

机种项目	针 式	喷墨式	激光式
打印速度	慢	较慢	很慢
打印质量	差	较好	最好
对纸张要求	无	略	高
对胶片要求	不能打印	专用胶片	高
噪 音	大	低	低
褪色程度	褪色	易褪色且怕水	不褪色
价 格	低	低	高
消费耗用	最低	中	高
应用范围	广泛	广泛	个别场合

2. 打印机的发展趋势

打印机由击打式向非击打式发展已经成为事实。与非击打式相比，击打式的最大优势是整机价格较低，尤其是消耗品费用低，但是由于近期非击打式打印机价格的大幅度下降，击打式打印机正在逐渐失去这一优势，并面临着严峻的挑战。首先是它的打印质量与非击打式打印机相差十分悬殊，尤其是彩色打印时更是如此，然而要大幅度提高打印质量，对击打式打印机来说已无能为力；其次是击打式打印机的噪音难以降低，所以长期占主体地位的针式打印机市场正在萎缩。尽管如此，中国大多数用户还是“买得起马，备不起鞍”，难以承受非击打式的“高消费”，所以针式打印机在相当长的一段时间内还不可能在市场上消失。目前，国际上各大厂商，如 FUJITSU、Star、EPSON 等，除了继续生产针式打印机外，还纷纷致力于特种打印机的开发和生产。在特种打印机领域中，针式打印机还是大有发展前景的。

近几年液态喷墨打印机价格大幅度下降，有的已低至 1 000 元，又因其打印品位高，特别是可以输出绚丽多彩的图像，所以受到用户的青睐，在打印机市场上大有“上挤高品位的激光打印机，下压低消耗的针式打印机”之势。

进入 20 世纪 90 年代后，由于科技的发展和生产工艺的成熟，激光打印机的价格不断趋于合理，有的低档产品已接近针式打印机的价格。于是激光打印机也就逐渐摆脱了最初的“贵族身份”，开始向大众靠拢。它不仅在轻印刷部门得到普遍使用，也成为办公用户投资的焦点。目前，激光打印技术正在向网络化、多功能化、彩色化方向发展。高端彩色激光打印机不再只是美好的憧憬，而低端彩色激光打印机已是伸手可及。

虽然激光打印机是页式打印机中技术最成熟的机种，但并不是最佳的一种打印方式。激光打印机欲进一步提高打印速度，却受到多面转镜速度及其可动部件的限制。另外，光学系统及可动部件对精度要求高，因此使其成本的进一步降低受到限制。而光式打印机中 LED 式和 LCS 式都能实现固定扫描，取消了激光打印机中的多面转镜，简化了光学系统，为实现批量生产后大幅度降低成本创造了条件。因此，从技术发展观点来看，今后激光打印机将会面临着许多具有发展潜力机种的激烈竞争。

1.8.6 多媒体设备

1. 多媒体和多媒体技术

在计算机领域中，媒体(Medium)有两种含义：一种是指信息的载体（或称信息的表现形式），如数字、文字、声音、图像和图形等；另一种是指用以存储信息的实体，如磁盘、磁带、半导体存储器芯片和光盘。这里所指的媒体是前者。

通常可以认为多媒体技术是指能够同时捕捉、处理、编辑、存储和展示两个以上不同类型信息媒体的技术。这些信息媒体包括文字、图像、图形、声音、动画和活动影像等。计算机的处理对象可以包括上述各种媒体，利用计算机中的数字化技术和交互式的处理能力，能同时处理多种媒体并把它们融合起来，使多媒体技术成为可能。

多媒体技术的核心是使用计算机综合处理文字、声音和图像等信息。下面简要介绍各种多媒体的相关技术。

1）多媒体声音技术

多媒体声音技术包括声音的数字化技术、数字合成技术和数字音乐技术 MIDI。

(1) 数字化技术

将声音先转换成数字信号，经过计算机处理，再通过数模转换还原为声音，这一过程称为声音的数字化技术。这是最基本的、最重要的多媒体声音处理技术。

声音数字化的方法是：以固定的时间间隔对音频信号进行采样，再将采样值送量化编码器变成数码并保存起来。每一个采样值对应于一点的音频信号瞬时值。

影响声音波形数字化质量的因素有三个方面：

① 采样频率：是指每秒钟采样的次数，采样频率越高，声音的保真度越高，但产生的数据量也越多，要求的存储空间也越大。在多媒体声音技术中有三种标准采样频率，即：对“语音”要求为 11.025 kHz；对“音乐”要求为 22.05 kHz；对“高保真度”要求为 44.1 kHz，这也是 CD 唱片常用的采样频率。

② 量比精度：是指每个采样点所表示的数据范围，即“采样数据位数”。量比精度越高（采样数据位数越多），音质越好，存储量越大。目前常用的采样数据位数为 8 位、12 位和 16 位三种，CD 唱片的采样数据位数为 16 位。

③ 声道数：有单声道和多声道之分。单声道一次产生一个声波数据；多声道同时记录两个声道的信号，又称为“立体声”。立体声更能反映人的听觉效果，真实感强，但立体声波形数字化后的存储量增加 1 倍。CD 唱片都采用双声道播放。

声音文件的数据量的计算如下：

数据量（字节数/秒）＝声道数×采样频率×采样数据位

以 CD 唱片为例，其采样频率为 44.1 kHz，采样数据位数为 16 位，双声道，则一小时的数据量为：(2×44.1 kHz×16 位×60 秒×60 分)/8 位＝635 040 KB＝605.621 MB≈600 MB。即一张 60 分钟的 CD 唱片占用近 600 MB 的存储空间。

在多媒体声音技术中，声音存储格式常见的有波形文件(.WAV)、声音文件(.VOC)、音频文件(.AU)和数字音乐文件(.MID)。

① WAVE（波形）文件适用于 MS-Windows 操作系统，文件扩展名为 WAV，由文件首部和波形音频数据块组成。文件首部包括标志符、语音特征值、声道特征以及脉冲编码调制格式类型标志等。

② VOC（声音）文件主要适用于 DOS 操作系统，文件扩展名为 VOC，由文件首部和数据块组成。文件首部包括标志符、版本号和一个指向数据块开始的指针。

③ AUDIO（音频）文件是 Unix 工作站上的声音存储格式，文件扩展名为 AU。

④ MIDI 文件没有记录任何声音信息，只是发送给音序器（音频合成器）一系列指令。这些指令说明了音高、音长、通道号等音乐的各主要信息，以 MID 为扩展名的文件格式储存。

(2) 数字合成技术

声音或音乐的数字合成技术是多媒体计算机中用得最多的音乐技术。可以采用波形表合成技术（Wave-Table Synthesizer）来产生人工合成的声音数据。波形表合成技术还可模拟人的语音声音，一般用于高档音效卡（16 位或 32 位卡）中。具有波形表合成功能的音效卡上常配有 2 MB 或 4 MB 的波形表存储器，可用 ROM 或 RAM（高档音效卡），有的还提供了可以扩展的存储器。

数字声音处理器 DSP（Digital Sound Processor）是由微处理器配上一些软件和辅助硬

件组成，主要用于数字声音信号的处理，为声音的采样与播放加入更多的效果。以 DSP 为基础的声音处理系统正在取代传统的模拟方式的声音处理系统。DSP 一般是可供用户编程的芯片，通过软件加载新的指令后就能升级。在音效卡中，DSP 芯片能用于 FM(调频)合成、语音识别、对声音文件进行实时压缩以及加入回声等特殊效果的处理。以 DSP 为基础的音效卡除了具有高保真度功能外，还可提供调制解调器和电话应答机功能。DSP 芯片专用于数字信号处理，可独立工作，可同计算机系统中的 CPU 实现前后台操作，从而加快了计算机系统的工作速度。一些装有 DSP 芯片的高档音效卡，可以用来压缩和解压缩数字化后的声音信号。使用数字信号处理方法可以处理声音信息、特殊声音效果以及语音识别等。声音的识别、合成和压缩是声音处理技术的热点。

(3) 数字音乐技术 MIDI

MIDI(Musical Instrument Digital Interface，乐器数字接口)是 Yamaha、Roland 等公司联合制定的规范，是多媒体计算机所支持的一种声音生成方法。MIDI 标准是数字式音乐的一个国际标准，规定了电子乐器与计算机之间进行连接的电缆与硬件方面的标准，以及电子乐器之间、电子乐器与计算机之间传送数据的通信协议，用以保证各种音乐设备之间数据、控制命令的信号传送，是一个数据传输率为 31.25 KB/s 的串行接口。该接口可以在同一时刻进行数据的双向传输(不在同一根电缆上进行)。

目前，MIDI 标准提供 16 个通道，用来分配和传输数据。因此，MIDI 端口可以同时发送 16 组不同乐器的声音、音符，相当于可以同时产生 16 组乐器合奏的乐曲。必须指出的是，MIDI 电缆上传输的不是音频信息，MIDI 通道并不要求每个通道占用一根电缆，所有通道信息都是一些控制数据，只需通过一根电缆进行传输，如同电视信号的传输一样。

由于 MIDI 信息不含任何声音成分，只是一系列指令，因此它比采样声音文件 WAVE 小得多。一小时的高保真立体声音乐用采样声音文件格式存储需要 600 M 的存储空间，而用 MIDI 文件格式存储只需 400 KB 的空间。MIDI 文件的主要缺点是处理语音能力差，因此可以将 WAVE 波形文件与 MIDI 文件配合使用。

MPU-401(MIDI Processing Unit，MIDI 处理单元)是由 Roland 公司为使 MIDI 接口与其软件相兼容而制定的一个标准。实际上，一般可以把 MPU-401 理解为用于 MIDI 设备的一种接口标准。MPU-401 能以两种方式工作：在 Intelligent(智能)方式下，MIDI 接口自身能处理很多与 MIDI 有关的重要信息，从而减轻了计算机内部 CPU 的负担，使其同时还能处理其他工作；在 Dumb(非智能或 UART)方式下，该 MIDI 接口只能简单地传送 MIDI 数据，而把处理工作留给计算机完成。在使用音效卡时，常会遇到 MPU-401 设置，“Enable”可以让用户使用 MPU-401 接口，通过外部合成器或电子琴发声，但在运行某些游戏软件时，可能会发现游戏的声音或音效不能被“打开”，或音效卡所接的喇叭不发声。这是因为 MPU-401 与这些游戏的声音或音效设置有冲突，或者是把声音信息送到并不存在的外部 MIDI 设备。在 MPU-401 设置时，选择“Disable”则不允许用户使用 MPU-401 接口，而此时却可以使没有外部 MIDI 设备的一般多媒体计算机利用音效卡上的合成器发声，并可减少游戏软件与硬件发生的“冲突”现象。

一台电子乐器只要包含有能处理 MIDI 信息的微处理器以及相关的硬件接口，就可以被看成是一台 MIDI 设备。两台 MIDI 设备之间可以通过接口发送信息而进行相互通信。一台 MIDI 设备应具备一个或多个端口，这些端口是：MIDI IN 端口——接收来自其他 MI-

DI设备上的MIDI信息;MIDI OUT端口——发送本台MIDI设备上的MIDI信息;MIDI THRU端口——将从MIDI端口传来的信息发送到另一台相连的MIDI设备上。

2) 多媒体图像技术

多媒体图像技术主要包括图像的采集、处理、存储、压缩、传输和播放等内容。图像技术要处理的信息量大,速度快,技术难度高。

(1) 数字图像的组成

电视图像是由一幅幅画面组成,而一幅画面又是由成百或上千条扫描线组成,每条扫描线又是由一系列的像素点组成的。以目前国际流行的两种电视机制式标准而言,我国流行的PAL制彩色电视,每秒钟25幅画面,每幅画面有625行扫描线;水平分辨率为240～400线,相当于每行240～400个点;采用隔行扫描方式,场频为50 Hz,行频为1 562.5 Hz。北美和日本等流行NTSC制式彩色电视,每秒钟30幅画面,场频为60 Hz,水平分辨率也为240～400线。因此,这两种制式的每幅画面的像素点大约为:625×(240～400)=150 000～250 000。

"数字图像"就是将图像上的每个点按某种规律编成一系列二进制数据,即用数码来表示图像信息。这种用数码表示的图像信息可以方便地存储在光盘上,也可以不失真地进行通信传输,有利于计算机进行分析处理。

对于彩色电视机而言,每个像素点还要用红、绿、蓝三种颜色按某种比率进行组合而成,或者用色调H(Hue)、饱和度S(Saturation)、亮度I(Intensity)三种要素来表示。对组成画面上每个点的三种色彩或三个要素用数字编码时,可以用8、8、8或5、5、5等编码格式,即每种色彩或要用8位二进制码或5位二进制码表示。这样,各个点就要用24位二进制码或15位二进制码,使用的位数越多,色彩分辨层次越细,则图像的品质越好。

(2) 图像数据压缩技术

一幅画面有150 000～250 000个点组成,每个点用24位二进制数表示(采用8、8、8编码),即用3个字节表示,则一幅画面就要用450 000～750 000个字节。如果1秒钟要放25幅画面,则每秒钟要传送的数据量为11 250 000～18 750 000字节,即10.7 MB、17.9 MB,如果要传送一小时的图像,需要传送的数据量为38 628～64 440 MB。这样大的数据量对传送和存储都是十分困难的,因此必须采用数据压缩技术。

目前图像数据压缩有三个标准:静态图像压缩标准JPEG、动态图像压缩标准MPEG和用于数字电视图像通信的PX64标准。在多媒体计算机中应用较多的是JPEG和MPEG,而PX64是一种CCYIT可视会议标准,一种宽带广域电视会议系统标准。

① JPEG标准。

JPEG即Joint Photographic Expert Group(联合图像专家小组),是ISO(International Standards Organization,国际标准化组织)和CCITT(Consultative Committee International Telegraph and Telephone,国际电报电话咨询委员会)于20世纪80年代中期组建的一个专家组。该专家组提出了一套用于静态彩色图像和单色灰度级图像的压缩编码标准。该标准于1994年被ISO命名为ISO/IEC10918,通常称为JPEG标准。

JPEG标准的主要特点是:面向连续色调的静止图像;有两种压缩算法——失真压缩算法和无失真压缩算法,可以针对应用进行图像压缩比的选择;压缩及还原算法的复杂程度适中,可以由软件或硬件实现;有多种操作模式可供选择。

使用硬件压缩时，处理速度可达每秒钟压缩 5～30 帧图像，图像压缩比为 2～400 倍。用硬件完成压缩和解压缩的工作速度较快，用软件实现速度较慢，但成本低得多。

② MPEG 标准。

MPEG 即 Motion Picture Experts Group（动态图像专家小组），是 ISO 和 CCITT 组建的专家组。该专家组制定了一种动态图像并配有伴音信息的压缩编码标准，编号 ISO/IEC Ⅲ72，通常称为 MPEG 标准。

MPEG 标准的主要特点是：视频与音频同步处理；存储在磁盘或光盘上的视频和伴音信息可以随机存取，对图像和伴音可以快速地进行正、反向搜索；可以较方便地对图像和伴音进行编辑；信息格式有一定的灵活性，便于发展；有利于硬件设备成本的降低。

MPEG-1 是第一阶段的标准，可支持高达 180∶1 的视频图像压缩技术，可应用于 CD-ROM、游戏机、多媒体通信及显示编辑系统中。标准的压缩后数据传输率约为 64～300 KB/s，标准的解压缩后数据传输率为 1.5 MB/s（其中视频数据为 1.25 MB/s，音频数据为 0.25 MB/s）。数字电路标准中 NTSC 制格式为 352×240，每秒 30 帧；PAL 制格式为 352×288，每秒 25 帧。

MPEG-2 是 MPEG-1 的升级标准，被推荐为工业界的标准，主要适用于广播电视和高清晰数字电视（High Definition Television，简称 HDTV），解压缩后可提供 4～10 MB/s 的数据传输速率。MPEG-2 标准规定的数字电视分辨率为 704×48×30（NTSC 格式）和 704×576×25（PAL 格式）。

MPEG 标准仍在不断发展和完善之中。

2. 声卡

声卡（Sound Card，Audio Card），又称为“音卡”、“声音卡”和“音效卡”，是多媒体计算机处理音频信息的主要部件，其功能是处理（获取生成、编辑、播放等）声音，包括数字化波形声音、合成器产生的声音以及 CD 音频。

声卡的组成框图如图 1-18 所示。一般声卡都含有模/数（A/D）转换芯片、数/模（D/A）转换芯片、FM（调频）音频合成器、MIDI 控制单元及接口等。

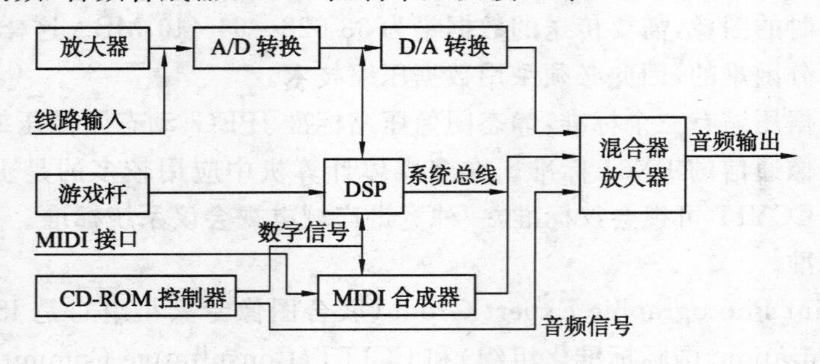

图 1-18 声卡的组成框图

从图 1-18 可见，从线路输入（Line IN）的音频信号经 A/D 转换后可以形成 WAVE 文件（.WAV）。注意，通常从话筒输入的信号要经放大器放大；A/D 转换是采用采样方法处理的，在进行采样时，若是立体声，需左右声道分别处理。WAVE 文件经过 DSP 芯片可以完成压缩和解压缩经过 A/D 转换的数字音频信号，处理声音信息，产生特殊声音效果等功能。经过计算机和声卡加工、处理的各种声音文件再经过声卡上的 D/A 转换电路把处理过的数字音频信号转换成模拟信号送到合成器放大电路放大。送到合成器放大电路的模拟信号还可以是CD-ROM送来的音频信号或是从MIDI合成器送来的音频信号。这些音频信号经合成放大器放大后，由声卡上的音频输出端口输出。

合成器能将各种声音频率成分构成某种波形。一个长时间工作的合成器就是一种乐器，可以控制波形、谐波、包络、低频振荡器、滤波器以及其他部件，发出各种各样的声音和音乐。

为了尽量少占用CPU的处理时间，声卡与计算机之间的数据传送经常采用DMA传输方式，既减轻了CPU的负担，也为后台播放声音提供了可能。

声卡的主要技术特性为：

① 兼容性：即声卡同各种软件的兼容性。1994年以后生产的声卡产品大部分都能与通用软件兼容。

② CD-ROM接口：应注意接口规格——Panasonic、Sony、Mitsumi、SCSI和IDE等，同时是否能支持CD-ROM的CD-DA输出，并能控制其输出音量。

③ ADC(模数转换)与DAC(数模转换)：前者为数字化录音，后者为数字化放音。有4个指标——采样频率(应包括11.025 kHz、22.05 kHz和44.1 kHz三种)、采样数据位数(有8位、12位和16位)、声道数(单声道和双声道)以及占用CPU时间的比例(占用时间少，则有利于声音系统和计算机的工作速度)。

④ 合成器参数：主要是合成的复音数和用于合成的操作数。一般有20种复音就可以满足大多数用户的要求。

⑤ 内部声音混合调节器：主要功能是把从不同输入源输入的声音信号进行混合及音量调节。混合器应该是可编程的、便于控制的。

⑥ MIDI接口：要求声卡能接收、录制并输出MIDI信号，且内置有一定的乐器音色(MIDI音库)。

⑦ 游戏杆接口：一般同MIDI共享接口。

⑧ S/N(信噪比)与THD(总谐波失真)：前者越大越好，用分贝(dB)表示；后者越小越好，用百分数(%)表示。

3. 视频卡

视频卡也是完整的多媒体计算机系统的主要部件之一，主要有如下几种：

1) MPEG卡

又称“电影卡”，是一种解压缩卡，其主要功能是把光盘上的压缩图像数据按MPEG标准进行解压缩和动态回放。MPEG卡同CD-ROM驱动器配合使用可以播放VCD和CD-I光盘中的MPEG电影。一般一张CD光盘可存放74分钟的电影，那么两张CD光盘即可存放一部电影。有的MPEG卡还带有视频输出，可在电视上播放光盘中的电影节目，因此MPEG卡在多媒体计算机中使用甚广。

2) 视频捕获卡

视频捕获卡(Video Capture Card)的主要功能是捕获单帧和连续帧的图像信号，以AVI文件格式保存到硬盘中。AVI是Microsoft公司的标准，它允许将声音、视频等相关信息存储在统一文件中。有的视频捕获卡带有声音输入接口，则可同时捕获声音；有的视频捕获卡不带声音输入接口，则必须同声卡配合使用才能形成完整的AVI文件。质量较好的视频捕获卡具有硬件压缩功能，若无硬件压缩，可选择软件压缩代替。视频捕获卡通常还具有将视频信号与 VGA 信号叠加的功能，这样视频信号就可以通过普通显示器显示。

视频捕获卡主要用于在 PC 机上制作交互式的多媒体展示系统，它可以把来自不同来源(如摄像机、录像机、光盘机等)的视频信号综合到 PC 机的应用程序中，进行用户所需要的编辑、叠加等处理。

3）电视编码卡

电视编码卡(TV Coder Card)的作用是把 PC 机(台式机或笔记本机)中的标准 VGA 视频图像输出到大屏幕电视、RGB 投影仪或其他显示设备上，并可将显示图像录制到录像带中。该卡有两类产品：一类为内插板卡型，需占用一个空闲的扩展槽，只能用于台式机；另一类为外接盒型，只需用连线同 VGA 卡相连即可，不仅可用于台式 PC 机，也可用于笔记本 PC 机。一般而言，这类卡可有 PAL 和 NTSC 两种制式输出。

4）电视调谐卡

电视调谐卡(TV Tuner Card)又称“电视卡”，专门用于接收 PAL 或者 NTSC 电视信号，其主要特点是具有一个同电视机和录像机功能类似的高频头，起到选台作用，并可将少量节目在 PC 机中保存下来。

复习思考题

1. 简述自动化与信息化的关系。
2. 简述二进制的作用，回顾二进制、十进制、十六进制之间的相互转换。
3. 回顾原码、反码、补码、BCD 码、ASCII 码等的概念与作用。
4. 简述计算机的概念与发展。
5. 什么是微处理器？掌握 Intel CPU 的发展过程。
6. 什么是 PC 机？掌握 PC 机的发展过程。
7. 理解计算机语言与操作系统的基本概念、作用。
8. 熟悉常用数字逻辑电路的符号、作用。
9. 熟悉微型机系统外围设备的类型、作用。
10. 简述本门课程在所学专业中的作用、意义。

第二章 微处理器的结构与工作原理

本章要点：了解 CPU 的基本结构，Intel 8086/8088 CPU 的基本工作原理，80X86 系列 CPU 的结构特征，多核 CPU 的工作原理；掌握 CPU 三总线的作用，存储器分段原理与管理方法，CPU 内部各个寄存器的作用，时钟周期、机器周期、指令周期的概念，CPU 完成一次存储器读、写过程的原理。

2.1 概 述

CPU 最主要的工作是执行指令。指令经过编译程序编译（或解释程序解释）后所转换的机器码，可能是各种外部接口程序，或是存放在 BIOS 中的程序码。无论指令由何处来以及类型如何，CPU 都必须将指令进行一番处理，并执行指令包含的功能。CPU 内部主要包含了组成计算机的两个主要部件：运算器和控制器。此外，还有一些相关的寄存器组，有的 CPU 还含有数值协处理器及一定的高速缓冲存储器（Cache）。

2.1.1 CPU 的主要性能指标

CPU 的主要性能指标有数据宽度（或称字长）、寻址能力、工作频率（或主时钟频率）、体系结构、指令系统等。

1. 数据宽度（字长）

CPU 的字长是指 CPU 一次所能处理的二进制数的位数，是表示运算器性能的主要技术指标，一般它等于 CPU 数据总线的宽度。CPU 字长越长，运算精度越高，处理信息的速度越快，性能也越高。一般按 CPU 的字长来划分 CPU 的档次，常见的 CPU 字长有 8 位、16 位、32 位和 64 位。在字长概念中，有 CPU 字长、指令字长、数据字长、总线结构字长。有时这些字长是不相同的。例如，386SX CPU 的内部为 32 位的运算核心，可以处理 32 位的数据，但为了缩小体积，降低封装成本，CPU 的外部数据线引脚却只有 16 根（即 16 位），因此对 32 位的数据要分两次传送，故称其为准 32 位的 CPU，其性能比标准的全 32 位结构（即 CPU 内外数据总线均为 32 位）的 386DX CPU 要低一些。

2. 寻址能力（或寻址范围）

寻址能力往往是指 CPU 能直接存取数据的内存地址的范围，这是由 CPU 地址总线引脚的数目来决定的。通常用 K（千）或 M（兆）来表示（1 K＝1 024；1 M＝1 024 K；1 G＝1 024 M 等）。例如，8088 CPU 的地址总线为 20 根，则可直接寻址的物理地址范围可达 2^{20} ＝1 M，而 80286 CPU 的地址线有 24 根，则其寻址能力为 2^{24} ＝16 M，而 386/486/586 CPU 的地址线为 32 根，故可直接寻址的物理地址范围达 2^{32} ＝4 G。

3. 运算速度

CPU 的运算速度通常用每秒执行基本指令的条数来表示，常用的单位是 MIPS(Million Instruction Per Second)，即每秒执行的百万条指令数，是 CPU 执行速度的一种表示方式。然而对于某一特定的 CPU，其 MIPS 值并非定值，得出的数据会因 CPU 正在执行的软件的不同而不同。即便是处理相同的任务，不同结构的 PC 机，其指令也不尽相同。一般来说，386 CPU 的运算速度大约在 3.6～9 个 MIPS 之间，486 CPU 的运算速度约在 16～30 个 MIPS 范围内，而 Pentium 级的 586 CPU 约在 100 个 MIPS 以上。每秒执行的指令数越多，表明 CPU 的运算速度越快。另外，CPU 的时钟频率(或称主频)也是影响其运算速度的一个重要因素。时钟频率的单位是 MHz。对于同一类型(如数据字长相同)的 CPU 来说，其主频越高，则意味着工作速度越快。但是对于不同类型的 CPU 来说，同样的主频可以有不同的工作速度。例如，主频都是 40 MHz 的 386DX/40 和 386SX/40 CPU，前者的速度更快，因为后者对于 32 位指令要分两次传送，工作效率自然降低。另外，虽然 386DX/40 CPU 的主频是 40 MHz，486DX/33 的主频只有 33 MHz，然而 486DX/33 的性能却比 386DX/40 的性能高，工作速度要比 386DX/40 快。这是由于 486DX/33 CPU 采用了较先进的体系结构，优化了指令的执行方式，使得大多数指令可在 1 个时钟周期内完成，而 386DX/40 CPU 要 2～3 个时钟周期才能完成一条指令。一般来说，CPU 的升级换代是按 CPU 的字长与体系结构来划分的。

目前，在 PC 技术领域有两个 CPU 的主流系列已成为事实上的工业标准，一个是 Intel 的 80X86 系列，另一个是 Motorola 公司的 68 系列。由于 80X86 系列的 PC 机采用了开放式体系结构，其应用软件十分丰富，因此，目前在 PC 领域几乎是 Intel 公司的 80X86 系列 CPU 在一统天下。

2.1.2 CISC 与 RISC 结构

按计算机的指令系统来区分，CPU 可分为 CISC 结构和 RISC 结构。CISC(Complex Instruction Set Computer，复杂指令集计算机)和 RISC(Reduced Instruction Set Computer，精简指令集计算机)分别代表了两种不同理论的 CPU 设计学派。在过去的数十年间，两种理论各有不少支持者，也有许多按 CISC 和 RISC 理论设计的 CPU 问世。无论采用何种理论，所设计的 CPU 都有较高的执行效率，其理论对 CPU 设计的影响很大，因此在讨论 CPU 时，将这两种结构的特点加以介绍。

1. CISC 结构

CISC 结构的 CPU 是指能够识别处理 100 种以上汇编指令的处理器。CISC 理论比 RISC 理论的历史要悠久，Intel 80X86 系列中的 8088、80286 等，都是按 CISC 理论设计的。由此可见，CISC 对当今微处理器的发展有相当大的影响。CISC 的处理功能很强，但执行指令的时钟周期也较长。每当请求指令执行任务时，CPU 要对几百条指令进行分类，找出完成该任务所需的指令。由于对指令分类需要一定的时间，因此使 CPU 的速度减慢了。Intel 及其与之兼容的 80X86 系列 CPU(从 286 直到 586)原则上都是采用 CISC 技术的微处理器(尽管后来的 386、486 和 586 CPU 中也采用了许多 RISC 技术)。以下几条说明了 CISC 的设计要点。

1) 复杂指令(Complex Instruction)

以 CISC 为理论所设计的 CPU 内部有许多常用的和特殊设计的指令，其中这些特殊指令有些是能处理复杂功能的指令。为了实现以一个或少数的指令完成复杂的功能，一个特殊指令的指令码会变得长而复杂。CISC 设计了很多的复杂指令，微处理器解码部分的工作很重，如果从程序的观点来衡量，则可缩减程序码，达到精简的功能。

2）复杂的内存参考方式(Complex Memory Reference Methods)

在 CISC 理论中，如果要从内存中取一组数据，可以有许多不同的寻址方式(Address Mode)。以 80X86 系列 CPU 为例，其寻址模式有：直接寻址(Direct Address Mode)、间接寻址(Indirect Address Mode)、基地址寄存器寻址(Based Index Mode)、寄存器间接寻址(Register Indirect Mode)等。

3）微程序结构(Micro Programming)

微指令(Micro instruction)是 CPU 控制命令的基本单位。通常一个简单的处理过程需要数个微指令来完成。微指令指挥 CPU 执行一项基本功能，众多微指令的组合便能组成完整的执行程序。对于 CISC 结构而言，所有的微指令会被收集起来成为指令集，并将其烧录在只读存储器内。例如，用 C＋＋语言编写的程序经过 Visual C＋＋编译器编译后存放在内存中，在执行时读入 CPU 内，经解码后将每一条指令转换为众多的微指令，并且到 ROM 中读出这些微指令，再送到 CPU 中的执行单元中去执行。在 80X86 系列的 CPU 内，指令码的数量会随处理器复杂度而增加，以满足新结构与新功能的要求。

2. RISC 结构

RISC 结构的 CPU 在执行一项任务时只需对指令集中不到一半的指令分类，找出完成该任务所需的指令，这样便提高了 CPU 的速度。RISC 将机器指令简化，提供有限数量的常用的和必须的指令，从而简化了 CPU 芯片的复杂程度，节省了芯片空间。早年 RISC 理论应用于工作站和中小型计算机的设计上，而近年来 RISC 的设计理论有逐渐取代 CISC 之势，从 80286 到 80386 的过程中就显示了这种改变。从 80386 开始，将 RISC 技术引进了 80X86 系列 CPU，使其本身具有 RISC 和 CISC 的特性，而以后推出的 80486、Pentium 以及 Pentium Pro(P6)等微处理器，更加重了 RISC 技术的成分。在不远的将来，RISC 将会成为设计 CPU 的主流。

与 CISC 结构相比，RISC 具有速度较快、生产成本相对较低、调试方便的特点。因为 RISC 芯片通常设计的指令不会超过 128 位。目前，RISC 结构的 CPU 芯片主要有 DEC 公司开发的 AIPha 系列，以及 IBM、Apple 和 Motorola 共同开发的 Power PC 系列，它们都用在一些高档工作站上。例如，DEC 公司开发的 AIPha AXP 芯片，虽然只有 120 万个晶体管，但其执行速度可达 157 MIPS，比具有 310 万个晶体管的 Pentium 66 CPU(执行速度为 112 MIPS)速度快。

传统的 RISC 结构的 CPU 有以下几个特点：

1）固定指令长度

RISC 的特点是将指令的长度减短，因此许多在 CISC 中的复杂指令都被去除，剩下的是一些简单而常用的指令。原来在 CISC CPU 中由复杂指令所完成的工作，在 RISC CPU 中便由数条指令来完成。这个特点可以简化指令的存取，并减少解码的时间与硬件线路设计上的困难。

2）指令流水线处理

指令流水线(Pipeline)是RISC最重要的理论。一条指令的执行一般经过取指令、译码、取操作数、执行指令、回写等五个步骤。在没有设计指令流水线的CPU内,一条指令必须要等前一条指令完成了这五个步骤后才开始第一个步骤,而采用流水线的CPU可以同时执行多条指令,大大提高了处理速度。

3) 装入/存储体系结构

大多数指令都是在寄存器之间进行的操作,对于内存只有装入和存储两个操作,因而简化了对内存的管理工作。

4) 硬件接线式控制

在CISC的CPU中,所有的控制都是执行微指令,而所有的微指令都存放在CPU的只读存储器中。而在RISC的CPU中,将微指令的格式简化,因而减少了解码的逻辑电路,使RISC可以直接利用逻辑门串接成控制逻辑。

5) 单周期执行

由于大多数的指令属于寄存器间的操作,而这些指令在一个时钟周期内便可执行完毕,比CISC的微指令执行的时间短,而且时间固定不变。

2.1.3 CPU三总线

微处理器是大规模集成电路的CPU,就其外部管脚而言,从8086的40脚到80286的68脚,再到PⅡ的242脚,管脚的逐步增加,也说明了集成度的增大。但无论什么型号的CPU,其外部管脚信号线按功能可分为四类:地址总线、数据总线、控制信号总线、电源线。其中地址总线(AB)、数据总线(DB)、控制总线(CB)统称为CPU三总线。地址总线从CPU发送出去,用来传递地址信息。地址总线的位数决定了CPU可以直接寻址的内部存储器地址空间的大小,它是单向的。数据总线则是CPU与存储器、I/O设备之间进行相互数据传递的通道,因此是双向的。数据总线的位数是微处理器的一个重要指标。数据总线的位数越多,就意味着CPU在单位时间内一次传递的数据就越多,数据处理速度就越快。控制总线是用来传递控制信号的,一部分是CPU向外发送给存储器、I/O接口电路的控制信号,如读、写命令信号,中断响应信号,地址锁存信号等;另一部分是外部接口电路给CPU传来的控制信号,如外设准备就绪信号、中断请求信号等。上述三总线的逻辑关系一般是:CPU在工作过程中先有地址信号,然后在控制信号的作用下通过数据总线传递数据,三者是并行的。其中8086/8088 CPU管脚的特点是,地址总线和数据总线是分时复用的,而且某些控制信号线也具有双重功能,在特定的工作方式下,完成一个特定的功能。电源线包括正电源线和地线。

2.2 Intel 8086/8088 CPU

8086 CPU内部和外部数据总线均为16位,8088 CPU内部数据总线是16位,外部数据总线是8位,是准16位微处理器,二者的结构基本上一样,指令系统完全兼容。以下主要介绍8086 CPU的结构,同时给出8086管脚图。

2.2.1 8086 CPU 的内部结构

8086 内部由两个独立的处理部件组成：一个是执行部件 EU，另一个是总线接口部件 BIU，如图 2-1 所示。

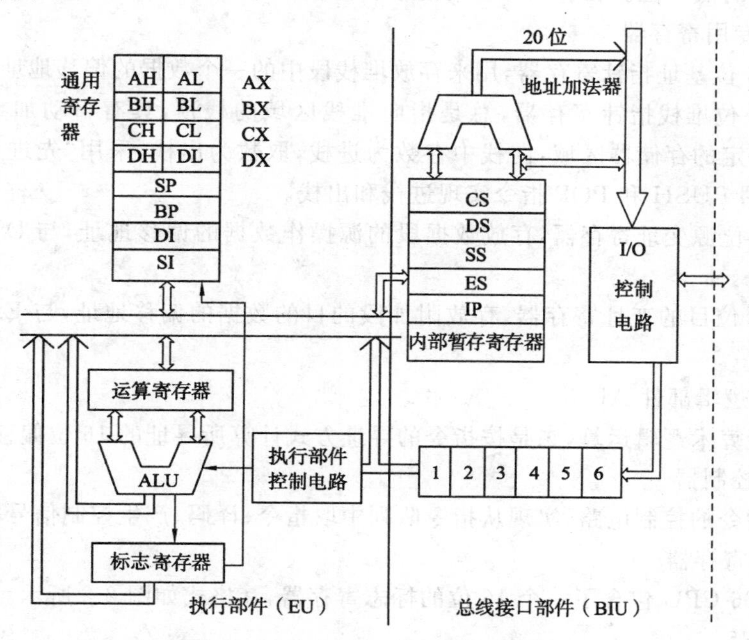

图 2-1 Intel 8086 CPU 逻辑结构框图

1. 执行部件 EU

1) EU 的工作原理

执行部件 EU 具有 8 个 16 位的寄存器(AX、BX、CX、DX、SI、DI、BP、SP)、算术逻辑运算部件 ALU、标志寄存器 FR、运算寄存器和 EU 控制系统。EU 的功能是负责全部指令的执行，向 BIU 输出数据和逻辑地址，并管理寄存器。EU 的动作过程如下：它从 BIU 的指令队列中取出指令操作码，通过译码电路分析进行什么操作，然后发出相应的控制命令，控制数据经过 ALU 数据总线的流向。如果是运算操作，操作数经运算寄存器送入 ALU，运算的结果经 ALU 数据总线送到相应的寄存器，同时标志寄存器根据运算的结果改变标志位。指令执行时需要从外部存取数据，EU 向 BIU 发出请求，由 BIU 通过 8086 外部数据总线访问存储器及外部设备，通过 BIU 的内部暂存寄存器向 ALU 数据总线传递数据。

每当 EU 准备好执行新指令时，就从 BIU 的指令队列中取一字节指令操作码进行执行。如果此时 BIU 的指令队列是空的(启动或执行转移指令时)，则 EU 就处于等待状态。

2) EU 各部件的作用

(1) 4 个通用寄存器

① AX：16 位的累加器，也可以作为 8 位累加器 AH、AL 使用。AH 是 AX 的高 8 位，AL 是 AX 的低 8 位。8086 CPU 指令系统中有许多指令都是利用累加器来执行的。

② BX：16 位的基址寄存器，也可以作为 8 位寄存器 BH、BL 使用。BH 是 BX 的高 8 位，BL 是 BX 的低 8 位。在 8086 CPU 指令系统中用于寄存器间接寻址。

③ CX：16 位的计数寄存器，也可以作为 8 位寄存器 CH、CL 使用。CH 是 CX 的高 8 位，CL 是 CX 的低 8 位。在 8086 CPU 指令系统中用于计数寄存器。

④ DX：16 位的数据寄存器，也可以作为 8 位寄存器 DH、DL 使用。DH 是 DX 的高 8 位，DL 是 DX 的低 8 位。在 8086 CPU 指令系统中常用于 I/O 端口地址间接寻址。

(2) 4 个专用寄存器

① BP：16 位基址指针寄存器，用来存放堆栈段中的一个数据的偏移地址。

② SP：16 位堆栈指针寄存器，总是指向堆栈区域的栈顶，具有自动加 1 或减 1 功能。"栈"是一个特定的存储器区域，向栈中存数为进栈，取数为出栈，采用"先进后出"的原则进行。CPU 采用 PUSH 和 POP 指令实现进栈和出栈。

③ SI：16 位源变址寄存器，存放数据段的源操作数据的偏移地址，与 DS 配合，形成 20 位物理地址。

④ DI：16 位目的变址寄存器，存放附加段的目的数据的偏移地址，与 ES 配合，形成 20 位物理地址。

(3) 算术逻辑部件 ALU

一是进行算术逻辑运算，二是按指令的寻址方式计算所寻址的 16 位偏移地址。

(4) EU 控制器

是执行指令的控制电路，实现从指令队列中取指令、译码、产生控制信号等。

(5) 标志寄存器

8088/8086 CPU 包含了一个 16 位的标志寄存器，其格式如图 2-2 所示。

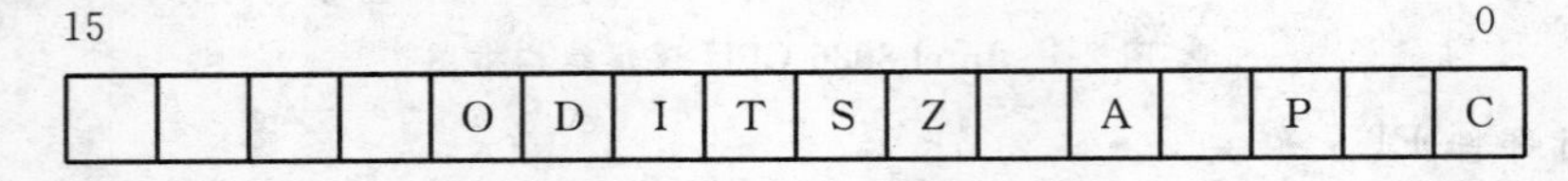

图 2-2　标志寄存器格式

① 进位标志位 C(Carry Flag)：

在 8 位或 16 位算术运算操作时运算结果产生了一次进位或借位，或者在某些移位操作中对移出的最后一位为 1 时，C=1，否则 C=0。

② 奇偶标志位 P(Parity Flag)：

运算结果中"1"的个数为偶数个时，P=1，否则 P=0。

③ 辅助进位标志位 A(Auxiliary Carry Flag)：

在字或者字节运算中，当产生了半字或半字节的进位或借位时，A=1，否则 A=0。

④ 零标志位 Z(Zero Flag)：

若运算结果为零，Z=1，否则 Z=0。

⑤ 符号标志位 S(Sign Flag)：

S 的值与运算结果的最高位相同，若最高位为 1，则 S=1，否则 S=0。S=1 时表示有符号数的结果为负，以补码表示。

⑥ 溢出标志位 O(Overflow Flag)：

在算术运算中，如果 8 位或 16 位带符号数的计算结果在 －128 与 ＋127 之间或 －32 768与＋32 767 之间，则不产生溢出，O=0，否则 O=1。

⑦ 方向标志位 D(Direction Flag)：

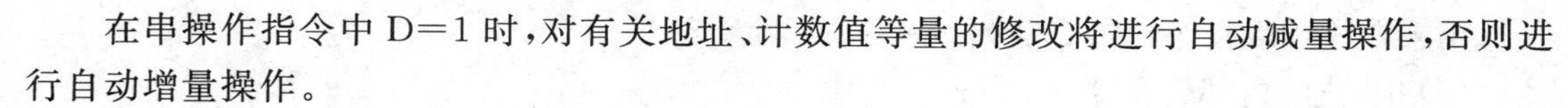

在串操作指令中 D=1 时，对有关地址、计数值等量的修改将进行自动减量操作，否则进行自动增量操作。

⑧ 跟踪标志位 T(Trace Flag)：

当 T 被置"1"时，程序以单步方式执行，否则以连续方式执行。在中断服务程序中，T 总为 0。

⑨ 中断允许标志位 I(Interrupt-enable Flag)：

如果 I=1，则 CPU 可接受所有外部可屏蔽的中断请求，否则所有外部可屏蔽中断被屏蔽，但它对内部中断和不可屏蔽中断不起作用。

例 2.1　计算机执行 1234H + 5678H 后，试求状态标志 S、Z、P、C、A、O 的值。

解：

```
    0001 0010 0011 0100
+   0101 0110 0111 1000
-----------------------
    0110 1000 1010 1100
```

S=0：运算结果的最高位为 0；

Z=0：运算结果本身不为 0；

P=1：运算结果低 8 位所含的 1 个数为 4，是偶数；

C=0：最高进位位没有产生进位；

A=0：第 3 位没有往第 4 位产生进位；

O=0：次高位没有往最高位产生进位，最高位也没有往前进位。

2. 总线接口部件 BIU

1) BIU 的工作原理

BIU 由 4 个段寄存器、指令指针 IP、内部暂存寄存器、地址加法器、六字节指令队列及总线控制逻辑组成。BIU 负责执行所有的 8086 外部总线周期，提供系统总线控制信号，它将段寄存器中的内容与段内偏移量送到地址加法器中，形成 20 位存储器物理地址。EU 在执行指令期间，要求和外界进行数据传送时，BIU 根据 EU 的要求访问存储器或 I/O 设备，并形成访问地址、数据总线控制信号和时序控制信号，执行存储器或 I/O 端口读写周期，按 EU 的要求传递数据。

2) BIU 各部件的作用

(1) 段地址寄存器

① CS：16 位代码段寄存器，存放程序代码段首地址的高 16 位（低 4 位为零，共 20 位，以下 DS、ES、SS 类同）。

② DS：16 位数据段寄存器，存放数据段首地址的高 16 位。

③ ES：16 位附加段寄存器，存放附加段首地址的高 16 位。

④ SS：16 位堆栈段寄存器，存放堆栈段首地址的高 16 位。

(2) 16 位指令指针寄存器 IP

IP 存放当前指令在程序段中的 16 位偏移量，即存放 EU 要执行的下一条指令的偏移地址，具有自动加 1 功能。程序不能直接对 IP 进行设置，它在程序运行中自动修正。

(3) 20 位地址加法器

通过其运算产生 20 位物理地址，工作原理见后续内容。

(4) 六字节的指令队列缓冲器

用来存放预取指令的指令队列。

(5) 16 位的内部暂存器

暂存输入/输出信息的寄存器。

(6) 总线逻辑控制器

以逻辑控制方式实现总线上的信息传送,如信息分时传送等。

3. EU 和 BIU 之间的联系

尽管总线接口部件和执行部件并不是同步工作的,但二者的动作仍然是相互配合的,这种配合体现在以下几个方面:

① 每当 8086 的指令队列中有 2 个或者 1 个空字节时,总线接口部件就会启动,把指令取到指令队列中。

② 每当执行部件准备执行一条指令时,它从总线接口部件的指令队列前部取出指令的代码,然后用几个时钟周期去执行指令。在执行指令的过程中,如果必须访问存储器或输入/输出设备的操作,那么执行部件就会请求总线接口部件进入总线周期去完成访问内存储器或输入/输出设备的操作;如果此时总线接口部件正好处于空闲状态,那么会立即响应执行部件的总线请求;如果执行部件请求总线接口部件访问总线时,总线接口部件正在将某个指令字节取到指令队列中,此时总线接口部件将首先完成这个取指令的总线周期,然后去响应执行部件发出的访问总线的请求。

③ 当指令队列已满,而且执行部件对总线接口部件又没有总线访问请求时,总线接口部件便进入空闲状态。

在执行转移指令、调用指令和返回指令时,下一条要执行的指令就不是在程序中紧接着排列的那条指令,而总线接口部件往指令队列装入指令时,总是按顺序进行的,这样指令队列中已经装入的指令就不起作用。遇到这种情况,指令队列中的原有内容被自动清除,总线接口部件会接着往指令队列中装入由转移指令、调用指令或返回指令指定的指令,此时,EU 则处于空闲状态。

从以上分析可以看出,8086 内部的两个功能部件有存在空闲状态的可能,CPU 的利用率没有达到最佳。如何使 CPU 内部的功能部件处于“零等待”状态,是 CPU 设计者追寻的目标之一。

2.2.2 8086 CPU 的引脚功能

图 2-3 给出了 8086 CPU 的管脚图,24～31 脚在最大和最小两种工作模式下的功能不一样。

1. 低 16 位地址总线和数据总线

AD0～AD15 为低 16 位地址总线 A0～A15 和数据总线 D0～D15 分时复用线,双向、三态。每个机器周期开始时(T1)作为地址信息输出,然后通过内部多路转换开关将它转换成数据总线 D0～D15 使用,用来传递数据,直到机器周期结束。

2. 高 4 位地址线及状态线

A16/S3～A19/S6,输出、三态,担负着双重任务,在每个机器周期开始时,用作地址线。对存储器操作,这是有效的高 4 位地址;对 I/O 操作时,为低电平,因为 I/O 端口地址为 16 位地址。它们在存储器和 I/O 操作周期里有效,指示状态信息。S6 始终为低电平,S5 是中断允许标志,S4 和 S3 的组合表示当前访问存储器操作所用的段寄存器,如表 2-1 所示。

表 2-1 S3、S4 组合

S4	S3	段寄存器
0	0	交换数据
0	1	堆栈
1	0	代码或无
1	1	数据

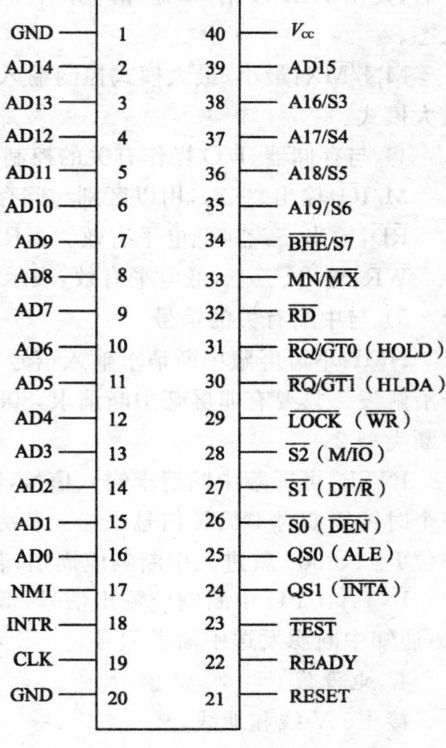

图 2-3 8086 CPU 管脚图

3. 最小模式下控制信号线(关于时钟周期见 2.2.3 节 8086 CPU 的时钟介绍)

1) 与地址总线有关的控制信号线

ALE:输出,地址锁存允许,高电平有效。在每个机器周期开始时有效,将 AD0～AD15 及 A16～A19 地址信息锁存到 CPU 外部的地址锁存器中。

2) 与数据总线有关的控制信号

$\overline{DEN}$:数据允许信号,输出、三态,低电平有效。当 AD0～AD15 作为数据总线使用时,$\overline{DEN}$作为外部数据收发器的选通信号。在每个存储器读写、I/O读写和中断响应周期内,$\overline{DEN}$变为有效的低电平。

DT/$\overline{R}$:数据发送/接收信号,输出、三态。该信号控制外部数据收发器的数据传递方向,高电平时为发送数据,低电平时为接收数据。

$\overline{BHE}$/S7:输出、三态。它在 T1 周期有效,把读写 8 位数据与数据线的高半部分(D8～D15)连通,与 A0 结合使用,确定数据线是高字节工作还是低字节工作。在其他 T 状态,作为一条状态信号线。

3) 与 CPU 工作有关的控制信号

RESET:复位输入,高电平有效。该信号必须在至少 4 个时钟周期内保持有效,以完成内部的复位过程。CPU 复位后,内部寄存器的值为:IP＝0000H,CS＝FFFFH,其他为零。程序将从 FFFF:0000 处开始运行。

CLK:时钟输入信号,提供了处理器和总线控制器的定时操作。

READY:输入信号,准备就绪信号,来自于存储器或 I/O 设备的响应信号,高电平有效。CPU 在 T3 周期开始采样 READY 信号,若为低电平,则在 T3 周期结束后插入 T_W周期,直到 READY 变为高电平为止,结束 T_W周期,进入 T4 周期,完成数据传送。

$\overline{TEST}$:输入信号,这个信号由 WAIT 指令来检查。当 CPU 执行 WAIT 指令时,它每 5 个时钟周期对$\overline{TEST}$输入进行一次检查。若$\overline{TEST}$为高电平,CPU 就进入踏步状态;若$\overline{TEST}$为低电平,CPU 就执行下一条指令。

HOLD:保持请求,输入信号,高电平有效。当外部 DMA 或处理器要占用系统总线时,就向 CPU 发出此请求信号。

HLDA:保持响应,输出信号,高电平有效。当 CPU 接收到 HOLD 信号,处理完当前指令后，发出 HLDA 信号，通知外界可以使用总线，同时 8086 的所有三态输出线变为高阻抗状态。

MN/$\overline{\text{MX}}$：最小/最大模式控制输入信号。高电平时工作在最小模式，低电平时工作在最大模式。

4）与存储器、I/O 操作有关的控制信号

M/$\overline{\text{IO}}$：输出、三态，用以区别访问存储器还是 I/O。

$\overline{\text{RD}}$：输出、三态，低电平有效。当$\overline{\text{RD}}$有效时，8086 CPU 执行存储器或 I/O 读操作。

$\overline{\text{WR}}$：输出、三态，低电平有效，表示 CPU 处在存储器或 I/O 写操作。

5）与中断有关的信号

NMI：不可屏蔽中断请求输入信号，高电平有效，是不能用软件屏蔽的中断请求信号，上升沿触发。只要有非屏蔽中断请求，8086 就在当前指令结束时响应它，此时，8086 自动形成中断类型 2。

INTR：可屏蔽中断请求输入信号，高电平有效。此信号靠电平触发，在每个指令的最后一个时钟周期对 INTR 信号采样。若为高电平，同时 8086 CPU 内部标志寄存器的中断允许位 I＝1，8086 就进入中断响应周期；若 I＝0，尽管 INTR 有效，CPU 对此信号也不予理睬。

$\overline{\text{INTA}}$：CPU 中断响应输出信号，低电平有效。当 8086 响应外部中断请求时，发出此信号，通知中断源发送中断类型号。

4. 电源线

接＋5 V 线和地线。

图 2-4 给出了最小模式下 8086 连接系统的示意图。

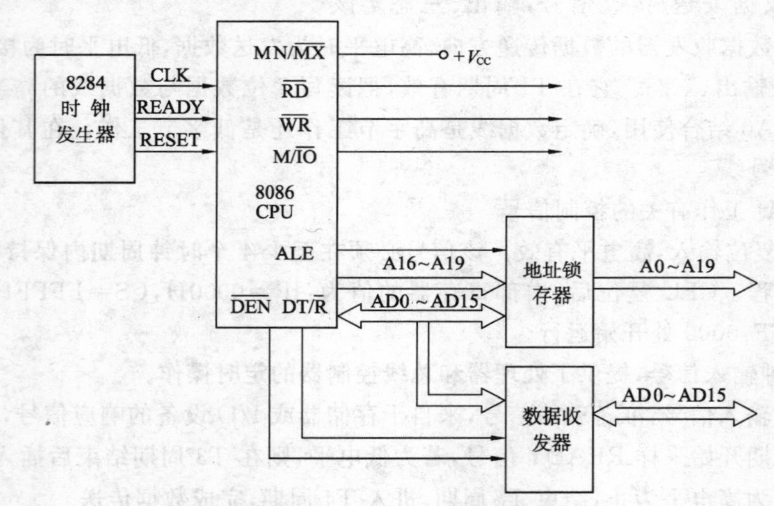

图 2-4 8086 最小模式下系统的连接示意图

5. 最大工作模式下控制信号线的产生

若 8086 工作在最小模式下，控制信号使用自身的即可，外部只需增加地址锁存器和数据收发器。若 8086 工作在最大模式下，对外控制信号的产生需结合一个外部总线控制器来实现。IBM-PC/XT PC 机使用了 8288 总线控制器，它根据 8088 执行指令时提供的状态信号进行译码，产生控制时序信号。8288 的内部结构示意图如图 2-5 所示。

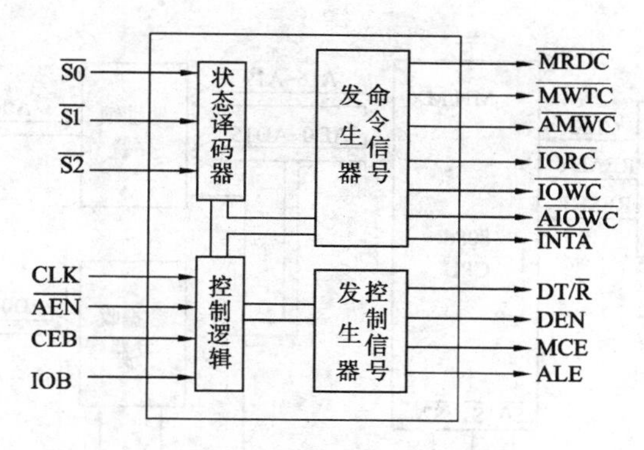

图 2-5 8288 内部结构示意图

1）状态译码和命令输出

8288 总线控制器接收 8088(或 8086)的状态信号$\overline{S0}$、$\overline{S1}$、$\overline{S2}$，确定 CPU 执行何种操作，发出相应的定时命令信号去控制系统的相关部件，如表 2-2 所示。

表 2-2 8288 译码表

$\overline{S2}$ $\overline{S1}$ $\overline{S0}$	8088 的总线周期	8288 的命令
0 0 0	中断响应	$\overline{INTA}$
0 0 1	读 I/O 口	$\overline{IORC}$
0 1 0	写 I/O 口	$\overline{IOWC}$，$\overline{AIOWC}$
0 1 1	暂停	无
1 0 0	取指令代码	$\overline{MRDC}$
1 0 1	读存储器	$\overline{MRDC}$
1 1 0	写存储器	$\overline{MWTC}$，$\overline{AMWC}$
1 1 1	无作用	无

2）控制输出信号

8288 控制输出的信号有：ALE、DEN、DT/$\overline{R}$。这三个信号与 8086 自身的三个信号功能一样，只是 DEN 的电平输出与 8086 的$\overline{DEN}$相反，需加反相器连接数据收发器。

3）输入控制信号

8288 的工作受 CLK、IOB、$\overline{AEN}$、CEB 输入信号的控制。

CLK 是时钟输入端，接系统时钟；IOB 接地，决定 8288 处于系统总线工作的方式；$\overline{AEN}$为地址允许信号，只有在$\overline{AEN}$变为有效(低电平)后，8288 才能输出命令，否则 8288 命令输出驱动器立即进入高阻抗状态。8288 的工作还受 CEB 的控制，当 CEB 为高电平时，8288 正常工作，否则 8288 控制输出处于无效状态。图 2-6 所示为 8086 最大模式下的连接示意图。

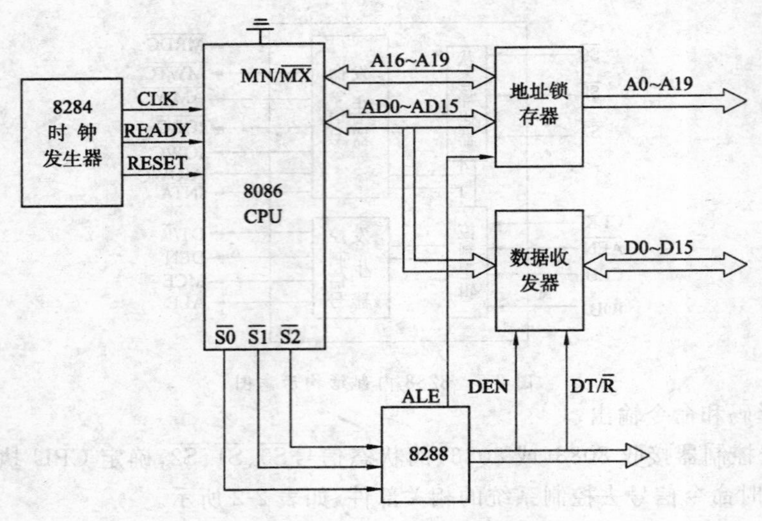

图 2-6 8086 最大模式下的连接示意图

2.2.3 8086 CPU 的时序

1. 基本概念

(1) 时钟周期：时钟周期是计算机定时关系的基本单位，为 CPU 工作频率的倒数。如 8086 的主频为 5 MHz，一个时钟周期就是 200 ns；8086-1 的主频为 10 MHz，1 个时钟周期为100 ns。

(2) 机器周期：机器周期是 CPU 与外部存储器或 I/O 交换一个字节数据所用的时间，也称总线周期。一个机器周期由若干个时钟周期组成。

(3) 指令周期：执行一条指令所需的时间称为指令周期。一个指令周期又由若干个机器周期组成。不同的指令所需的机器周期数不同。图 2-7 给出了三种周期之间的关系。

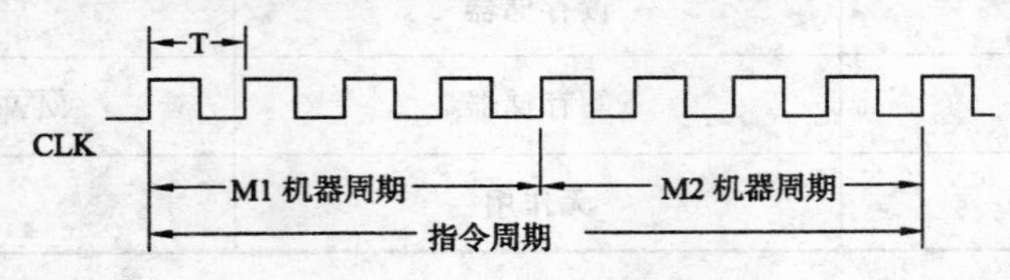

图 2-7 时序关系

2. 8086 CPU 基本总线周期

为了取得指令和传送数据，需要 CPU 的总线接口部件执行一个总线周期。在 8086/8088 中，一个最基本的总线周期由 4 个时钟周期组成。在一个最基本的总线周期中，习惯上将 4 个时钟周期分别称为 4 个状态，即 T1 状态、T2 状态、T3 状态和 T4 状态。

(1) 在 T1 状态，CPU 向多路复用总线上发出地址信息，以指出要寻址的存储单元或外设端口的地址。

(2) 在 T2 状态，CPU 从总线上撤销地址，而使总线的低 16 位置成高阻状态，为传输数据做准备。总线的最高 4 位(A19～A16)用来输出本总线周期的状态信息。这些状态信息用来表示中断允许状态、当前正在使用的段寄存器名等。

(3) 在 T3 状态，多路总线的高 4 位继续提供状态信息，而多路总线的低 16 位(8088 则

为低 8 位)上出现由 CPU 写出的数据或者 CPU 从存储器或 I/O 端口读入的数据。

(4) 在被写入数据或者被读取数据的外设或存储器不能及时配合 CPU 传送数据的情况下，外设或存储器应在 T3 状态启动之前通过“READY”信号线向 CPU 发出一个“数据未准备好”信号，于是 CPU 会在 T3 之后插入 1 个或多个附加的时钟周期 T_W(T_W也叫等待状态)。在 T_W状态总线上的信息情况和 T3 状态的信息情况一样。当指定的存储器或外设完成数据传送时，便在“READY”线上发出“准备好”信号，CPU 接收到这一信息后，会自动脱离 T_W状态而进入 T4 状态。

(5) 在 T4 状态，总线周期结束。

需要指出的是，只有在 CPU 和内存或 I/O 接口之间传输数据，以及填充指令队列时，CPU 才执行总线周期。可见，如果在一个总线周期之后不立即执行下一个总线周期，那么系统总线就处在空闲状态，此时执行空闲周期。

在空闲周期中，可以包含一个时钟周期或者多个时钟周期。这期间在总线高 4 位上，CPU 仍然驱动前一个总线周期的状态信息。如果前一个总线周期为写周期，那么 CPU 会在总线低 16 位上继续驱动数据信息；如果前一个总线周期为读周期，则在空闲周期中总线低 16 位处于高阻状态。

关于存储器读周期和存储器写周期、I/O 端口读周期和 I/O 端口写周期、中断响应周期、8086 的总线空闲周期等时序关系，请参阅有关参考书籍。

2.2.4 8086 CPU 存储器管理方式

1. 8086 寻址范围

8086 CPU 有 20 根地址线，可寻址范围为 $2^{20}=1$ M 字节的存储器单元。这个存储器空间的地址用十六进制表示为 00000H～FFFFFH，可分为两个 512 KB 的存储体：一个用来存放奇数地址的字节(高字节)；另一个存放偶数地址的字节(低字节)。偶数地址存储器的数据线与数据总线的低 8 位(D0～D7)连接，奇数地址存储器的数据线与数据总线的高 8 位(D8～D15)连接。用 A0 和 $\overline{BHE}$信号确定是选择奇数地址存储器还是选择偶数地址的存储器，可进行单字节的数据传递或两个字节同时进行的字传递，如图 2-8 和表 2-3 所示。

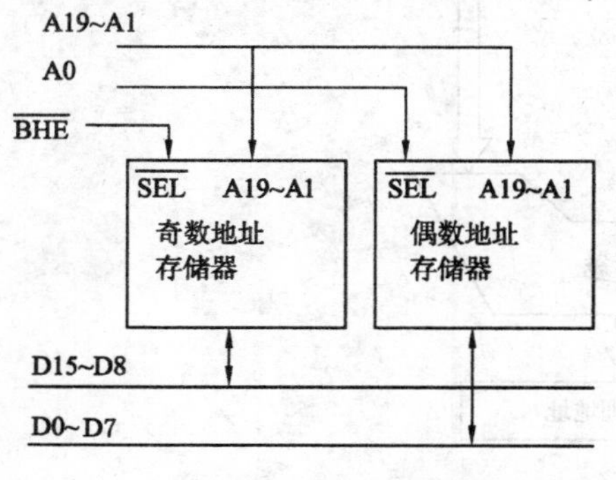

图 2-8 8086 存储器管理

表 2-3

$\overline{BHE}$	A0	传送的字节
0	0	两个字节同时传送
0	1	从奇数地址传送高字节
1	0	从偶数地址传送低字节
1	1	无操作

2. 存储器分段

8086 CPU 内部的数据通路和寄存器都是 16 位的，它的 ALU 也只能进行 16 位的运算，因而 8086 对地址也只能进行 16 位的运算，寻址范围被局限于 64 K 字节以内。为了寻址

1 M字节的存储器空间，8086 用一个附加的地址变换机构来建立 20 位地址。

8086 把 1 M 字节的地址空间分成若干段，每段最多含有 64 K 字节的地址空间。对段起始地址的限制只有一个，就是每段起始地址必须能被 16 整除。各段之间可以完全重叠或部分重叠，互相邻接，或相互分离。

8086 使用偏移量访问段中指定的字节。偏移量是该字节到段起始地址的距离。

3. 物理地址的形成

在具有地址变换结构的 CPU 中，允许程序中编排的地址与信息在存储器中实际存放的地址有所不同，前者叫逻辑地址，后者叫物理地址(实际地址)。同样，在 8086 系统中每个存储器单元都认为有两类地址：逻辑地址和物理地址。

8086 与存储器之间的所有信息交换都要使用物理地址。由于 8086 具有 20 根地址线，存储器的物理地址是一个 20 位的二进制数值，从 00000H 到 FFFFFH，它与1 M字节存储空间中的每个存储单元是一一对应的。

在程序中所涉及的地址都是逻辑地址。一个逻辑地址由两部分组成：段地址和段内偏移量。对于给定逻辑地址的任何一个存储单元来说，段地址决定了该段的第一个字节的位置，段内偏移量则是这个存储单元相对于该段首字节的距离。段地址都存放在段寄存器 CS、DS、SS、ES 中，段内偏移量通常存放在 SP、BP、SI、DI 和 IP 中。在逻辑地址中，无论段地址还是段内偏移量，其值都是 16 位的二进制数(用 4 位十六进制数表示)。8086 的总线接口部件 BIU 用下述方法把这两个 16 位的地址形成 20 位的物理地址：首先将段寄存器中的 16 位数左移 4 位，右边补上 4 个“0”，再与段内偏移量寄存器中 16 位数相加，形成所需要的 20 位物理地址，如图 2-9 所示。

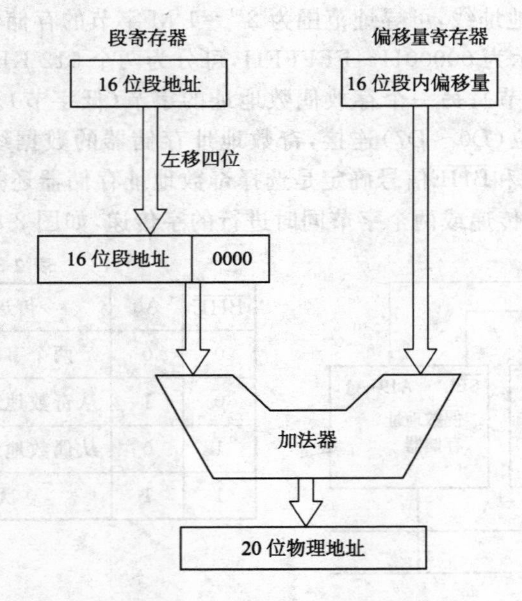

图 2-9　8086 20 位物理地址形成示意图

下面给出用软件模拟 20 位物理地址的形成。段：偏移量在 ES：BX 中。要求计算物理地址，高 4 位存入 DH，低 16 位存入 AX 中。程序如下：

```
        MOV     AX,ES
        MOV     CL,4
        ROL     AX,CL              ;AX循环左移4位
        MOV     DH,AL              ;取地址高4位
        AND     AL,F0H             ;AL低4位清零
        AND     DH,0FH             ;DH高4位清零
        ADD     AX,BX              ;段基地址与偏移量相加
        JNC     EXIT               ;无进位退出
        INC     DH                 ;有进位,高4位加1
EXIT:RET
```

2.3 80X86系列CPU的性能与结构特点

2.3.1 80X86 CPU的内部结构特征

为了增强CPU的性能,一般可通过下列途径实现:

(1) 使用先进的工艺过程和电路;

(2) 提高时钟的速度;

(3) 增加数据宽度;

(4) 使用先进的系统和总线结构;

(5) 使用先进的微体系结构。

从8088/8086 CPU到PⅣ CPU,上述几个方面得到了很大的发展,微处理器内部集成的部件越来越多,集成度越来越高,功能越来越强大,CPU已不是原来意义上的CPU。内部各部件之间采用流水线结构设计,是其特点之一,每个部件能独立操作,也能与其他部件并行工作。在取一条指令和执行一条指令时,每个部件都能完成一项任务或完成某一操作步骤。由于能对指令流并行操作,使多条指令重叠进行,所以大大提高了CPU的处理速度。例如,当总线接口部件完成一条指令写周期的同时,指令部件可以正在对另一条指令译码,而执行部件却正在处理第三条指令。在原先的标准8位微处理器中,程序的执行是由取指令和执行指令的循环来完成的,即取一条执行一条,每一条指令执行完后,CPU必须等待,直到下一条指令取出来以后才能执行。

2.3.2 Intel 80286 CPU的性能与结构特点

80286是1982年推出的一种高级16位微处理器,比8086/8088的速度要高出6倍多。80286与其他16位微处理器相比,有如下几个关键特征:

(1) 非常高的性能

80286的性能比8086/8088或其他相竞争的16位微处理器要高出2~5倍,其原因是有许多指令,尤其是运算指令,执行速度比8086/8088快10倍。

(2) 数值运算能力强

80286可配数值协处理器,大大增加了数值计算的能力和速度,比8086/8088的性能要

高出2倍多。

(3) 存储管理和保护

在带有多用户或者多任务的可重新编写程序的系统内，进行存储管理和存储保护是人们所希望的，也是经常需要的。因为多用户或多任务都共享同一存储器空间，有可能引起相互干扰。80286则提供了存储管理和保护功能，使用少量的软件就可以保护和管理几乎近8 000项任务。之所以把存储管理和存储保护放到CPU内主要基于如下几个原因：首先，80286保护系统的性能比把CPU与保护机构分成两个芯片时要高许多；其次，虚拟存储器管理在CPU内部实现起来干净利索；最后，用硬件实现起来也比较简单，在80286上还可以有效利用速度比较慢的存储器。

(4) 虚拟存储

虚拟存储器在需要大量存储空间的程序或大量数据的系统内特别有用。一般来说，存储器中所有的数据或程序并不是在任一给定的时间内处理，这样就把众多程序或数据都放到辅助存储器上。在处理时，只需把需要的那部分程序从辅助存储器调入主存储器就可以了。80286的实际存储器空间为16 M，但每个用户任务可以使用的虚拟存储空间可达1 000 M字节(可有30位虚拟地址)。在运行使用80286的存储管理能力时，每项任务的1 000 M字节虚拟地址空间自动转换成16 M字节的物理存储空间。因此，80286有实地址方式和保护虚拟方式两种工作方式。在实地址方式下，80286与8086/8088软件的原码兼容。

80286微处理器内有四个独立的处理部件，分别是执行部件EU、总线部件BU、指令部件IU和地址部件AU，如图2-10所示。

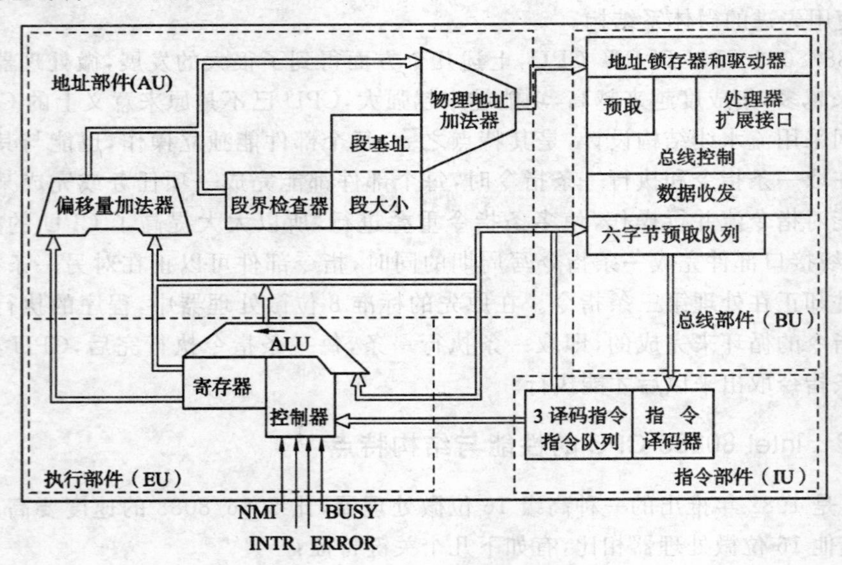

图2-10 80286内部结构示意图

(1) 总线部件BU

由图2-10可知，总线部件由地址锁存器和驱动器、处理器扩展接口、总线控制、数据收发、预取和六字节预取队列组成。它是CPU与系统之间的一个高速接口，其职责是要在取代码、数据等期间内有效地满足CPU对外部的传送要求；以最高的速率传送数据，即在两个

处理器时钟周期内传送一个字,实现零等待状态,完成对存储器的读写。

80286 的 BU 还必须预取指令。预取指令就是在当前指令执行之前把它从存储器内取出。当局部总线空闲时,满足如下几条就可进行预取:

① 六字节的预取队列中至少有两个字节是空闲才开始一个预取总线操作。

② 预取部件通常执行预取,且不依赖于代码段基地址在物理存储器中的位置。

③ 对把控制转移到奇数地址的指令,预取部件仅执行取一个字节代码的操作。

④ 一旦指令部件 IU 把控制转移指令或 HLT 指令进行译码,就停止预取。

⑤ 在实地址方式中,预取部件可在一个代码段中预取最近控制转移或 HLT 指令之后的五个字节。

⑥ 在保护虚拟方式下,预取部件不会产生段越界异常,因为当预取到代码段的最外一个物理地址时停止预取。若程序企图越过代码段的最后一条完整指令的执行,就会产生异常中断。

⑦ 如果代码段的最后一个字节是物理存储器的偶数地址,预取部件就读取存储器的下一个物理存储器字节,以便取出一个字。实际上,把这一个字节的值忽略不用,若企图执行它就产生异常。

若满足以上条件,预取部件就预先从存储器取出最多六个字节的指令,并存放在六个字节预取队列中,以使指令部件 IU 对它实施有效译码。预取部件都是力图使其六字节的代码队列装满代码的有效字节。每当预取代码队列有部分空闲或发一次控制转移之后,预取部件就请求预取,以保护预取代码队列总被装满。

(2) 指令部件 IU

这个部件用来对指令译码,并做好供执行部件执行的准备。当指令部件 IU 把来自六字节预取队列的指令译码后,就把它们存放到已译好码的指令队列中准备执行。译好码的指令包含执行部件时需要的所有指令域(不需要再进一步译码)。IU 的引入进一步改善了流水线操作,改变了 8086 要由执行部件 EU 译码的局面。IU 的译码部件连续译码,使得已译好码的队列内总是有几条译好码的指令字节等待执行。与此同时,执行部件执行的总是事先译好码的指令,使得译码部件和执行部件并行操作,大大提高了 80286 的速度。指令部件以每个时钟周期一个字节的速率接收数据。

(3) 执行部件 EU

执行部件由寄存器、控制部件、算术及逻辑运算部件 ALU 和微代码只读存储器构成,它负责执行指令。为此它使用自己的资源,同时也使用执行指令所必需的其他逻辑部件交换控制信息和时序信息。微代码只读存储器 ROM 规定了指令的内部微指令序列,指令在内部微指令序列的控制下执行。当一条指令的微指令序列快要完成时,ROM 就发出信号,让执行部件从指令队列里再取出下一个 ROM 地址。这项技术的采用,使得执行部件总是处于忙碌状态。

(4) 地址部件 AU

地址部件由偏移量加法器、段界限检查器、段基地址、段大小和物理地址加法器等部件构成。它实施存储器管理及保护功能,算出操作数的物理地址,同时检查保护权。在保护方式下,AU 提供完全的存储管理、保护和虚拟存储支持。为此,AU 在存储器中建立操作系统控制表,以描述机器的全部存储器,然后由硬件如实地执行表中信息。

地址部件在检查访问权的同时完成地址转换。在这个部件内有一个高速缓冲寄存器，其内保存段的基地址、段界限和当前选中及正在执行任务所用的全部虚拟存储段的访问权。为使从存储器中读出的信息减至最小，高速缓冲寄存器允许地址部件在一个时钟周期内完成它的功能。

因为这四个内部部件并行操作，使 80286 能够支持虚拟存储管理，并且对整个存储器提供保护而又不降低操作速度。

80286 CPU 除前面提到的寄存器外，还有如下寄存器：

(1) 任务寄存器

任务寄存器用来表示当前正在执行的任务状态。当一项任务与另一项任务进行切换时，用它就可以自动地保存和恢复机器状态。当切换任务时，就要使用任务寄存器。每次任务切换都要把整个机器的状态存储到由一个系统段描述符所指定的区域。这个系统段描述符就是由任务寄存器所指示的，于是就装入任务寄存器，以便保存由它所指出的新任务区域，同时把来自这个区域的新机器状态装入。

(2) 描述符表寄存器

描述符表寄存器共有三个，它们是全局描述符表寄存器 GDTR、局部描述符表寄存器 LDTR 和中断描述符表寄存器 IDTR。

2.3.3 Intel 80386 CPU 的性能与结构特点

80386 的体系结构是全 32 位的，进入 80386 即进入了 32 位世界，其中包括 32 位的寄存器、32 位指令、32 位地址总线、32 位数据总线、32 位系统总线、32 位内部控制总线、32 位外部总线接口，并且还能支持 8 位、16 位和 32 位的数据类型。

80386 扩展了 Intel 系列(80286、80186、8086、8088)的体系结构，并且增加了指令条数、寻址方式和数据类型。80386 的芯片内还有完整的存储管理部件，对存储器进行系统的管理，既可分段管理，又可分页管理，也可不分段不分页管理。为安全起见，它还具备存储保护功能。80386 扩展 80286 的分段模型，以支持 4 GB 字节物理存储器的分段。另外，它还提供了标准的两级分页机构作为物理存储管理。系统设计人员既可使用分段方式，也可使用分页方式，还可以两种方式同时使用，以满足对存储管理的要求，同时又不损害机器的性能。

80386 允许程序使用虚拟存储器，它提供的带有存储保护的虚拟存储容量高达64 TB (2^{46})字节。这样就使微处理器能够处理所要求的存储容量比实际物理存储器大得多的那些数据结构和应用程序。80386 的虚拟存储能力已走在大型机的前面。

80386 微体系结构的实现，尤其是流水线和并行操作的实现，更增强了它的性能。

80386 微体系结构内增加了每个总线周期只用两个时钟的总线接口，这个接口把高速存储器或低速存储器系统有效地连接起来。这种总线在 16 MHz 下保持每秒 32 M 字节的传输速率。这种总线可以动态地改变总线宽度，以便于支持混合的 16 位/32 位端口连接，也可以动态地选择流水线方式，供高速的存储交叉操作，而且可以延长访问时间。

80386 的设计目标，也是它的最大特点，即与 Intel 系列的软件完全兼容。80386 CPU 的速度超过目前许多小型计算机的速度，典型的指令组合表明：每条指令的平均处理速率为 4.4 个时钟，每秒执行 3 百万到 4 百万条指令，其速度完全可以与 10 年前的大型计算机相比。由于芯片的全体 32 位体系结构所提供的高度并行操作和快速局部总线，所以由硬件所提供的多任务处理和保护机构更增强了系统的性能和完整性，使80386步入大型机的范畴。

80386内部由8个逻辑部件构成，在指令的预取和执行过程中，每个部件完成一部分功能，实现了真正的流水线操作，其结构如图2-11所示。

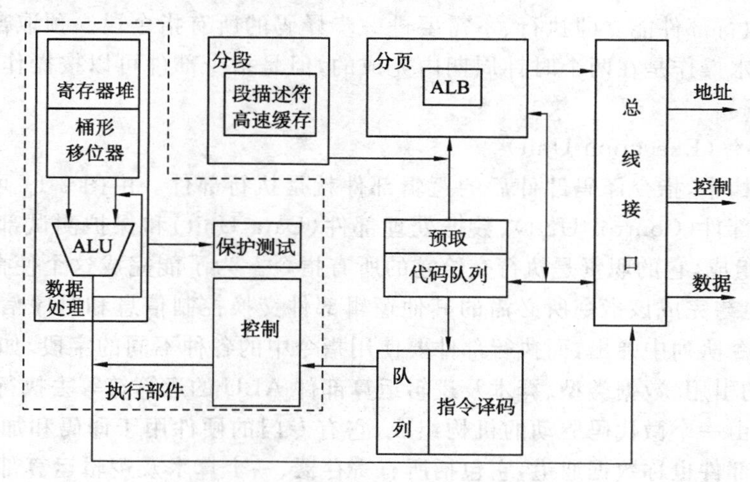

图2-11 80386流水线结构

1. 总线接口部件BIU(Bus Interface Unit)

BIU是CPU和整个计算机系统之间的高速接口，它控制着同步多路32位的数据和地址总线。其功能是：当取指令、取数据、分页部件请求以及分段部件请求时有效地满足CPU对外部总线的传输要求。因此，必须把总线接口部件设计成能接受多个内部总线请求，并且能按优先权加以选择，能最大限度地利用可以利用的总线宽度，为这些请求服务。这些动作与当前进行的任何总线交换动作都可以重叠进行。80386总线周期只用两个时钟。如果使用流水线操作方式，80386总线还能够在完成当前总线操作以前，就开始形成一个新总线周期的下一个地址。不论什么时候，在没有总线传送请求时，即没有操作数请求传送时，预取部件就利用这空闲周期把下一条指令读到预取队列中。

2. 预取部件(Prefetch Unit)

预取部件的职责是从存储器预先取出指令。预取部件有一个能容纳16条指令的队列，它把对齐了的指令存放在队列中，以便于指令译码部件进行有效的译码。它还管理一个线性地址指针和一个段预取界限，这两项内容是在开始时从分段部件获得的，分别作为预取指令的指针和检查是否违反分段界限。预取部件采取把预取总线周期的请求信号通过分页部件发送给总线接口部件的办法，力图使其指令队列装满代码的有效字节。每当预取代码队列中有一部分已经变空，或者发生一次控制转移后，预取部件就发出预取总线周期的请求信号。预取部件总线周期请求的优先级别低于与执行有关的取/存操作数的总线周期请求的级别，同时也低于页面没有命中的处理与分段专用的总线周期请求的优先级别。在零等待状态下，预取总线周期和数据总线周期互不干扰。空闲总线周期从存储器预取代码，并保持代码队列总是满的。

3. 指令译码部件(Instruction Decode Unit)

指令译码部件的职责是对指令进行译码，并且做好供执行部件处理的准备工作。前面提到，在预取部件中保管一个能容纳16条指令的字节队列，指令译码部件取这些字节并且把它们扩展成内部编码。每当指令部件本身队列中有一部分变空，或者说流水管道中部分变空时，它就从预取部件的指令队列中取出指令字节，对它们进行译码，并且做好其他准备，然后把译好的码存到自己能容纳 3 条已译好码的指令队列中。译过码的指令队列字是很宽的，它们包含执行部件能立即执行、不需要进一步译码的所有指令段。预取部件/指令部件二者组合的流水操作是在两个时钟周期内完成的，但是指令部件可以按操作码字节以一个时钟的速度译码。

4. 执行部件(Execution Unit)

流水线结构中，指令译码部件后的逻辑部件就是执行部件。由图 2-11 可以看出，执行部件是由控制部件(Control Unit)、数据处理部件(Data Unit)和保护测试部件(Protection Test Unit)所组成，它的职责是执行交给它的所有指令。为了能完成这个使命，它使用自己的资源，同时也与完成该指令所必需的其他逻辑部件交换控制信息和时序信息。完全译好码的指令从指令队列中弹出，而执行部件要使用指令中的各种不同的字段，如微代码的起始地址、操作数的引用、数据类型、算术及逻辑运算部件 ALU 的运算符等去执行该命令。

控制部件由一个微代码驱动的机构组成，它有专门的硬件用于译码和加速微周期的执行。数据处理部件也称数据通道，它包括所有寄存器、一个算术及逻辑运算部件 ALU、一个桶形移位器(Barrel Shifter)、乘/除硬件以及专用的控制逻辑，它执行控制部件所选择的数据操作。保护测试部件在微代码的控制下执行所有静态的且与段有关的违章检验。

微机构的执行延迟是两个时钟时间，但是通过把微指令的取指令和执行指令重叠起来，通过使用延迟的微转跳技术，它所提供的执行速率实际是每个微周期只需一个时钟(在 16 MHz时为 62.5 ns)。为进一步提高执行部件的有效指令处理速率，采用了指令并行的或重叠的执行方法。因为存储器访问指令，其中包括压栈和出栈指令，在典型程序中占有很大的比重，于是使用了特殊的技术以减少执行这种指令所需的时钟数。采用的方法是把每一条访问存储器指令的执行与前一条指令的执行部分重叠(访问存储指令也包括压栈和出栈指令)。这种两条指令并行执行的方法提高了 CPU 对指令的处理速度，一组典型的指令组合性能提高了 9%。

执行部件还有一条附加的 32 位的内部总线以及专门的控制逻辑，以确保当前指令的正确完成，防止使用陈旧的寄存器值，并且还提供同时执行两条指令所需的控制回路。

5. 分段部件(Segmentation Unit)

这个部件的职责是根据执行部件的请求进行有效地址计算，即把逻辑地址转换成线性地址。在分段情况下，用户看到的指令地址叫做逻辑地址。逻辑地址(48 位)由一个 16 位的段选择符和一个 32 位的段偏移量构成。段选择符是一个段描述符号表的索引，也就是说，它指向描述符号表中的一个描述符。这个段描述符内包括有基址、界限、存取权(如仅读、读/写)和规定所许可访问类型的"特权"信息。为保持高速度，在程序的初始化阶段就自动地把当前的段选择符和段描述符装进 6 个段寄存器 CS、DS、ES、FS、GS 和 SS 内。

分段部件把 48 位的逻辑地址转换成 32 位的线性地址，这种转换是通过把 32 位段偏移量加上段寄存器中的段基址值完成的，如图 2-12 所示。在分段时，分段部件对照所规定的界限和该段的存取权以检验存取，保证访问存储器的完整性。分段部件经过计算而产生的线性地址传送给分页部件(下面将详细介绍)，然后由分页部件将其转换成物理地址。如果分页部件是被禁止的，那么这次计算出来的线性地址就是处理器可用的物理地址。

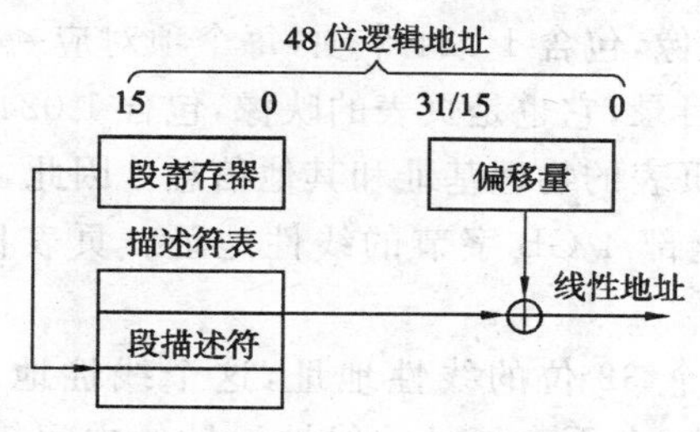

图 2-12 线性地址的计算

此外，对程序员来说，只需把偏移量作为有效地址处理，因为指令可以自动选择寄存器，而无需作出规定。指令代码使用代码寄存器 CS，数据使用数据段寄存器 DS，堆栈使用堆栈寄存器 SS，其余 3 个段寄存器（ES、FS 和 GS）使它们更具有灵活性。例如，可用于多种数据结构的操作。这 3 个段寄存器可反映编写程序的方式，也就是说，做一个独立模块需要有自己的代码、数据区和堆栈，且能对外部数据区进行访问。

当在分段部件上操作时，还可把大段分解成固定大小的小段，以代替整个大段。

分段部件在完成把逻辑地址转换成线性地址的同时，还要执行总线周期分段的违章检验工作。静态违章检验，例如分段描述符的违章检验由保护测试部件完成，它们不属于总线周期的活动范围。转换好的线性地址与总线周期操作信息一起发送给分页部件，于是分页部件负责向总线接口部件 BIU 请求总线服务。

6. 分页部件（Paging Unit）

分页部件的职责是把分段部件或代码预取部件所产生的线性地址转换成物理地址（Physical Address）。对大多数指令来说，分段部件都是从段寄存器和描述符寄存器得到转换和保护数据的。在操作系统软件的控制下，如果分页部件是允许状态，则就把分段部件产生的线性地址送到分页部件，转换成物理地址，并且还要检验核准访问是否与页属性一致；如果是不允许状态（禁止状态），则不必转换就是物理地址。

页是一个固定大小的块，其大小为 4 K 字节（2^{12} = 4 K），由于提供了统一的分配和再分配部件，分页简化了交换系统。于是当分段部件用来构造逻辑地址空间时，分页部件用来管理物理地址。对于 4 GB（2^{32}）的物理存储器空间，可分为 2^{20} = 1 M 个页。

为了管理使用这些页，80386 采用以存储器为基础的两级页表加一个内部控制寄存器来实现，如图 2-13 所示。

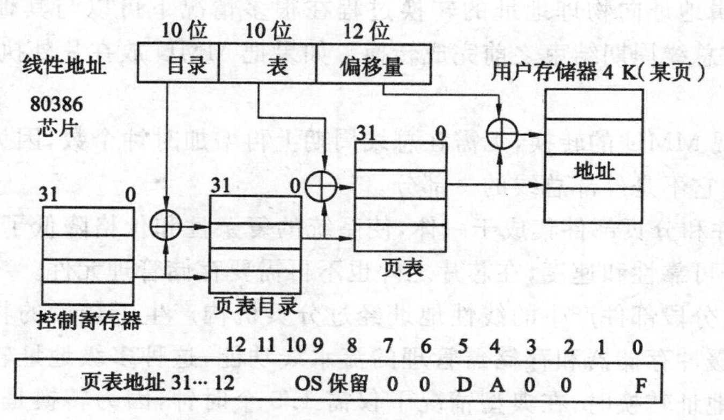

图 2-13 80386 两级分页管理图解

低一级的页表是页的映像，包含 1 024 个项，每个项对应一个页，占 4 个字节，含有页的物理基地址；高一级是页表目录，它也是页表的映像，包含 1 024 个页表，同样有 1 024 个项，每个项也占 4 个字节，包含页表的物理基址和其他信息。因此，只需要一个页目录就能映像 1 024 个页表，从而映射了全部 4 GB 字节的线性地址。页表目录的基地址在控制寄存器 CR3 中。

直观地说，分页用了一个 32 位的线性地址，这个线性地址的高 10 位索引一个含有 1 024项的页表目录，以获得一个页表地址。线性地址的中间 10 位加上页表地址就是页表的入口。页表入口是用于描写目标页的，线性地址的最后 12 位加上页地址就是 32 位物理地址。为寻找某一个存储器单元，需遵循目录→表→页→存储器单元路线。

为了保证分页部件的高性能，分页部件使用了一个有 32 项的转换旁视存储器 TLB 存储分页信息。对绝大多数的物理地址转换来说，并不需要进行真正的一步步的页查找，而 TLB 能直接提供这个信息。TLB 是个相连存储器，它存储了最近使用过的一些线性地址和转换过来的物理地址。模拟方法证明，它的命中率为 98%～99%。这使转换时间缩短为半个时钟，比访问页面表快得多。这种在芯片内自成一体的逻辑地址向物理地址转换的流水管道(其中包括有效地址的形成、分段，以及分页的重新分配)只需要两个时钟的处理时间。这是因为 TLB 的查找和转换与线性地址的计算是在同一个时钟内执行的(在第二拍)，而不需要附加的时钟。

7. 分段部件与分页部件集于一体

80386 实现虚拟存储的转换和保护违章检验所采用的方法是分段再加上按要求分页的存储管理。当然，单独使用分段或分页也是可以的。全部存储管理功能都集成在 80386 的芯片上，这样就使所有虚拟地址向物理地址的转换、分段以及分页违章检验等任务都由芯片上的存储管理部件 MMU 执行。而存储管理又是由分段部件、保护测试部件以及分页部件构成的，把所有的存储管理保护和转换描述符都放在芯片 MMU 的高速缓冲存储器中，把段描述符放在分段部件描述符高速缓冲存储器中，而把页描述符放在 TLB 高速缓冲存储器中。实际上，所有保护与转换活动都使用芯片上的描述符。

把分段部件与分页部件集成于同一芯片上具有以下优点：

(1) 这种方案可以把从形成有效地址到产生线性地址和物理地址的各个步骤都重叠起来，充分利用了流水线并行执行的优点。即当前操作还在总线上进行时，下一个存储器地址就已经确定。逻辑地址向物理地址的转换过程在很多情况下可以与其他总线周期重叠进行，并且能在当前总线周期结束之前完成转换。如果把 MMU 放在片外执行以上过程，显然是比较困难的。

(2) 为了实现 MMU 的转换，无需在总线周期上再增加时钟个数，因为存储管理功能是在芯片内进行的，它不是外部总线的一部分。

(3) 分段部件和分页部件集成于一体，使系统的复杂性和价格降低了，同时也简化了电路的设计，提高了可靠性和速度，在芯片之外也不再需要存储管理元件。

总的来说，由分段部件产生的线性地址经过分页机构产生了最后的物理地址。由于芯片内转换的高速缓冲存储器和存储器管理的流水线功能，这种多级地址转换是快速的。从逻辑地址向物理地址转换时，在典型情况下仅需 1.5 个时钟，因为转换是在芯片内完成的。从用户观点来看，其有效延迟时间为零，这是因为与微处理器的其他活动重叠的缘故。

2.3.4 80486、Pentium 系列 CPU 的性能与结构特点

1. 80486 CPU

Intel 公司在 1989 年推出了高集成化的 80486 CPU，内部集成了一个增强 CPU、一个数值协处理器、一个高速缓存控制器和 8 KB 的高速缓冲存储器(L1)。在 486 档次的 CPU 中，代码和数据共用同一个 8 K(或 16 K)的 L1 Cache。80486 仍然是 32 位，同 80386 在结构上无根本差异，可以看成是 80386、80387 及 L1 的集成，但它使微机结构更简单，性能更佳。

2. Pentium CPU

Pentium CPU 是 Intel 公司于 1993 年推出的新一代兼容性微处理器。Pentium 以希腊字 5-Pente 作为词根，再加上元素周期表中常用的词尾 ium 组成，代表 Intel 86 系列微处理器的第 5 代产品。这是 Intel 公司一改过去 80X86 CPU 的命名方法，阻止其他公司命名和自己产品相同的名字。

在 Pentium 档次的 CPU 中，使用了两个 8 K 的 L1 Cache，一个用于缓存代码，一个用于缓存数据(这种设计被称为哈佛结构)，这样就大大提高了访问 Cache 的命中率。Pentium CPU 除了采用上述技术外，还在其体系结构中采用了超标量、超流水线和分支预测等 RISC 技术，从而进一步提高了 CPU 的性能。但 Pentium 还不是真正的 64 位 CPU，其内部数据总线为 64 位，而内部地址总线只有 32 位，而 Pentium Pro 却是真正的 64 位 CPU，其内部数据总线和地址总线均为 64 位。

Pentium Pro 的“过人之处”在于拥有一个独一无二的 256 KB 或 512 KB 的 L2 Cache (SRAM)。Intel 公司将 CPU 和 L2 Cache 封装在一起，简化了系统的设计结构。另外，L2 Cache 通过一条 64 位宽且与 CPU 等时钟速率的专用总线实现了与 CPU 间的通信，从而提高了 CPU 的性能。此外，Pentium Pro 还采用 3 路超标量体系结构(Pentium 为 2 路)和 14 级超级流水线(Pentium 为 8 级)。Pentium Pro 与其他 CPU 的根本区别在于非顺序指令执行。Pentium 和更早的 80X86 处理器是按照指令在程序中的本来顺序执行的，这种执行方式经常会陷入到一个费时的指令执行状态中，任何引起延时的指令都会影响流水线的吞吐量。而 Pentium Pro 应用指令池(Instruction Pool)打开一个足够大的指令窗口(30 条指令)，在这个指令窗口中进行多分支指令预测和数据流分析，然后再以优化的顺序预测执行。因此 CPU 不必一直等待慢速的指令完成就可以去执行下一条指令，从而将处理器的停滞时间限制到最小，实现了各资源间的协调工作。Pentium Pro 系统在 32 位操作系统(如 Windows 95 和 Windows NT)上运行 32 位应用软件时更能体现出系统的卓越性能。目前，PC 机制造商们多将 Pentium Pro CPU 用在 PC 机服务器和高档 PC 机上。

3. MMX 技术

新的通信、游戏及“寓教于乐”等应用程序要求具有视频、3D 图形、动画、音频及虚拟现实等多媒体功能，这些又对 CPU 提出了新的要求。Intel 公司针对这些要求，继 386 处理器结构之后提出了 CPU 的进一步最大升级，这就是将 MMX(MultiMedia eXtention，多媒体扩展)技术融入 Pentium CPU 中。采用 MMX 技术的处理器在解决了多媒体及通信处理等问题的同时，还能对其他的任务或应用程序应付自如。

MMX 的主要技术特点有：

(1) 单指令、多数据(Single Instruction Multi-Data)系统结构相结合，极大地增强了 PC

机平台的性能。MMX 技术执行指令时是将 8 字节数据作为一个包装的 64 位值进入 CPU 的，全部过程由一条指令立即处理。

(2) MMX 指令不具有特许性，其通用性很强，不仅能满足建立在当前及未来算法上的 PC 机应用程序的大部分需求，而且可用于编码译码器、算法及驱动程序等。

(3) IA MMX 指令系统增加了 4 种新的数据类型，即紧缩字节类型：8 个字节打包成一个 64 位数据；紧缩字类型：4 个字打包成一个 64 位数据；紧缩双字类型：两个 32 位的双字打包成一个 64 位数据；四字类型：一个 64 位数。其目的是紧缩定点整数，将数个整数字组成一个单一的 64 位数据，从而使系统在同一时刻能够处理更多的数据。

(4) 增加了 8 个 64 位 MMX 寄存器，即浮点寄存器的别名映像。

(5) 新增加了 57 条指令。用这些指令完成音频、图形图像数据处理，使多媒体、通信能力得到大幅度提高。其数学及逻辑指令可支持不同的紧缩整数数据类型，对于每一种得到支持的数据类型，这些指令都有一个不同的操作码。新的 MMX 技术指令采用 57 个操作码完成，它涉及的功能领域有：基本的算术操作、比较操作、进行新数据类型间的转换（紧缩数据从小数据类型向大数据类型解压）、逻辑操作，用于 MMX 寄存器之间的数据转移（MOV）指令，或内存的 64 位、32 位存取。

4. Pentium Ⅱ CPU

在 Intel 公司不断推出新产品的同时，同行业的 AMD 公司、CYRIX 公司在 1997 年初也分别推出了含 MMX 的 AMD K6 和 MediaGX 两大兼容产品，其性能价格比优于 Intel。因此 Intel 于 1997 年 5 月发布了一种基于新体系结构的微处理器 PentiumⅡ(PⅡ)，带来了 CPU 的一次飞跃。

PⅡ的优势体现在它给予人们一个新的概念：CPU 的结构不是一成不变的，只要能满足未来的需求，解决现有的计算机"瓶颈"，给信息界强有力的支持，就将取得人们的认可。这一点已被事实所证明。PⅡ实质上是 Pentium Pro 级的 MMX 处理器，是基于 Pentium Pro 体系结构设计的。

PⅡ内约有 750 万支晶体管（Pentium Pro 为 550 万支，Pentium 为 310 万支），采用深 0.35 微米加工工艺制作而成，全面改善了 PC 机系统在整数、浮点计算及多媒体信息处理方面的性能，给用户带来新一级更高性能的可视计算能力。双重独立总线结构、内置 MMX 技术、动态执行、单边接触卡盒是 PⅡ的 4 大主要特征，其卡盒的简图如图 2-14 所示。

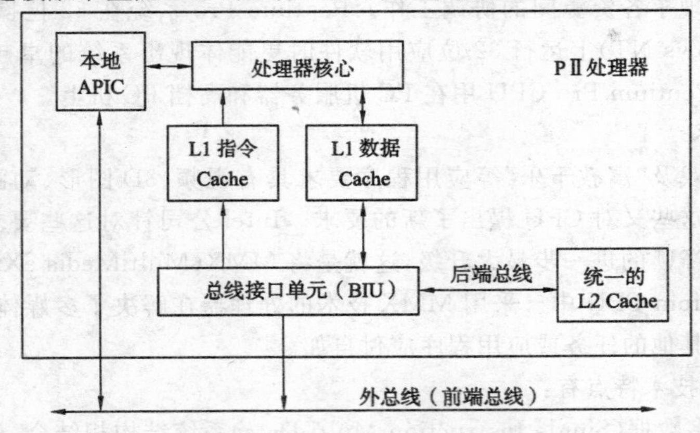

图 2-14　PⅡ处理器卡盒简图

(1) 双重独立总线是指第二级高速缓存总线及处理器到主内存的系统总线分别独立，它很好地解决了处理器到内存总线带宽受限的瓶颈问题，从而提高了通信带宽。放在 CPU 板上的二级缓存是采用 512 KB 静态随机存取存储器带 EEC(Error Checking and Correction)的芯片，而未来的 PⅡ CPU 的二级缓存将达到 2 MB。

(2) 动态执行技术的特点是：在给定的时间内能处理更多的数据，以扩展处理器的性能，提高工作效率。

(3) MMX 技术使 PⅡ更加完善。

(4) 新的 SEC(Single Edge Contact，单边接触式)封装有 242 个触点，其插槽被命名为 SLOT 1。它与传统的 296-PIN ZIP SOCKET 7 大相径庭，它使 PⅡ处理器有广泛的可用性，与双独立总线结合，可以提供不同的二级缓存配置。另外，SOCKET 7 采用单 64 位总线，当时钟为 66.6 MHz 时，最大可达 533 Mbps 的传输带宽，即使时钟增加至 100 MHz，带宽达到 800 Mbps，也难以满足高端系统的需求。SLOT 1 则是使用双 64 位总线，后台总线(Backend Bus)独立地与二级缓存交换数据，使 CPU 的数据吞吐量得到大幅度的提高。

1998 年第二季度，Intel 已推出基于前端系统总线(Front End System Bus，简称 FSB)为 100 MHz、采用 0.25 微米工艺、插槽为 SLOT 2 的高性能 CPU。

Intel 有一系列 PⅡ新产品面市，前端总线已由 66 MHz 提高到 100 MHz，主频可能达到 450 MHz。L2 Cache 配置也将出现多样化(0 KB 至 2 MB)，其产品性能不断提高，而价格将逐渐下降。1997 年 10 月，Intel 与惠普联合定义的显性并行指令技术(Explicitly Parallel Instruction Computing，简称 EPIC)，是新的 64 位指令集架构的基础。EPIC 在微处理器技术方面又是一个新的突破，它必将给业界带来领先的性能、兼容性和扩展性，满足对下一代 64 位高端工作站和服务器市场的需求。IA-64 可以与 IA-32 兼容。1999 年，Intel 将代号为 Merced 的基于 IA-64 的 CPU 投入生产；2001 年，Intel 公司已推出采用 0.18 微米生产技术且主频达到 1 000 MHz 甚至更高的 CPU。

5. Pentium Ⅲ CPU

1999 年 2 月，Intel 公司宣布研制出 PentiumⅢ(PⅢ)CPU，并增强了以下几项功能：

(1) 增强了网络功能；

(2) 增强了图像、动画等三维功能；

(3) 运算速度比 PⅡ 提高了 10%；

(4) 增加了 70 条 SSE 指令。

6. Pentium Ⅳ CPU

2000 年末，Intel 公司推出了基于 Net-Burst 体系架构的 Pentium Ⅳ(PⅣ) CPU，其特点是：20 段的超级流水线，高效的乱序执行，2 倍速的 ALU，新型的片上缓存，SSE2 指令扩展集和400 MHz的前端总线等。相对传统的 PⅥ架构，它带来了很大的变化。其 CPU 的主频从 1.4 GHz 起步，估计最终至少也能达到 10 GHz，甚至更高。PⅣ拥有 4 200 万个晶体管，比 PⅢ多了 50%；数据传输率几乎是 PⅢ的 3 倍之多；PⅣ管道总线的频率高达400 MHz，是目前 PCI133 总线的 PⅢ的 3 倍，可以提供高达 2.1 GB/s 的内存通道，远远超过PⅢ的 1.06 GB/s。

2.3.5 多核CPU

1. 双核 CPU

随着CPU主频的不断增长、工艺线宽的不断缩小,CPU散热、电流泄露、热噪等问题变得越来越棘手,单纯的主频提升已经遭遇瓶颈,因此CPU厂商开始寻求新的发展方向,双核CPU计算机应运而生。降低功耗是双核设计的一个重要因素。实际上,芯片厂商本可以不断推出速度越来越快的单核处理器,但是这种做法是不可行的,因为随着时钟速度超过3 GHz,单核处理器开始消耗过多的功率。Intel在2005年取消了计划中的4.0 GHz"Tejas"处理器,因为该芯片的功耗可能超过100 W。随着功耗的上升,超快单核芯片的冷却代价也越来越高,它要求采用更大的散热器和更有力的风扇,以保持其工作温度。双核方案既可以继续改善处理器性能,又可以暂时避开功耗和散热难题。

双核技术的引入是提高处理器性能的一个行之有效的办法。处理器实际性能是处理器在每个时钟周期内所能处理的指令数总量,因此增加一个内核,处理器每个时钟周期内可执行的单元数将增加一倍,这将大大提升处理器的工作效率。而且双核CPU所具备的两个物理核心是相对独立的,每个核心都可以拥有独立的一、二级缓存,寄存器,运算单元,可以使两个独立进程互不干扰。

双核CPU超越了传统的单核CPU的技术局限,借助两颗"心脏"所具有的高性能和多任务优势,可以更加轻松地创建数字内容,进行多任务处理。另外,双核计算机可以做到在前台创建专业数字内容和撰写电子邮件,同时在后台运行防火墙软件或者从网上下载音频文件。有业内人士表示,双核CPU的诞生为PC厂商打开了一扇门,这是一个极具前景的应用领域。

从双核技术本身来看,毫无疑问,双内核应该具备两个物理上的运算内核,而这两个内核的设计应用方式却大有文章可作。目前,双核CPU主要分为两种,分别如图2-15(a)和(b)所示。

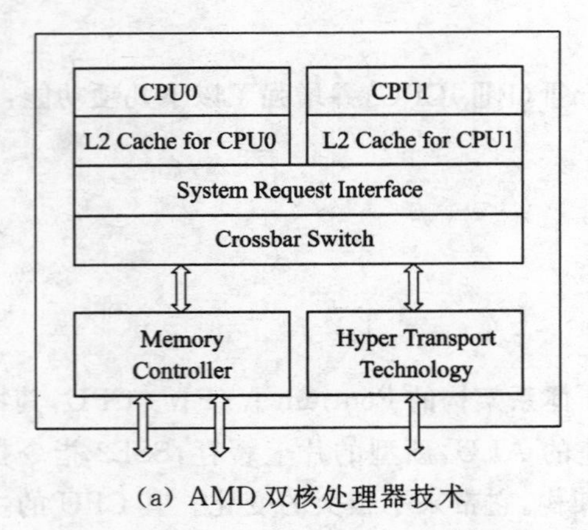

(a) AMD双核处理器技术

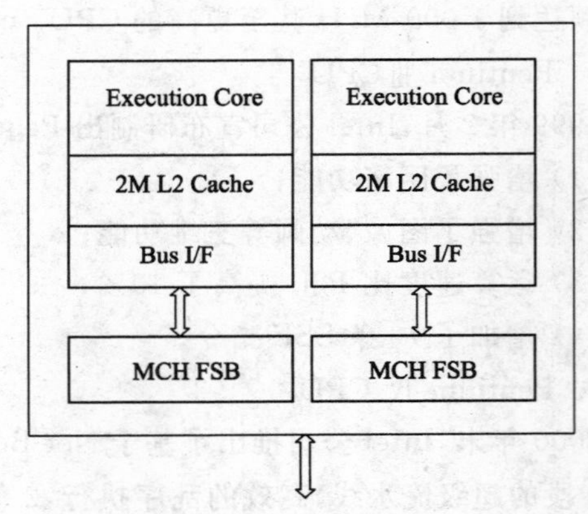

(b) Intel双核处理器技术

图2-15 双核处理器结构

AMD Athlon 64XZ处理器与Intel双核PⅣ的最大不同在于仲裁通信系统的位置。

Intel的双核产品采用的是多个核共享前端总线的方式,是将任务分配控制单元和仲裁单元从CPU中脱离出来,放在北桥芯片中。由于处理器中的两个内核都拥有独立的缓存,因此每个物理内核的缓存信息必须保持一致，否则就会出现运算错误。针对这个问题，Intel将这个协调工作交给了北桥芯片：两颗核心需要经常同步更新处理器内缓存的资料时，使用FSB通过北桥更新。虽然缓存的数据量并不大，但通过北桥处理也会带来一定的延迟，影响处理器性能的发挥。不过，这种设计也有一个优点，那就是设计简单，而且当其中一个内核损坏时，另一个内核仍可以正常工作。

AMD的双核技术使用的是一种特别的架构，AMD内部称其为Direct Connect Architecture。它增添了"系统请求接口"(System Request Interface，简称SRI)和"交叉开关"(Crossbar Switch)，其作用是对两个内核的任务进行仲裁并实现核与核之间的通信。

与Intel的双核处理器不同的是，由于AMD的Athlon 64XZ处理器内部整合了内存控制器，而且在当初Athlon 64XZ设计时就为双核做了考虑，但是仍然需要仲裁器来保证其缓存数据的一致性。AMD在此采用了SRQ(System Request Queue，系统请求队列)技术，在工作时每一个内核都将其请求放在SRQ中，当获得资源之后请求将会被送往相应的执行内核。所以其缓存数据的一致性不需要通过北桥芯片，直接在处理器内部就可以完成。与Intel的双核处理器相比，其优点是缓存数据延迟得以大大降低。

2. 多核CPU

多核CPU诞生的原因是日益严格的运算要求，它们催生了多核概念的提出。快速发展的CPU制造工艺是多核CPU诞生的条件，这为实现大量晶体管集成在一个芯片上提供了保证。多核概念的提出也同时印证了摩尔定律不断发展的现实。多核CPU在设计上更灵活，已不局限于双核的对称设计；缓存单元与任务分配更合理，内核间通信更快捷。这些特性决定了它在芯片设计方面将走上对称和非对称两大路线。

1）对称多核

对称设计很常见，IBM的Powers以及Intel的Itanium都是全对称多核CPU。这里以UltraSPARCT1为例来说明。UltraSPARCT1处理器可以具有8个、6个或4个内核，每个内核能够执行4个线程，因此拥有8个内核的UltraSPARCT1处理器能够同时执行32个线程。这是Sun公司综合运用多核技术与多线程技术的第二代微处理器，而内核数与线程控制能力的提升使更多任务能够并行执行，无需互相等待。一个处理器中有8个内核，这与此前已经流行很久的双核处理器概念相比，处理器中内核的数量已经有了几何级的增长，性能也随之增长。

对称多核CPU可以看作是由完全独立的处理单元连接起来的，可以共享一个大缓存。连接方式上也有不同，可以通过总线连接，总线为它们的通信提供协议支持；也可以各单元直接相连，这就要在每个单元内部有负责通信的电路。这些区别因实际情况和用户需要决定。

可以肯定的是，在对称多核CPU上的每个处理器都将有自己的高速缓存或一级L1缓存。

2）非对称多核

首先，让我们注意这样一个特点——片上系统(SOC)时代即将到来。在ATI新的图形核心X1000中，由于内建H.264硬件解码技术，从而使得CPU从繁重的解码工作中解放出来。

科学家提出了类似观点，认为未来的处理器将集成目前操作系统的很多底层功能，提高操作系统的运行效率。相应地，操作系统、虚拟机、开发语言和底层功能由硬件实现来提高运行的速度和可靠性。这种发展趋势不是科学家的臆想,而是技术发展的必然。面对未来的运算需求,我们需要的是一款"粗中有细"的 CPU。底层功能由硬件实现来提高运行速度和可靠性正是非对称多核 CPU 的原理。非对称多核也称为"Multi-core"。

非对称多核 CPU 是将不同功能的专用内核整合到一个芯片上,等待处理的任务先由"任务分析与指派系统"分析其构成,然后把任务分解发送到各内核中。各内核只负责自己的工作,将运算结果交还"结果收集与汇总"。这样将大大提高运算效率,分解单个内核的处理压力。

3. 多核 CPU 的发展趋势

摩尔定律让我们可以预料到未来 CPU 发展的大致情况。毫无疑问,高性能、低能耗、高速度和低成本是未来的发展方向。

1) 更小的布线宽度和更多的晶体管

目前,Intel 和 AMD 的 CPU 都已经采用了 0.18 甚至 0.13 微米技术。就目前的硅芯片来说,减小布线宽度是提升 CPU 速度的关键。那么,0.13 微米以后呢?专家预计,单片机系统集成芯片的设计将达到这样一些指标:最小特征尺寸 0.1 微米,芯片集成 2 亿个晶体管。从制作工艺方面讲也取得了一些突破。IBM 开发出了一种新的芯片封装技术,使芯片厂商能够使用铜导线代替传统的铝制连线以连接芯片上的晶体管。由于铜导线可以比铝导线做得更细,从而使芯片上可集成的晶体管数量更多,这就使得单位包装的计算能力得到大幅度提高。铜芯片已经成为处理器未来发展的方向,目前已经有包括 Intel、AMD 在内的多家芯片制造商投入铜芯片的研究。

2) 64 位 CPU 主导市场

随着 Intel Itanium 的发布,个人 PC 机处理器也将向 64 位过渡。64 位 CPU 能够处理 64 位的数据和 64 位的地址,能够提供更高的计算精确度和更大的存储器寻址范围。科学家们预计五年之后,64 位处理器将会相当成熟,并占据绝大部分市场。

3) 更高的总线速度

现在的总线越来越限制了高性能 CPU 功能的发挥。为此,各个厂商都在想办法提高总线的速度。

1. CPU 的主要性能指标是什么?

2. 简述 CISC CPU 与 RISC CPU 结构的区别。

3. 什么是逻辑地址?什么是物理地址?它们之间的关系如何?

4. 8086 存储器为什么要分段?如何分段?实际地址如何计算?

5. 简述 8086 CPU 内部结构特征,EU 和 BIU 的作用是什么?

6. 简述 8086 CPU 执行一条指令的过程。

7. AX、BX、CX、DX 寄存器与 SI、DI、SP、CS、IP 寄存器之间在发挥的作用与功能方面有什么区别和联系?

8. 8086 CPU 在最大与最小工作模式下，控制信号的产生有什么不同？
9. 了解 8086、80286 等 Intel 系列 CPU 的特点。
10. CPU 中的高速缓存的作用是什么？
11. 准 32 位机和标准 32 位机的区别是什么？
12. 简述 CPU 内部流水线的工作原理。
13. 掌握 8086 CPU 的管脚信号功能与作用。
14. 为什么要发展多核 CPU？
15. 总结当前流行的各种微处理器的型号和功能。

第三章 存储器

本章要点：了解存储器的作用；熟悉不同类型存储器的特点；掌握存储器与 CPU 的连接方法，存储器扩展的基本原理，地址译码电路的原理等。

3.1 存储器概述

3.1.1 存储器的分类

存储器是计算机的重要组成部分，计算机之所以能自动运行，是由于存放了事先编制好的程序。另外，程序运行过程中产生的中间结果也必须暂时存放起来，这一切都离不了存储器。按照不同的标准，存储器有不同的分类。

1. 按照存储器所处的地位分类

(1) 内部寄存器：这是 CPU 内部的存储单元，具有和 CPU 相同的速度。数据的运算最终都在内部寄存器中完成，但是内部存储器的容量较小。

(2) 主存：也称为内存，用来存放计算机运行的程序和要处理的数据。CPU 可以读取主存中的任何一个单元的数据，但主存的速度比 CPU 的速度要慢。

(3) 辅存：也称为外存。辅存不能被 CPU 直接访问，其中的数据只有被调入到内存中才可以被 CPU 访问。辅存速度较主存慢，但是具有大的存储容量，也称为海量存储器。

(4) 高速缓存(Cache)：速度介于内部存储器和主存之间。主存的数据最终要调入内部寄存器组来使用，但是随着 CPU 速度的提高，内存的"低速"就限制了 CPU 高速的发挥，因此在 CPU 与主存之间设置了高速缓存。

2. 按照存储器的存储介质分类

(1) 半导体存储器：存储元件由半导体器件组成的存储器称为半导体存储器，其优点是体积小、功耗低、存取时间短。

(2) 磁表面存储器：磁表面存储器是在金属或塑料基体的表面涂一层磁性材料作为记录介质，工作时磁层随载磁体高速运转，用磁头在磁层上进行读写操作，故称为磁表面存储器。

(3) 光存储器：光盘存储器是应用激光在记录介质(磁光材料)上进行读写的存储器，具有非易失性的特点。光盘记录密度高，耐用性好，可靠性高，可互换性强。

3.1.2 存储器的主要性能指标

1. 存储容量

存储容量是指存储器所能容纳的二进制信息的总量。一位二进制数为最小单位(bit),8位二进制数为一个字节(Byte),单位用B表示。由于微机中都是按字节编址的,因此字节(B)是存储器容量的基本单位。常用单位有字节B(Byte)、千字节KB(Kilo Byte)、兆字节MB(Mega Byte)和吉字节GB(Giga Byte),关系为:1 KB=1 024 B,1 MB=1 024 KB,1 GB=1 024 MB。

计算机对存储器的基本要求之一就是要有足够大的容量。

2. 存储器速度

1) 存取时间

从存储器读取一次信息(或写入一次信息)所需要的时间,称为存取时间,记为 t_a。对随机存储器来说,存取时间 t_a 一般是指:从CPU发出读命令起,到所要求的读出信息出现在存储器输出端为止所需要的时间。存取时间取决于存储介质的物理特性及所使用的读出机构的特性。

2) 存取周期

存储器进行一次完整的读写操作所需的全部时间,称为存取周期。或者说,存取周期是指两次连续的存储器操作(如两次连续的读操作)之间所需要的最小时间间隔,用 t_m 表示。存取周期往往比存取时间要大。如动态RAM存储器,在每次读操作时,原存储信息被破坏,必须把读出信息重新写入原来单元加以恢复,使得存取周期 t_m 等于读数时间与写入时间之和。即使对那些不需要重写(非破坏性读出)的半导体存储器,也还需要有一段"复原时间",使存储器恢复稳定的内部状态,才能有把握地对存储器进行下一次访问。对任何一种存储器,在读或写操作之后,总会有这段内部状态的恢复时间(或称稳定时间),因而总有 $t_m > t_a$。

3) 存储器带宽

单位时间内存储器可读写的字节数(或二进制的位数),称为存储器的带宽,记作 B_m。带宽除了与存取周期有关外,还与存储器一次可读写的二进制位数有关,若存储器的字长为 W 位,则 $B_m = W/t_m$。带宽 B_m 反映的是存储器的数据吞吐速率,常称为存储器的"数据传输率"。

3.2 半导体存储器

半导体存储器是一种能存储大量二进制数据的半导体器件。半导体器件种类很多,从存取功能上可以分为随机存储器和只读存储器两大类。

3.2.1 随机存储器(RAM)

RAM的特点是它的存储单元的内容能够随时读出和写入,但是断电后所存的信息会丢失,所以在计算机中常用来暂存中间运算结果。根据所采用的存储单元工作原理的不同,RAM分为静态存储器SRAM(Static Random Access Memory)和动态存储器DRAM(Dynamic Random Access Memory)。一般来讲,SRAM 的速度高于 DRAM,但是集成度低于 DRAM。

1. FPM DRAM(Fast Page Mode DRAM,快速页模式 DRAM)

在触发了行地址后,如果 CPU 需要的地址在同一行内,则可以连续输出列地址而不必再输出行地址,而传统的 DRAM 在存取一个 bit 的数据时,必须送出行地址和列地址各一次才能读写数据。由于一般的程序和数据在内存中排列的地址是连续的,这种情况下输出行地址后连续输出列地址就可以得到所需要的数据。FPM DRAM 将记忆体内部隔成许多页 Pages,从 512 B 到数 KB 不等,在读取一连续区域内的数据时,就可以通过快速页切换模式来直接读取各 Page 内的资料,从而大大提高读取速度。

2. EDO RAM (Extended Data Output RAM,扩展数据输出随机存取存储器)

EDO RAM 是一种在通常 RAM 中加入一块静态 RAM(SRAM)而生成的动态存储器(DRAM)。因为静态 RAM 的访问速度要快于 DRAM,所以这会加快访问内存的速度。EDO RAM 有时作为二级缓存和 ESDRAM(带缓存的 RAM)一起使用。装入 EDO RAM 中 SRAM 部分中的数据可以被处理器以 15 ns 的速度访问。如果数据未在 SRAM,需要 35 ns时间从 EDO RAM 中获得。EDO RAM 是一种随机访问存储器(RAM)芯片,它供快速处理器,如 Pentium 进行快速的内存访问。EDO RAM 原先是为 66 MHz Pentium 处理器优化设计的,对于新一代速度更快的计算机,使用不同类型的同步动态 RAM(SDRAM)是更为合适的。

3. RDRAM(Rambus DRAM,高频动态随机存取存储器)

RDRAM 是 Rambus 公司独立设计完成的一种内存模式,速度一般可以达到 500～530 MB/s,是 DRAM 的 10 倍以上。但使用该内存后,内存控制器需要做相当大的改变,因此它们一般应用于专业的图形加速适配卡或者电视游戏机的视频内存中。

4. SDRAM(Synchronous DRAM,同步动态随机存取存储器)

这是一种与 CPU 实现外频 Clock 同步的内存模式,一般都采用 168 Pin 的内存模组,工作电压为 3.3 V。所谓 Clock 同步,是指内存能够与 CPU 同步存取资料,这样可以取消等待周期,减少数据传输的延迟。因此,可提升计算机的性能和效率。

5. DDR SDRAM(Double Data Rate SDRAM,二倍速率同步动态随机存取存储器)

作为 SDRAM 的换代产品,它具有两大特点:其一,速度比 SDRAM 有一倍的提高;其二,采用 DLL(Delay Locked Loop,延时锁定回路)提供一个数据滤波信号,这是目前内存市场上的主流模式。

6. SLDRAM(Synchronize Link DRAM,同步链接动态随机存取存储器)

这是一种扩展型 SDRAM 结构内存,在增加了更先进同步电路的同时,还改进了逻辑控制电路,不过由于技术限制,投入使用的难度不小。

7. CDRAM(Cached DRAM,同步缓存动态随机存取存储器)

这是三菱电气公司首先研制的专利技术,它是在 DRAM 芯片的外部插针和内部 DRAM 之间插入一个 SRAM 作为二级 Cache 使用。当前,几乎所有的 CPU 都装有一级 Cache 来提高效率,随着 CPU 时钟频率的成倍提高,Cache 不被选中对系统性能产生的影响将会越来越大,而 Cached DRAM 所提供的二级 Cache 正好用以补充 CPU 一级 Cache 之不足,因此能极大地提高 CPU 的效率。

8. DDRII (Double Data Rate Synchronous DRAM,第二代同步双倍速率动态随机存取存储器)

DDRII 是 DDR 原有的 SLDRAM 联盟于 1999 年解散后将既有的研发成果与 DDR 整合之后的未来新标准。DDRII 的详细规格目前尚未确定。

9. DRDRAM (Direct Rambus DRAM,直接内存总线动态随机存取存储器)

是下一代的主流内存标准之一,由 Rambus 公司所设计,将所有的引脚都连接到一条共同总线,这样不但可以减少控制器的体积,而且还可以增加资料传送的效率。

3.2.2 只读存储器(ROM)

ROM 的特点是正常工作时,内部存储单元的数据可以读出而不能写入,内部信息断电不丢失,所以常用来存储程序和一些不需要修改的数据。只读存储器又分为掩膜 ROM、可编程 ROM(Programmable Read-Only Memory,简称 PROM)、可擦除可编程 ROM(Erasable Programmable Read-Only Memory,简称 EPROM)、电可擦除 ROM(EEPROM)、闪速存储器(Flash Memory)。

(1) 掩膜 ROM:在 ROM 出厂时,内部已按照用户要求固化了程序,以后只能读出而不能写入新的数据。通常只有成熟的产品,其程序已经很完善,不需要修改,用户才让 ROM 生产厂家在生产 ROM 时固化好程序。

(2) PROM:PROM 内部的每一个存储单元都是由一支三极管和串联在发射极上的熔丝组成的,在出厂时内部所有单元都已存储“1”。在存储信息时,若存储“0”,只需将该单元的三极管发射极上的熔丝烧断即可;若存储“1”,则不需要烧断熔丝。由于熔丝烧断不可恢复,所以其内容一次写入后不能再修改。

(3) EPROM:刚出厂时的 EPROM 内部所有单元都存储“1”,若想在某个单元存储“0”,则通过施加编程电压将电荷注入相应的存储单元电路。由于注入的电荷没有释放通路,所以所存储的数据能长期保存,常温下数据能保存 10 年以上。若要用紫外线或者 X 射线照射存储单元电路,该电路将产生电子-空穴对,为注入的电荷释放提供通道,待电荷释放完后,该单元数据恢复为“1”,这就是擦除。擦除时间大约 20～30 分钟。为了方便擦除,在芯片外壳上装有透明的石英盖板,为了防止数据丢失,待写好数据后应用不透光的纸将石英盖板贴住。

(4) EEPROM:虽然 EPROM 可擦可写,但是擦除和烧写的速度很慢,另外不能单个单元进行操作,所进行的擦除和烧写需要专门的烧写器和编程器,这些都限制了 EPROM 的使用。于是又出现了电信号可擦除的可编程 ROM(EEPROM),它的存储单元中采用了一种称为浮栅隧道氧化层的 MOS 管(Floating Gate Tunnel Oxide,简称 Flotox 管)。为了提高擦、写的可靠性,并保护隧道区超薄氧化层,在 EEPROM 的存储单元中还附加了一个选通管。虽然 EEPROM 改用了电压信号擦除,但由于擦除和写入时需要加高电压脉冲,而且擦、写的时间仍较长,所以在系统的正常工作状态下,EEPROM 仍然只能工作在它的读出状态,作 ROM 使用。

(5) Flash Memory:既吸收了 EPROM 结构简单、编程可靠的优点,又保留了 EEPROM 用隧道效应擦除的快捷特性,而且集成度高。闪速存储器的编程和擦除操作不需要使用编程器,写入和擦除的控制电路集成于存储器芯片中,工作时只需要 5 V 的低压电源,使用极其方便,自问世以来便以集成度高、容量大、成本低和使用方便等优点被广泛使用。

3.2.3 高速缓存 Cache 的介绍

什么是 Cache 存储器？所谓 Cache，即高速缓冲存储器，是指位于 CPU 和主存储器 DRAM(Dynamic RAM)之间的规模较小但速度很高的存储器，通常由 SRAM 组成。

随着 CPU 速度的加快，CPU 与动态存储器 DRAM 配合工作时往往需要插入等待状态，这样难以发挥出 CPU 的高速度，也难以提高整机的性能。如果采用静态存储器 SRAM，虽然可以解决该问题，但 SRAM 价格高。在同样容量下，SRAM 的价格是 DRAM 的 4 倍，而且 SRAM 体积大，集成度低。为解决这个问题，在 386DX 以上的主板中采用了高速缓冲存储器 Cache 技术。其基本思想是用少量的 SRAM 作为 CPU 与 DRAM 存储系统之间的缓冲区，即 Cache 系统。80486 以及更高档微处理器的一个显著特点是处理器芯片内集成了 SRAM 作为 Cache，由于这些 Cache 装在芯片内，因此称为片内 Cache。486 芯片内 Cache 的容量通常为 8 KB。高档芯片如 Pentium 为 16 KB，Power PC 可达 32 KB。Pentium 微处理器进一步改进片内 Cache，采用数据和双通道 Cache 技术，相对而言，片内 Cache 的容量不大，但是非常灵活、方便，极大地提高了微处理器的性能。片内 Cache 也称为一级 Cache。由于 486、586 等高档处理器的时钟频率很高，一旦出现一级 Cache 未命中的情况，性能将明显恶化。在这种情况下采用的方法是在处理器芯片之外再加 Cache，称为二级 Cache。二级 Cache 实际上是 CPU 和主存之间的真正缓冲。由于系统板上的响应时间远低于 CPU 的速度，如果没有二级 Cache 就不可能达到 486、586 等高档处理器的理想速度。二级 Cache 的容量通常应比一级 Cache 大一个数量级以上。在系统设置中，常要求用户确定二级 Cache 是否安装、尺寸和容量大小等。二级 Cache 的容量一般为 128 KB、256 KB 或 512 KB。在 486 以上档次的微机中，普遍采用 256 KB 或 512 KB 同步 Cache。所谓同步，是指 Cache 和 CPU 采用了相同的时钟周期，以相同的速度同步工作，相对于异步 Cache 来说，其性能可提高 30%以上。

3.3 CPU 与存储器的连接

3.3.1 CPU 与存储器连接时注意的问题

在微机系统中，存储器用来存储程序和数据，CPU 在对其进行读写操作时，首先由 CPU 发出地址信号，选中所要操作的单元，如果要进行写操作，就把要写入的数据放到数据总线上，然后发出写控制信号；若要进行读操作，就发出读控制信号，然后在数据总线上就得到了所要读取的数据。由此可见，CPU 的地址总线、数据总线与控制总线要与存储器进行连接。在连接时要注意以下几个问题：

(1) CPU 总线的带负载能力；

(2) CPU 读写时序与存储器读写速度之间的配合；

(3) 存储器地址的分配。

3.3.2 CPU 与存储器的典型连接

CPU 与存储器的连接就是要将 CPU 相关的地址总线、数据总线、控制总线与存储器进行

连接，必要时还要增加相关的辅助器件(若 CPU 的地址线与数据线复用，则还需要增加地址锁存器等)。

CPU 地址总线与存储器地址线的连接，就是要按照要求给存储器每个存储单元分配地址，以便 CPU 能正确寻址到每一个单元。下面介绍存储器地址的分配方法以及如何实现译码。

例如，CPU 要扩展一片 8 KB 的存储芯片 6264。我们知道一片 6264 是 8 K×8 bit，即一片 6264 有 13 条地址线，我们称之为 A0～A12，有 8 条数据线，我们称之为 D0～D7。若要与 8086/8088 CPU 进行连接，由于 8086/8088 CPU 有 20 条地址线，与 6264 连接只需要 13 条就足够了，剩余的地址线如何处理？换句话说，这 20 条地址线如何参与译码？一般而言，CPU 的地址线的低位与存储器的地址相连，高位通过译码与存储器的片选相连，这样存储器的地址一般就是连续的；若 CPU 的低位地址通过译码与存储器的片选相连，则存储器的地址一般不连续。产生片选信号的方式不同，存储器的地址分配也就不同。片选方式有线选、全地址译码和局部地址译码三种。

1. 线选方式

直接用地址线的高位地址中的某一位或几位作为存储器芯片的片选信号。线选方式的优点是电路简单，选择芯片不需外加逻辑电路。但线选方式不能充分利用系统的存储器地址空间，每个芯片所占的地址空间把整个地址空间分成了相互隔离的区段，即地址空间不连续。线选方式只适用于容量较少的简单微机系统或不需要扩充内存空间的系统中。

例如，假定一微机系统需要的存储空间为 4 KB，但是 CPU 的寻址空间为 16 KB(即可以提供 14 位的地址线)，现在用 4 片 1 KB 的存储器构成 4 KB 的存储空间。

1 KB 的存储芯片片内有 10 条地址线 A0～A9，这样 CPU 的低 10 位地址线 A0～A9 与 1 KB 的存储器的 10 位地址线相连，存储器地址分配如表 3-1 所示。剩余的地址线 A10、A11、A12、A13 就与存储芯片的片选相连，如图 3-1 所示。

表 3-1 线选方式存储器地址分配表

芯片	地址线														地址
	A13	A12	A11	A10	A9	A8	A7	A6	A5	A4	A3	A2	A1	A0	
(1)	x ⋮ x	x ⋮ x	x ⋮ x	1 ⋮ 1	0 ⋮ 1	0 ⋮ 1	0 ⋮ 1	0 ⋮ 1	0 ⋮ 1	0 ⋮ 1	0 ⋮ 1	0 ⋮ 1	0 ⋮ 1	0 ⋮ 1	0400H ～ 07FFH
(2)	x ⋮ x	x ⋮ x	1 ⋮ 1	x ⋮ x	0 ⋮ 1	0 ⋮ 1	0 ⋮ 1	0 ⋮ 1	0 ⋮ 1	0 ⋮ 1	0 ⋮ 1	0 ⋮ 1	0 ⋮ 1	0 ⋮ 1	0800H ～ 0BFFH
(3)	x ⋮ x	1 ⋮ 1	x ⋮ x	x ⋮ x	0 ⋮ 1	0 ⋮ 1	0 ⋮ 1	0 ⋮ 1	0 ⋮ 1	0 ⋮ 1	0 ⋮ 1	0 ⋮ 1	0 ⋮ 1	0 ⋮ 1	1000H ～ 13FFH
(4)	1 ⋮ 1	x ⋮ x	x ⋮ x	x ⋮ x	0 ⋮ 1	0 ⋮ 1	0 ⋮ 1	0 ⋮ 1	0 ⋮ 1	0 ⋮ 1	0 ⋮ 1	0 ⋮ 1	0 ⋮ 1	0 ⋮ 1	2000H ～ 23FFH

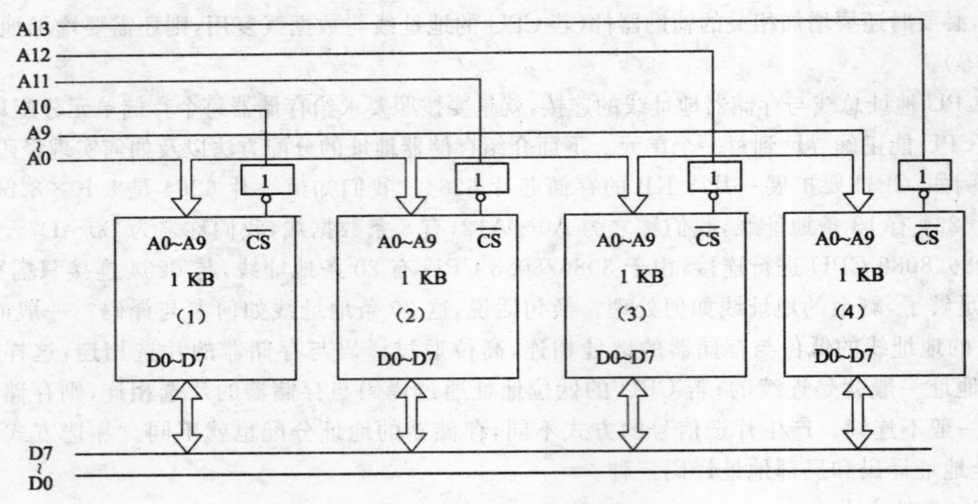

图 3-1 线选方式示意图

在表 3-1 中,x 表示 0 或者 1 均可选中该存储芯片,后面的译码地址是按照 x=0 处理的。既然 x=0 或者 1 均可,则存储器(1)的地址会有多个,如表 3-2 所示。

表 3-2 存储器(1)的地址

A13	A12	A11	存储器(1)的地址
0	0	0	0400H～07FFH
0	0	1	0C00H～0FFFH
0	1	0	1400H～17FFH
0	1	1	1C00H～1FFFH
1	0	0	2400H～27FFH
1	0	1	2C00H～2FFFH
1	1	0	3400H～37FFH
1	1	1	3C00H～3FFFH

同样的道理,存储器(2)、(3)、(4)的每个存储单元也占有多个地址。另外,由于四个存储器的片选地址没有任何限制,会出现多个存储器占有同一个地址的情况,即地址会出现重叠,所以使用线选法译码时要注意地址的分配。

2. 全地址译码

全地址译码是指让存储器的每一个单元都占有唯一的一个地址,或者说 CPU 的所有地址线都参与译码。全译码方式不浪费可利用的存储空间,并且各芯片所占地址空间是相互邻接的,任一单元都有唯一确定的地址,便于编程和内存扩充。通常当存储器芯片较多时,采用这种方式。

还是上面的例子,若利用全地址译码,其示意图如图 3-2 所示。

由图 3-2 可知,存储器(1)的地址范围为 2000H～23FFH;存储器(2)的地址范围为 2400H～27FFH;存储器(3)的地址范围为 2800H～2BFFH;存储器(4)的地址范围为 2C00H～2FFFH。4 片存储器的地址空间连续,且不会出现间断和重叠现象。

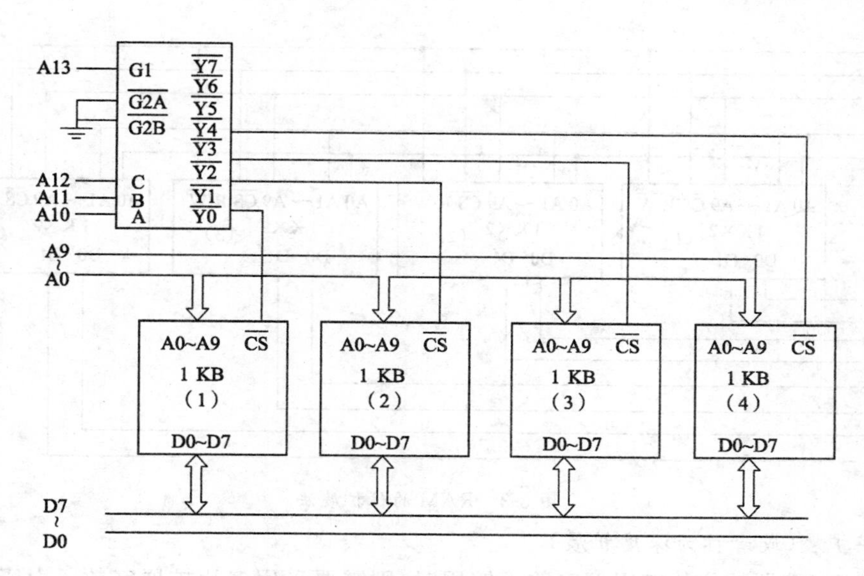

图 3-2 全地址译码方式示意图

3. *局部地址译码*

CPU 的地址线多于存储器的地址线，这样剩余的地址线就可以不参与译码。显然存储器的每一个存储单元的地址不唯一，但是 CPU 能寻址到每一个存储单元。

在上面全地址译码中，CPU 多余的四条地址线 A13、A12、A11、A10 均参与 3-8 译码器的译码，如果将 3-8 译码器的 G1 端直接接 V_{CC}，CPU 的 A13 不参与译码，这样 A13＝0 或者 1 均可。此时 4 片存储器的地址范围为：存储器(1)的地址范围为 0000H～03FFH 或者 2000H～23FFH；存储器(2)的地址范围为 0400H～07FFH 或者 2400H～27FFH；存储器(3)的地址范围为 0800H～0BFFH 或者 2800H～2BFFH；存储器(4)的地址范围为 0C00H～0FFFH 或者 2C00H～2FFFH。

需要说明一点：由于 8086 存储器是奇偶分体的，这样 8 位存储器与 8086 连接时，若存储器的 8 位数据线与 8086 的 D0～D7 连接，则就需要给存储器的每一个单元都分配偶地址(即 8086 的 A0＝0)；若存储器的 8 位数据线与 8086 的 D8～D15 连接，则就需要给存储器的每一个单元都分配奇地址(即 8086 的 A0＝1)。

3.4 存储器的扩展

有时 CPU 在扩展存储器时，单片存储器的容量是不够的，例如要扩展 16 KB 的存储器，而仅有 8 K×4 的存储器，这样就需要将多片存储器合成更大容量的存储器。

1. *位扩展(或者称为宽度扩展)*

若单片存储器的每个字的位数太少，可以将多片存储器合成位数更多的存储器。这种扩展方法较简单，将每片存储器的所有地址线、控制线($\overline{CS}$，R/$\overline{W}$)并联起来，数据线并排起来即可。

例如，用 4 片 1 K×2 的 RAM 扩展成 1 K×8 的 RAM，如图 3-3 所示。

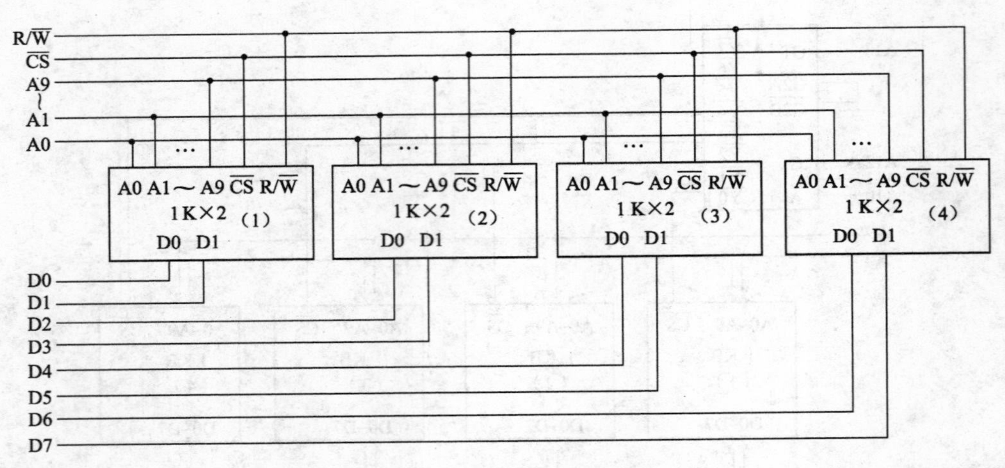

图 3-3 RAM 的位扩展法

2. 字扩展(或者称为深度扩展)

若单片存储器的位数够用而字数不够用时,则需要采用多片扩展字数。由于每片存储器的位数足够,所以连接时将每片存储器的数据线直接连在一起,而地址线并排连接。

例如,将 4 片 256×8 的 RAM 扩展成 1 K×8 的 RAM,具体扩展如图 3-4 所示。

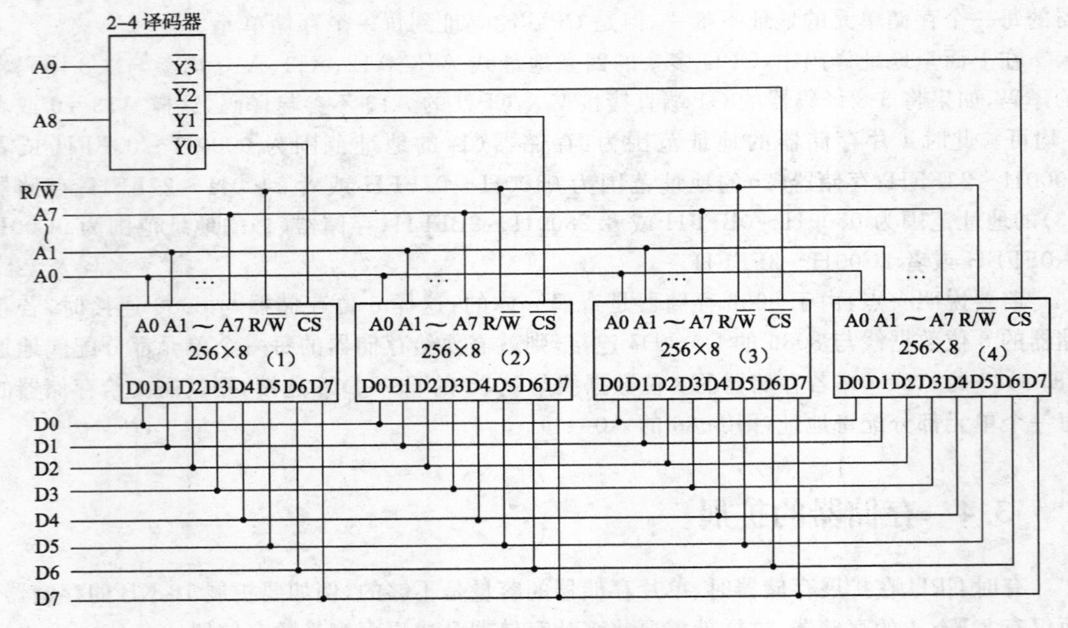

图 3-4 存储器字扩展

4 片 256×8 的 RAM 扩展成了 1 K×8 的 RAM,这 4 片 RAM 的地址空间不能重叠。由图 3-4 所示的连接图可知,4 片 RAM 的地址范围为:存储器(1)的地址范围为 000H～0FFH;存储器(2)的地址范围为 100H～1FFH;存储器(3)的地址范围为 200H～2FFH;存储器(4)的地址范围为 300H～3FFH。

如果单片存储器的位数和字数都不够用,则需要用多片存储器进行扩展。可以按照上面的方法先进行字数的扩展,再进行位数的扩展,也可以先扩展位数再扩展字数。

1. 存储器通常分为哪些类型？分类依据是什么？

2. 半导体存储器与 CPU 连接时应注意哪些方面？

3. 片选控制译码有几种常用方法？其中哪几种方法存在地址重叠问题？

4. 用 1 024×1 位的 RAM 芯片组成 16 K×8 位的存储器，需要多少个芯片？分为多少组？共需多少根地址线？地址线如何分配？试画出与 CPU 的连接图。

第四章 8086 CPU 指令系统

本章要点：了解 8086 的指令系统；重点掌握寻址方式、操作码与操作数的概念、指令执行时间计算、数据传递指令和条件转移指令等；熟悉 CPU 内部各个寄存器的作用。

4.1 寻址方式

计算机的指令一般由操作码和操作数组成。操作码规定了指令的功能，而操作数则规定了指令操作的对象。操作数有数据操作数和地址操作数两类。对于数据操作数，有的指令有两个操作数：一个称为源操作数，在操作过程中其值不改变；另一个称为目的操作数，操作后一般被操作结果代替。有的指令只有一个操作数，或没有(或隐含)操作数。对于地址操作数，指令只有一个目的操作数，它是一个供程序转移的目标地址。寻找操作数的过程就是寻址，不同的寻找方式对应不同的寻址方式。

4.1.1 基本概念

所谓寻址方式，是指指令中给出的寻找操作数的方法。根据操作数的种类，8086 指令系统的寻址方式分为两大类：数据寻址方式和地址寻址方式。

操作数的寻址方式会影响机器运行的速度和效率。如何寻址一个操作数，对程序的设计也是很重要的。下面主要以 MOV 指令为例来说明 8086 CPU 指令的各种寻址方式。8088 CPU 的指令与 8086 CPU 的指令完全兼容，本章介绍的各种寻址方式及 8086 CPU 的指令系统同样适用于 8088 CPU。

4.1.2 与数据有关的寻址方式

数据操作数是与数据有关的操作数，即指令中操作的对象是数据。数据操作数可分为立即数操作数、寄存器操作数、存储器操作数、I/O 操作数。数据寻址方式可分为立即数寻址方式、寄存器寻址方式、存储器寻址方式和 I/O 端口寻址方式四种类型。

1. 立即数寻址方式(Immediate Addressing)

立即数寻址方式所提供的操作数直接包含在指令中，紧跟在操作码之后，是指令的一部分，这种操作数称为立即数。立即数可以是 8 位，也可以是 16 位。例如：

```
MOV   CL,70H
MOV   AX,0102H
```

2. 寄存器寻址方式(Register Addressing)

寄存器寻址方式的操作数存放在指令规定的寄存器中，寄存器的名字在指令中指出。

对于16位操作数，寄存器可以是AX、BX、CX、DX、SI、DI、SP或BP。对于8位操作数，寄存器可以是AH、AL、BH、BL、CH、CL、DH或DL。例如：

```
MOV   CL,DL
MOV   AX,BX
```

如果DL=50H，BX=1234H，执行结果为：CL=50H，AX=1234H。

由于寄存器寻址方式的操作数就在CPU内部的寄存器中，不需要访问存储器来取得操作数，因而可以获得较高的运行速度。

3. *存储器寻址方式*(Memory Addressing)

存储器寻址方式的操作数存放在存储单元中。操作数在存储器中的物理地址是由段地址左移4位后与操作数在段内的偏移地址相加而得到的。在此要讨论的问题是指令中是如何给出存储器操作数在段内的偏移地址的。偏移地址又称为有效地址(Effective Address，简称EA)，所以存储器寻址方式即为求得有效地址(EA)的不同途径。8086设计了多种存储器寻址方式，可以统一表达为：有效地址=BX/BP+SI/DI+8/16位位移量。

有效地址由以下三种地址分量组成：位移量(Displacement)、基址(Base Address)和变址(Index Address)。位移量是存放在指令中的一个8位或16位的有符号数，但它不是立即数，而是一个地址；基址是存放在基址寄存器BX或BP中的内容；变址是存放在变址寄存器SI或DI中的内容。

对于某条具体指令，三个地址分量可有不同的组合。如果存在两个或两个以上的分量，那么就需要进行加法运算，求出操作数的有效地址(EA)，进而求出物理地址(PA)。正是因为三种地址分量有不同的组合，才使得对存储器操作数的寻址产生了若干种不同的方式。

1) 直接寻址方式(Direct Addressing)

直接寻址方式的操作数有效地址只包含正位移量一种分量，即在指令的操作码后面直接给出有效地址。对这种寻址方式有：EA=位移量。例如：

```
MOV   AL,[1052H]
```

如果DS=3000H，则指令的执行情况如图4-1所示。执行结果为：AL=75H。

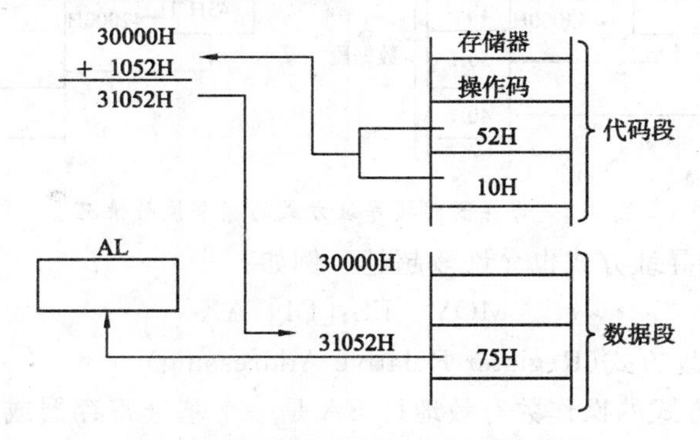

图4-1　直接寻址方式的指令执行情况

这种直接寻址方式与前面介绍的立即数寻址方式不同。从指令的表示形式来看，在直接寻址方式中，表示有效地址的16位数必须加上方括号。从指令的功能上来看，本例指令的功能不是将立即数1052H传送到累加器AL，而是将一个有效地址是1052H的存储单元的内容传送到AL。设此时数据段寄存器DS=3000H，则该存储单元的物理地址为：

物理地址＝3000H×10H＋1052H＝30000H＋1052H＝31052H

如果没有特殊指明，直接寻址方式的操作数一般在存储器的数据段中，即隐含的段寄存器是 DS。但是 8086 也允许段超越，此时需要在指令中特别标明，方法是在有关操作数的前面写上操作数所在段的段寄存器名，再加上冒号。例如，若以上指令中源操作数不在数据段而在附加数据段中，则指令应写为如下形式：

MOV　AL,ES:[1052H]

在汇编语言指令中，可以用符号地址来表示位移量。例如：

MOV　AL,[value]　或　MOV　AL,value

此时，value 为存储单元的符号地址。

2）寄存器间接寻址方式(Register Indirect Addressing)

寄存器间接寻址方式的操作数有效地址隐含在基址寄存器(BX)或变址寄存器(SI、DI)中。因此，操作数的有效地址在某个寄存器中，而操作数本身则在存储器的数据段内。这与寄存器寻址方式操作数在寄存器中是不同的。

书写指令时，用作间接寻址方式的寄存器必须加上方括弧，以免与寄存器寻址方式混淆。例如：

MOV　BX,[SI]
MOV　[BX],AL

如果 DS＝4000H,SI＝3000H,BX＝2000H,AL＝45H，则上述两条指令的执行情况如图 4-2 所示。执行结果为：BX＝4050H，(42000H)＝45H。

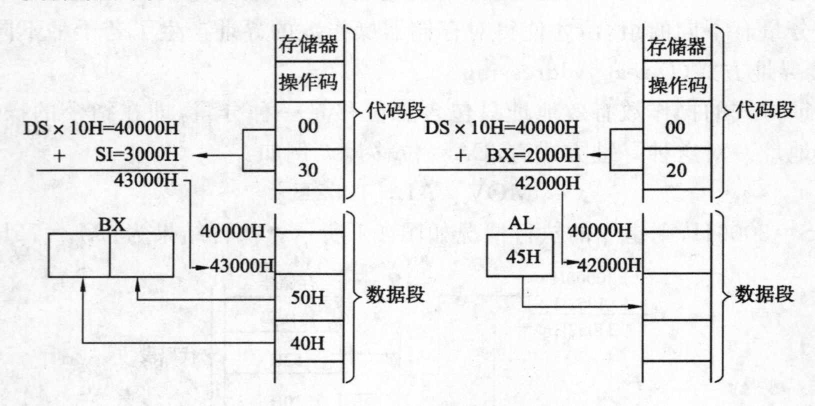

图 4-2　寄存器间接寻址方式的指令执行情况

同样，寄存器间接寻址方式也允许段超越。例如：

MOV　ES:[DI],AX

3）寄存器相对寻址方式(Register Relative Addressing)

寄存器相对寻址方式的操作数有效地址 EA 是一个基址寄存器或变址寄存器的内容和指令中给定的 8 位或 16 位位移量相加之和，所以有效地址由两种分量组成。可用作寄存器相对寻址方式的寄存器有基址寄存器 BX、BP 和变址寄存器 SI、DI。即：

有效地址＝BX/BP/SI/DI＋8/16 位位移量

上述位移量可当作是一个存放于寄存器中的基值的一个相对值，故称为寄存器相对寻址方式。在一般情况下，若指令中指定的寄存器是 BX、SI、DI，则操作数默认为存放在数据段中;若指令中指定的寄存器是 BP,则操作数默认为存放在堆栈段中。同样,寄存器相对寻址方式也允许段超越。

位移量既可以是一个 8 位或 16 位的立即数,也可以是符号地址。例如:

MOV [SI+10H],BX

MOV AX,[BX+COUNT]

如果 DS=4000H,SI=3000H,BX=2000H,COUNT=1050H,AX=4050H,则指令的执行情况如图 4-3 所示。执行结果为:(43010H)=4070H,AX=6030H。

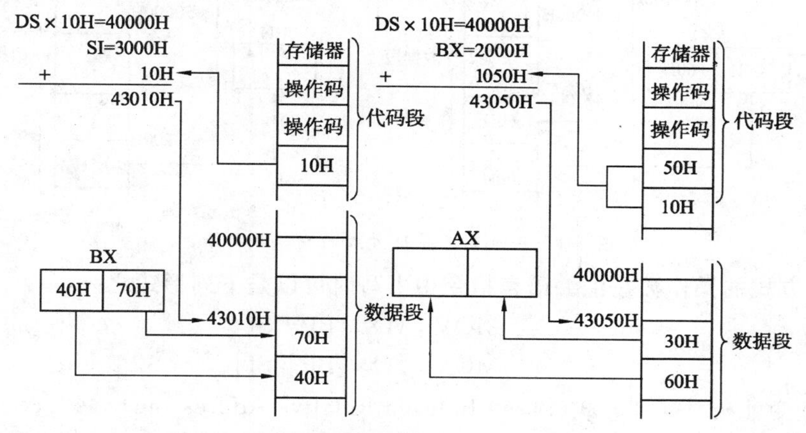

图 4-3 寄存器相对寻址方式的指令执行情况

该寻址方式的操作数在汇编语言指令中书写时可以是下述形式之一:

MOV AL,[BP+TABLE]

MOV AL,[BP]+TABLE

MOV AL,TABLE[BP]

其实以上三条指令代表的是同一功能的指令。其中 TABLE 为 8 位或 16 位位移量。

4) 基址变址寻址方式(Based Indexed Addressing)

基址变址寻址方式的操作数有效地址是一个基址寄存器(BX 或 BP)和一个变址寄存器(SI 或 DI)的内容之和,所以有效地址由两种分量组成。即:

有效地址=BX/BP+SI/DI

在一般情况下,由基址寄存器决定操作数在哪个段中。若用 BX 的内容作为基地址,则操作数在数据段中;若用 BP 的内容作为基地址,则操作数在堆栈段中。基址变址寻址方式同样也允许段超越。例如:

MOV [BX+DI],AX

MOV BH,[BP][SI]

设当前 DS=4000H,SS=5000H,BX=1000H,DI=1100H,AX=0060H,BP=2000H,SI=1200H,则指令的执行情况如图 4-4 所示。执行结果为:(42100H)=0060H,BH=65H。

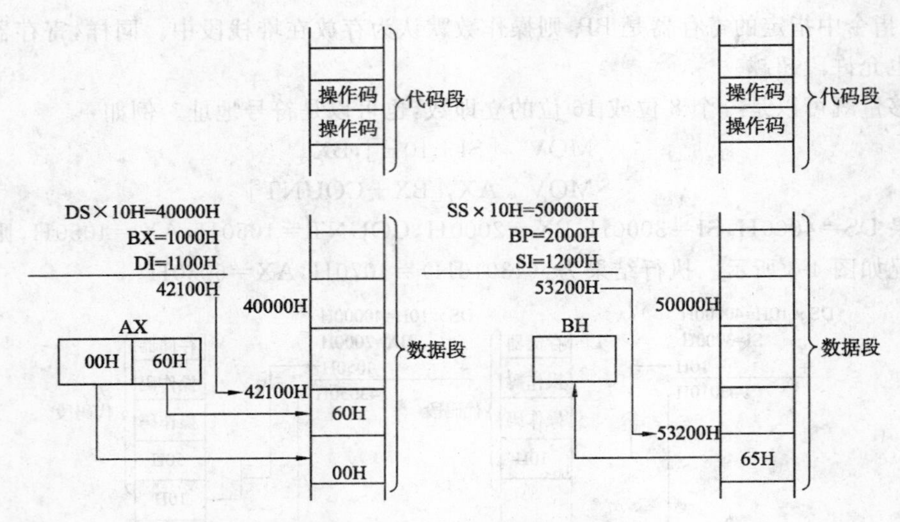

图 4-4　基址变址寻址方式的指令执行情况

该寻址方式的操作数在汇编语言指令中书写时可以是下列形式之一：

MOV　AX,[BP+SI]

MOV　AX,[BP][SI]

5）基址变址相对寻址方式(Based Indexed Relative Addressing)

基址变址相对寻址方式的操作数有效地址是一个基址寄存器内容、一个变址寄存器内容与指令中指定的一个8位或16位位移量之和，所以有效地址由三个分量组成。即：

有效地址＝BX/BP＋SI/DI＋8/16位位移量

同样，当基址寄存器为BX时，操作数在数据段中；基址寄存器为BP时，操作数在堆栈段中。基址变址相对寻址方式同样也允许段超越。例如：

MOV　AH,[BX+DI+1234H]

MOV　[BP+SI+DATA],CX

基址变址相对寻址方式也可以表示成以下几种不同的形式：

MOV　AX,[BX+SI+MASK]

MOV　AX,[BX][SI +MASK]

MOV　AX,[BX+SI]MASK

MOV　AX,[BX][SI]MASK

MOV　AX,MASK[BX][SI]

4. I/O端口寻址方式

指令中要操作的数据来自或送到I/O端口。I/O端口寻址有以下两种方式。

1）端口直接寻址方式

对这种寻址方式，端口地址用8位立即数(0～255)表示。例如：

IN　AL,21H

此指令表示从地址为21H的端口中读取数据送到AL中。如21H端口提供的数据为3EH，则执行结果为：将21H端口提供的数据3EH输入到8位寄存器AL中。

2）端口间接寻址方式

当 I/O 端口地址大于 FFH 时，必须事先将端口地址存放在 DX 寄存器中。例如：

MOV DX,310H

OUT DX,AX

前一条指令将端口地址 310H 送到 DX 寄存器，后一条指令将 AX 中的内容输出到地址由 DX 寄存器内容所指定的端口中，则执行结果为：将 AX 寄存器的内容输出到 310H 端口。

4.1.3 与转移地址有关的寻址方式

地址操作数是与程序转移地址有关的操作数，即指令中操作的对象不是数据，而是要转移的目标地址。它也可以分为立即数操作数、寄存器操作数和存储器操作数，即要转移的目标地址包含在指令中，或存放在寄存器中，或存放在存储单元中。

通常情况下，程序的执行顺序是由 CS 和 IP 的内容决定的。当 BIU 完成一次取指周期后，就自动改变 IP 的内容，以指向下一条待执行指令的地址，使程序按预先存放在程序存储器中的指令的次序，由低地址到高地址顺序执行。如需要改变程序的执行顺序，可以安排一条程序转移指令并按指令的要求修改 IP 的内容或同时修改 IP 和 CS 的内容，从而将程序转移到指令所指定的转移地址。地址寻址方式就是找出程序转移的地址。寻求转移地址的方法称为地址寻址方式，它有如下四种方式。

1. 段内直接寻址方式

段内直接寻址方式也称为相对寻址方式。转移的地址是 IP 当前值和转移指令的下一条指令到目标地址之间的 8 位或 16 位相对位移量之和，相对位移量可正可负。当位移量是 8 位时，称为短转移，转移范围为－128～＋127；位移量是 16 位时，称为近转移，转移范围为－32 768～＋32 767。这种寻址方式适用于无条件转移或条件转移类指令，但条件转移是只有 8 位位移量的短转移。

段内直接寻址转移指令的格式可以表示为：

JMP NEAR PTR DEST

JMP SHORT DEST

其中，DEST 为转向的目标地址，在机器指令中用位移量来表示。在汇编语言中，如果位移量为 16 位，则在目标地址前加操作符 NEAR PTR；如果位移量为 8 位，则在目标地址前加操作符 SHORT。如果目标地址的标号已经定义，可省略运算符 SHORT，汇编程序也能自动生成一个 2 字节的短转移指令，属于隐含的短转移。

2. 段内间接寻址方式

此寻址方式的程序转移地址存放在寄存器或存储单元中。存储器可用各种数据寻址方式表示。指令的操作是用指定的寄存器或存储器中的值取代当前 IP 的内容，以实现程序的段内转移。

这种寻址方式以及以下的两种段间寻址方式都不能用于条件转类指令。也就是说，条件转移类指令只能使用段内直接寻址的 8 位位移量。

段内间接寻址转移指令的格式可以表示为：

JMP BX

JMP WORD PTR [BP＋TABLE]

其中，WORD PTR 为类型操作符，用以指出按其后的寻址方式所取得的目标地址是一个字类型的有效地址。

3. 段间直接寻址方式

这种寻址方式是在指令中直接给出 16 位的段地址和 16 位的偏移地址来更新当前的 CS 和 IP 的内容。指令的格式为：

```
JMP  PROG_F
JMP  FAR PTR DEST
```

其中，PROG_F 是一个在另外的代码段内已定义的远标号。指令的操作是用标号的偏移地址取代指令指针寄存器 IP 的内容，同时用标号所在段的段地址取代当前代码段寄存器 CS 的内容，结果使程序转移到另一代码段内指定的标号处。第二条指令利用运算符将标号 DEST 的属性定义为 FAR。

4. 段间间接寻址方式

这种寻址方式是由指令中给出的存储器寻址方式来确定存放转移地址的四个连续存储单元的地址。指令的操作是将存储器的前两个单元的内容送给 IP，后两个单元的内容送给 CS，以实现到另一个段的转移。

以下是两条段间间接转移指令的例子：

```
JMP  VAR_DOUBLEWORD
JMP  DWORD PTR [BP][DI]
```

上面第一条指令中，VAR_DOUBLEWORD 应是一个已定义为 32 位的存储器变量；第二条指令中，利用运算符 DWORD PTR 将存储器操作数的类型定义为 DWORD(双字)。

4.2 机器语言指令概况

用汇编语言编写的程序称为汇编语言源程序，若直接将它送到计算机，计算机并不认识那些构成程序的指令和符号的含义，必须由“汇编程序”将它翻译成由机器指令(指令码)组成的机器语言程序后才能由计算机识别并执行。因此，汇编语言程序需由汇编程序翻译成可执行的机器语言程序，一般来说，这一过程不必由人来干预。我们这里只简单介绍机器语言指令的基本概念和编码方式。

8086 指令系统的指令类型较多，功能很强，各种指令由于功能不同，需要指令码提供的信息也不同。为了满足不同功能的要求，需要尽量减少指令所占的空间。8086 指令系统采用了一种灵活的、由 1～6 个字节组成的变字长的指令格式，包括操作码、寻址方式以及操作数三个部分。

4.2.1 操作码与操作数

通常指令的第一字节为操作码字节(OPCODE)，规定指令的操作类型；第二字节为寻址方式字节，规定操作数的寻址方式；以后的 3～6 个字节依据指令的不同而取舍，可变字长的指令主要体现在这里，一般由它指出存储器操作数地址的位移量或立即数。操作码/寻址方式的字节格式如图 4-5 所示。

OPCODE(操作码)						D	W	MOD		REG			R/M		
7	6	5	4	3	2	1	0	7	6	5	4	3	2	1	0

图 4-5 操作码/寻址方式的字节格式

第一字节中,W 指示操作数类型:W=0 为字节,W=1 为字;D 指示操作数的传送方向:D=0 表示寄存器操作数为源操作数,D=1 表示寄存器操作数为目的操作数。第二字节指出所用的两个操作数存放的位置,以及存储器中操作数偏移地址的计算方法。其中,REG 字段规定一个寄存器操作数,它是源操作数还是目的操作数已由第一字节中的 D 位规定。由 REG 字段选择寄存器的具体规定如表 4-1 所示。

表 4-1 REG 字段编码表

REG	W=1(字操作)	W=0(字节操作)
000	AX	AL
001	CX	CL
010	DX	DL
011	BX	BL
100	SP	AH
101	BP	CH
110	SI	DH
111	DI	BH

MOD 字段用来区分另一个操作数在寄存器中(寄存器寻址)还是在存储器中(存储器寻址)。在存储器寻址的情况下,MOD 字段还用来指出该字节后面有无位移量,有多少位位移量。MOD 字段的编码如表 4-2 所示。

表 4-2 MOD 字段编码表

MOD	寻址方式
00	存储器寻址,没有位移量
01	存储器寻址,有 8 位位移
10	存储器寻址,有 16 位位移
11	寄存器寻址,没有位移量

R/M 字段受 MOD 字段的控制。MOD=11 为寄存器方式时,R/M 字段将指出第二操作数所在的寄存器编号;MOD=00,01,10 为存储器方式时,R/M 则指出如何计算存储器中操作数的偏移地址。MOD 与 R/M 字段组合的寻址方式如表 4-3 所示。

表 4-3 MOD 与 R/M 字段组合的寻址方式

MOD=11 寄存器寻址			MOD≠11 存储器寻址和偏移地址的计算公式			
R/M	W=1	W=0	R/M	不带位移量 MOD=00	带 8 位位移量 MOD=01	带 16 位位移量 MOD=10
000	AX	AL	000	[BX+SI]	[BX+SI+D_8]	[BX+SI+D_{16}]
001	CX	CL	001	[BX+DI]	[BX+DI+D_8]	[BX+DI+D_{16}]
010	DX	DL	010	[BP+SI]	[BP+SI+D_8]	[BP+SI+D_{16}]
011	BX	BL	011	[BP+DI]	[BP+DI+D_8]	[BP+DI+D_{16}]
100	SP	AH	100	[SI]	[SI+D_8]	[SI+D_{16}]
101	BP	CH	101	[DI]	[DI+D_8]	[DI+D_{16}]
110	SI	DH	110	D_{16}(直接地址)	[BP+D_8]	[BP+D_{16}]
111	DI	BH	111	[BX]	[BX+D_8]	[BX+D_{16}]

例如：MOV CL,[BX+1234H]

代码格式：

OPCODE	D	W	MOD	REG	R/M	disp-L	disp-H
100010	1	0	10	001	111	00110100	00010010

指令码为:8A8F3412H。

4.2.2 指令的执行时间

8086 指令的执行速率是由晶振控制产生的时钟决定的，每条指令执行时都需要几个时钟周期。例如，寄存器与寄存器之间的数据传送指令和对寄存器的各种移位指令执行时都需要 2 个时钟周期。JNZ 指令执行时如引起转移，则需要 16 个时钟周期；如不发生转移时仅需要 4 个时钟周期。若已知 CPU 工作时的时钟频率，时钟频率的倒数就是一个时钟周期，则可求出每个时钟周期的时间是多少，从而算出执行每条指令或一系列指令所需的时间。

例如，若已知 8086 CPU 的工作时钟为 5 MHz，则一个时钟周期为：

$$T=1\ \text{s}/(5\times10^6)=0.2\ \mu\text{s}$$

如果某一条指令执行时需要 4 个时钟周期，则需花的时间为 $0.2\ \mu\text{s}\times4=0.8\ \mu\text{s}$。

由于指令的执行需要花费时间，所以可用软件程序进行一定的延时或定时，选用适当的指令（如 NOP 和循环控制指令等）构成延时程序。这种方法常被称为软件延时或定时。

例 4.1 设 8086 CPU 的工作时钟为 5 MHz，试编写一个延时 1 ms 的程序。

解：为了计算所需要的循环次数 N，在每条指令后面列出了它们的时钟周期数。

```
                                  ;时钟周期×执行次数
DEL_1MS:  MOV   CX,N              ;4×1
   NEXT:  NOP                     ;3×N
          NOP                     ;3×N
          LOOP  NEXT              ;循环时为17,不循环为5
```

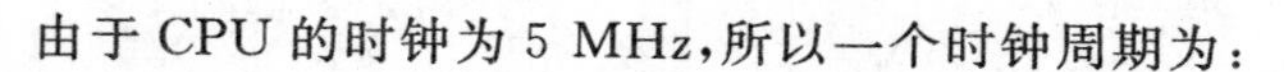

由于CPU的时钟为5 MHz，所以一个时钟周期为：

$$T=1\ \text{s}/(5\times10^{6})=0.2\ \mu\text{s}$$

这样，延时$t=1$ ms所需要的总的时钟周期数C_T为：

$$C_T=t/T=1\ \text{ms}/(0.2\ \mu\text{s})=5\ 000$$

第一条指令只执行一次，两条NOP指令各执行N次，LOOP指令共循环执行$N-1$次，最后一次不循环。因此，总的时钟周期数C_T又可以用循环常数N来表示：

$$\begin{aligned}C_T&=4+3\times N+3\times N+17\times(N-1)+5\\&=23\times N-8\\&=5\ 000\end{aligned}$$

所以$N=(5\ 000+8)/23\approx218=$0DAH。将此值代进第一条指令，就能使上面这段程序实现1 ms的精确延时。

若希望获得时间更长的延时，可以采用嵌套的多重循环程序来实现。

4.3 8086指令系统

按功能分类，8086的指令系统共有六大类：数据传送指令、算术运算指令、逻辑运算和移位指令、串操作指令、控制转移指令、处理器控制指令。8086的所有指令也都适用于8088。下面分别介绍各类指令的格式、功能。

4.3.1 数据传送指令

数据传送指令是程序中使用最频繁的指令。不论何种程序，都离不开数据，都需要将原始数据、中间结果、最终结果以及其他各种信息在CPU的寄存器、存储器或I/O端口之间多次传送。

数据传送指令按其功能的不同，可以分为通用数据传送指令、输入输出指令、目标地址传送指令和标志传送指令等四组。

1. 通用数据传送指令

通用数据传送指令有以下四种。

1) 数据传送指令MOV (MOVement)

指令格式及操作：

```
MOV    dst,src    ;dst←src
```

指令格式中的dst表示目的操作数，src表示源操作数(下同)。指令实现的操作是将源操作数送给目的操作数，源操作数保留不变。

在MOV指令中，源操作数可以是存储器、寄存器、段寄存器和立即数；目的操作数可以是存储器、寄存器(不能为IP)和段寄存器(不能为CS)。

必须注意，不能用一条MOV指令实现以下传送：

(1) 存储单元之间的传送；

(2) 立即数至段寄存器的传送；

(3) 段寄存器之间的传送。

对于代码段寄存器CS和指令指针寄存器IP，通常无需用户利用传送指令改变其中的内容，但是 CS 可以作为源操作数。

2）堆栈操作指令

堆栈是一个"后进先出 LIFO"（或说"先进后出 FILO"）的主存区域，位于堆栈段中。堆栈只有一个出口，即当前栈顶。用堆栈指针寄存器 SP 指定堆栈只有两种基本操作：进栈和出栈。

堆栈操作指令是用来完成进栈和出栈操作的。8086 指令系统中提供了完成这两种操作的相应指令。

(1) 进栈指令 PUSH (PUSH word onto stack)。指令格式及操作：

```
PUSH  src        ;SP←SP－2,(SP＋1:SP)← src
```

指令完成的操作是先将堆栈指针 SP 减 2，使 SP 始终指向栈顶，然后再将操作数 src 压入(SP)＋1 和(SP)两个存储单元中。指令中的操作数 src 可以是通用寄存器和段寄存器，也可以是由某种寻址方式所指示的存储单元，但不能是立即数。例如：

```
PUSH  BX         ;SP←SP－2,(SP＋1)←BH,(SP)←BL
PUSH  CS
PUSH  [SI]
```

(2) 出栈指令 POP (POP word off stack)。指令格式及操作：

```
POP  dst         ;dst←(SP＋1:SP),SP←SP＋2
```

指令完成的操作是先将堆栈指针 SP 所指示的栈顶存储单元的值弹出到操作数 dst 中，然后再将堆栈指针 SP 加 2，使其指向栈顶。指令中的操作数 dst 可以是存储器、通用寄存器或段寄存器，但不能是代码段寄存器 CS，同样也不能是立即数。例如：

```
POP  AX          ;AL←(SP),AH←(SP＋1),SP←SP＋2
POP  ES
POP  MASK[DI]
```

注意，堆栈操作指令中的操作数类型必须是字操作数，即 16 位操作数。

3）数据交换指令 XCHG (eXCHanGe)

指令格式及操作：

```
XCHG  dst,src        ;dst←→src
```

该指令的操作是使源操作数与目的操作数进行交换，即不仅将源操作数传送到目的操作数，而且同时将目的操作数传送到源操作数。

交换指令的源操作数和目的操作数各自均可以是寄存器或存储器，但不能二者同时为存储器。此外，段寄存器的内容不能参加交换。交换的内容可以是一个字节(8 位)，也可以是一个字(16 位)。

4）字节转换指令 XLAT (transLATe)

指令格式及操作：

```
   XLAT  TABLE       ;AL←(BX＋AL)
或 XLAT
```

XLAT 指令是字节查表转换指令，可以根据表中元素的位移量查出表中相应元素的内容。为了实现查表转换，预先应将表的首地址，即表头地址传送到 BX 寄存器，元素的位移量送 AL，此位移量为表头地址与所要查找的某一元素地址之间的差值。执行 XLAT 指令后，表中指定的元素存于 AL。由于需要将元素的位移量送 AL 寄存器，所以被寻址的表的最大长度为 255 个字节。这是一种可隐含操作数的基址变址寻址方式，基址寄存器为 BX，变址寄存器为 AL。利用 XLAT 指令实现不同数制或编码系统之间的转换十分方便。

例 4.2　内存的数据段有一张十进制数字的七段显示码表，试用 XLAT 指令求数字 5 的七段码值。

解：首先用 DB 伪指令在内存中建立一张表格，其首地址为 TABLE。为了查出第 5 个元素(元素序号从 0 开始)的七段码值，应先将表的首地址 TABLE 传送到 BX 寄存器，元素的序号即位移量 5 送 AL。可用以下几条指令实现：

```
TABLE  DB   40H,79H,24H,30H,19H      ;七段码表格
       DB   12H,02H,78H,00H,18H
            …
       MOV  AL,5                     ;AL←序号
       MOV  BX, TABLE
       XLAT
```

结果(AL)＝12H。此例中查表转换指令后面的操作数首地址 TABLE 实际上已经预先传送到 BX 寄存器中，写在 XLAT 指令中是为了汇编程序用以检查类型的正确性。XLAT 指令的操作数可省略。

2. 输入输出指令

输入输出指令共有两条：输入指令 IN 用于从外设端口读入数据，输出指令 OUT 则向端口发送数据。无论是读入的数据或是准备发送的数据，都必须放在寄存器 AL(字节)或 AX(字)中。

输入输出指令可以分为两大类：一类是端口直接寻址的输入输出指令；另一类是端口通过 DX 寄存器间接寻址的输入输出指令。在直接寻址的指令中只能寻址 256 个端口(0～255)，而间接寻址的指令中可寻址 64 K 个端口(0～65 535)。

1) 输入指令 IN (INput byte or word)

输入指令分直接寻址输入指令和间接寻址输入指令。

(1) 直接寻址输入指令的格式及操作：

```
     IN   AL,port        ;AL←(port)
或   IN   AX,port        ;AX←(port)
```

指令中直接给出端口地址(地址小于 0FFH)，其功能为从指令直接指定的端口中读入一个字节或一个字送入 AL 或 AX。例如：

```
IN   AL,0E3H
IN   AX,80H
```

(2) 间接寻址输入指令的格式及操作：

```
     IN   AL,DX          ;AL←(DX)
或   IN   AX,DX          ;AX←(DX)
```

此指令是从 DX 寄存器内容指定的端口中将 8/16 位数据送入 AL/AX 中。这种寻址方式的端口地址由 16 位地址表示，执行此指令前应将 16 位地址存入 DX 寄存器中。例如：

```
MOV  DX,310H
IN   AL,DX
```

2) 输出指令 OUT (OUTput byte or word)

输出指令分直接寻址输出指令和间接寻址输出指令。

(1) 直接寻址输出指令的格式及操作：

```
   OUT port,AL          ;(port)←AL
或 OUT port,AX          ;(port)←AX
```

此指令将 AL(8 位)或 AX(16 位)中的数据输出到指令指定的 I/O 端口，端口地址应不大于 0FFH。例如：

```
OUT  84H,AX
```

(2) 间接寻址输出指令的格式及操作：

```
   OUT DX,AL            ;(DX)←AL
或 OUT DX,AX            ;(DX)←AX
```

此指令将 AL(8 位)或 AX(16 位)中的数据输出到由 DX 寄存器内容指定的 I/O 端口中。例如：

```
MOV  DX,300H
OUT  DX,AX
```

3. 目标地址传送指令

8086 CPU 提供了三条把地址指针写入寄存器或寄存器对的指令，它们可以用来写入近地址指针和远地址指针。

1) 取有效地址指令 LEA (Load Effective Address)

指令格式：

```
LEA  reg16,mem
```

LEA 指令将一个近地址指针写入到指定的寄存器。指令中的目的操作数必须是一个 16 位通用寄存器，源操作数必须是一个存储器操作数。指令的执行结果是把源操作数的有效地址，即 16 位偏移地址传送到目标寄存器。例如：

```
LEA  AX,TABLE           ;AX←OFFSET TABLE
```

注意：LEA 指令与 MOV 指令的区别。比较下面两条指令：

```
LEA  BX,TABLE
MOV  BX,TABLE
```

前者将存储器变量 TABLE 的偏移地址送到 BX，而后者将存储器变量 TABLE 的内容(两个字节)传送到 BX。

2) 地址指针装入 DS 指令 LDS (Load pointer into DS)

指令格式：

```
LDS  reg16,mem32
```

LDS 指令和下面即将介绍的 LES 指令都是用于写入远地址指针。源操作数是存储器操作数，目的操作数可以是任一个 16 位通用寄存器。

LDS 传送一个 32 位的远地址指针，其中包括一个偏移地址和一个段地址，前者送入指令指定的寄存器(目的操作数)，后者送入数据段寄存器 DS。例如：

LDS SI,[0010H]

设当前DS=1200H,而有关存储单元的内容为(12010H)=60H,(12011H)=01H,(12012H)=00H,(12013H)=30H,则执行该指令后,SI寄存器的内容为0160H,段寄存器DS的内容为3000H。

3) 地址指针装入ES指令 LES (Load pointer into ES)

指令格式:

LES reg16,mem32

LES指令与LDS类似,也是装入一个32位的远地址指针。位移地址送指定寄存器,但是段地址送附加段寄存器ES。

目标地址传送指令常常用于在串操作时建立初始的地址指针。

4. 标志传送指令

8086 CPU中有一标志寄存器FLAGS,其中包括6个状态标志位和3个控制位。状态标志位反映CPU运行的状态。有些指令的执行结果会影响标志寄存器的某些状态标志位,同时有些指令的执行结果也受标志寄存器中控制位的控制。标志传送指令共有4条,它们都是单字节指令,指令的操作数为隐含形式。

1) 取标志指令 LAHF (Load AH from Flags)

指令格式:

LAHF

LAHF指令将标志寄存器FLAGS中的5个状态标志位SF、ZF、AF、PF和CF分别取出并传送给累加器AH的对应位,如图4-6所示。LAHF指令对状态标志位没有影响。

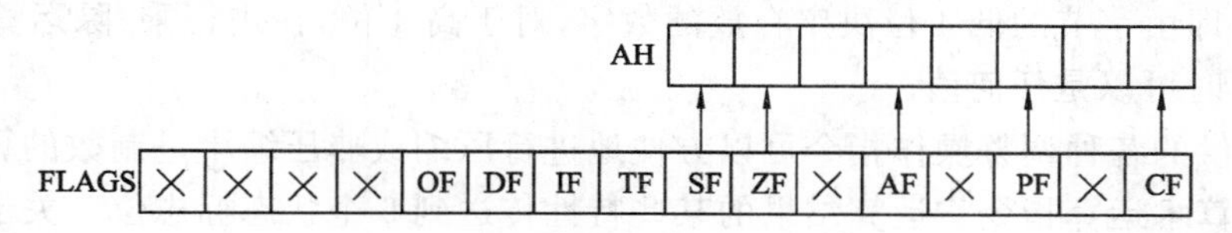

图4-6 LAHF指令操作示意图

2) 置标志指令 SAHF (Store AH into Flags)

指令格式:

SAHF

SAHF指令的传送方向与LAHF相反,将AH寄存器中的第7、6、4、2、0位分别传送给标志寄存器的对应位,如图4-7所示。

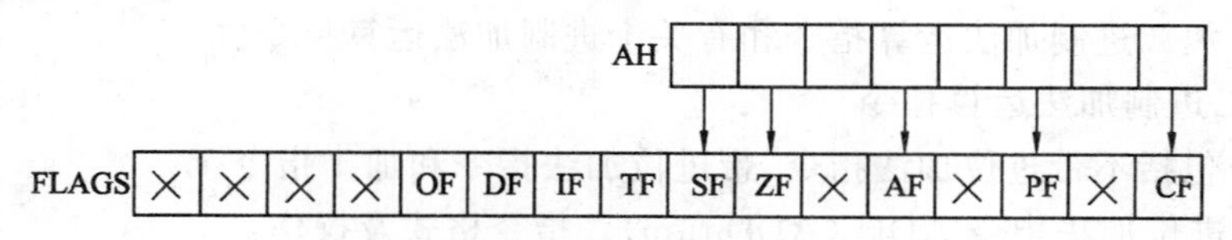

图4-7 SAHF指令操作示意图

3) 标志压入堆栈指令 PUSHF (PUSH Flags onto stack)

指令格式及操作:

PUSHF ;SP←SP−2,(SP+1:SP)←FLAGS

PUSHF指令先将SP减2,然后将标志寄存器FLAGS的内容(16位)压入堆栈。这条指令本身不影响状态标志位。

4）标志弹出堆栈指令 POPF（POP Flags off stack）

指令格式及操作：

POPF ;FLAGS←(SP+1:SP),SP←SP+2

POPF 指令的操作与 PUSHF 相反,它将堆栈内容弹出到标志寄存器,然后 SP 加 2。POPF 指令对状态标志位有影响,使各状态标志位恢复为压入堆栈以前的状态。

PUSHF 指令可用于调用过程时保护当前标志寄存器的值,过程返回以后再使用 POPF 指令恢复标志寄存器原来的值。

数据传送指令除了 SAHF 和 POPF 外都不影响状态标志位。

4.3.2 算术运算指令

8086 的算术运算指令可以处理四种类型的数:无符号的二进制数、带符号的二进制数、无符号的压缩十进制数(压缩型 BCD 码)和无符号的非压缩十进制数(非压缩型 BCD 码)。压缩十进制数可在一个字节中存放两个 BCD 码十进制数。若只在一个字节的低半字节存放一个十进制数,而高半字节为全零,这种数称为非压缩十进制数。除压缩十进制数只有加/减运算外,其余三种数据类型都可以进行加、减、乘、除运算。

二进制的无符号数和带符号数的长度都可以是 8 位或 16 位,但它们所能表示的数的范围是不同的。若是带符号数,则用补码表示。

十进制数以字节的形式存储。对压缩十进制数,每个字节存两位数,即两位 BCD 码,因而对于一个字节来说,压缩十进制数的范围是 0～99。而对非压缩的十进制数来说,每个字节存一位数,即由字节的低 4 位决定存放的数字,对于高 4 位,在进行乘/除运算时必须全为 0,加/减运算时可以是任何值。

8086 提供的各种调整操作指令可以方便地进行压缩或非压缩十进制数的算术运算。

8086 的算术运算指令将运算结果的某些特性传送到 6 个状态标志位。关于 6 个状态标志位的含义已在前面章节做了介绍,这里不再重复。这些标志位中的绝大多数可由跟在算术运算指令后的条件转移指令进行测试,以改变程序的流程。掌握指令执行结果对标志位的影响,对编程有着至关重要的作用。

算术运算指令提供了加、减、乘、除四种基本运算指令,符号扩展指令和十进制调整指令。除符号扩展指令(CBW,CWD)外,其余指令都影响标志位。

1. 加法指令

可分为有关二进制加法运算指令和有关十进制加法运算指令。

1）有关二进制加法运算指令

加法指令包括不带进位加法指令、带进位加法指令和加 1 指令。

(1) 不带进位加法指令 ADD（ADDition）。指令格式及操作：

ADD dst,src ;dst←dst+src

ADD 指令将目的操作数与源操作数相加,并将结果送给目的操作数。加法指令将影响状态标志位。

目的操作数可以是寄存器或存储器,源操作数可以是寄存器、存储器或立即数,但是源操作数和目的操作数不能同时为存储器。另外,不能对段寄存器进行加法运算(段寄存器也

不能参加减、乘、除运算)。加法指令的操作对象可以是 8 位数(字节),也可以是 16 位数(字)。例如:

ADD CL,28H

ADD DX,SI

编程者可把相加的数据类型规定为带符号数或无符号数。对于无符号数,若相加结果超出了 8 位或 16 位无符号数所能表示的范围,则进位标志位 CF 被置 1;对于带符号数,如果相加结果超出了 8 位或 16 位补码所能表示的范围(－128～＋127 或－32 768～＋32 767),则溢出标志位 OF 被置 1,结果溢出。

(2) 带进位加法指令 ADC (ADdition with Carry)。指令格式及操作:

ADC dst,src ;dst←dst＋src＋CF

ADC 指令是将目的操作数与源操作数相加,再加上进位标志 CF 的内容,然后将结果送给目的操作数。与 ADD 指令一样,ADC 指令的运算结果也将影响状态标志位。目的操作数及源操作数的类型与 ADD 指令相同,而且 ADC 指令同样也可以进行字节操作或字操作。

带进位加法指令主要用于多字节数据的加法运算。如果低字节相加时产生进位,则在下一次高字节相加时将这个进位加进去。

(3) 加 1 指令 INC (INCrement by 1)。指令格式及操作:

INC dst ;dst←dst＋1

INC 指令将目的操作数加 1,并将结果送回目的操作数。指令将影响状态标志位,如 SF、ZF、AF、PF 和 OF,但对进位标志 CF 没有影响。

INC 指令中目的操作数可以是寄存器或存储器,但不能是立即数和段寄存器,其类型为字节操作或字操作均可。INC 指令常常用于在循环程序中修改地址。

2) 有关十进制加法运算指令

二进制数在计算机上进行运算是非常简单的,但通常人们习惯于用十进制数。在计算机中,十进制数是用 BCD 码来表示的,BCD 码有两类:压缩型 BCD 码和非压缩型 BCD 码。用 BCD 码进行加、减、乘、除运算,通常采用两种方法:一种是在指令系统中设置一套专用于 BCD 码运算的指令;另一种是利用二进制数的运算指令算出结果,然后再用专门的指令对结果进行修正(调整),使之转变为正确的 BCD 码表示的结果。8086 指令系统采用的是后一种方法。

在进行十进制数算术运算时,应分两步进行:先按二进制数运算规则得到中间结果;再用十进制调整指令对中间结果进行修正,得到正确的结果。十进制加法的调整指令通常有两条,即 AAA 和 DAA。

(1) 非压缩型 BCD 码加法调整指令 AAA (ASCII Adjust for Addition)。指令格式:

AAA

AAA 也称为加法的 ASCII 码调整指令,隐含操作数 AL 和 AH。AAA 指令的操作为:

若 AL 低 4 位＞9,或 AF＝1,则① AL←AL＋06H;② 用与操作(∧)将 AL 高 4 位清 0;③ AF 置 1,CF 置 1,AH←AH＋1。否则,仅将 AL 寄存器的高 4 位清 0。

由上可见,指令将影响 AF 和 CF 标志位,但状态标志位 SF、ZF、PF 和 OF 的状态不确定。

(2) 压缩型 BCD 码加法调整指令 DAA (Decimal Adjust for Addition)。指令格式:

DAA

DAA 指令同样不带操作数,实际上隐含寄存器操作数 AL。DAA 指令的操作为:

若做加法后 AL 低 4 位>9 或 AF=1,则 AL←AL+06H,对低半字节进行调整,并使 AF 置 1。

若此时 AL 中高半字节结果>9 或 CF=1,则 AL←AL+60H,对高半字节进行调整,并使 CF 置 1。

与 AAA 指令不同,DAA 只对 AL 中的内容进行调整。另外,DAA 指令将影响状态标志位 SF、ZF、AF、PF 和 CF,但 OF 的状态不确定。

2. 减法指令

可分为有关二进制减法运算指令和有关十进制减法运算指令。

1) 有关二进制减法运算指令

有关二进制减法运算指令包括不带借位减法指令、带借位减法指令、减 1 指令、求补指令和比较指令。

(1) 不带借位减法指令 SUB (SUBtraction)。指令格式及操作:

```
SUB  dst,src          ;dst←dst-src
```

SUB 指令将目的操作数减源操作数,结果送回目的操作数。指令对状态标志位有影响。

操作数的类型与加法指令一样,即目的操作数可以是寄存器或存储器,源操作数可以是立即数、寄存器或存储器,但不允许两个存储器操作数相减,既可以字节相减,也可以字相减。例如:

```
SUB  AL,37H
SUB  DX,BX
```

减法数据的类型可以根据程序员的要求约定为带符号数或无符号数。当无符号数的较小数减较大数时,因不够减而产生借位,则进位标志 CF 置 1。当带符号数的较小数减较大数时,将得到负的结果,则符号标志 SF 置 1。若带符号数相减的结果溢出,则 OF 置 1。

(2) 带借位减法指令 SBB (SuBtraction with Borrow)。指令格式及操作:

```
SBB  dst,src          ;dst←dst-src-CF
```

SBB 指令是将目的操作数减源操作数,然后再减进位标志 CF,并将结果送回目的操作数。SBB 指令对标志位的影响与 SUB 指令相同。

带借位减法指令主要用于多字节的减法。

(3) 减 1 指令 DEC (DECrement by 1)。指令格式及操作:

```
DEC  dst              ;dst←dst-1
```

DEC 指令将目的操作数减 1,结果送回目的操作数。指令对状态标志位 SF、ZF、AF、PF 和 OF 有影响,但不影响进位标志 CF。

(4) 求补指令 NEG(NEGate)。指令格式及操作:

```
NEG  dst              ;dst←0-dst
```

NEG 指令的操作是用"0"减去目的操作数,结果送回原来的目的操作数。求补指令对状态标志位有影响,可以对 8 位数或 16 位数求补。

操作数可以是寄存器或存储器。

(5) 比较指令 CMP (CoMPare)。指令格式及操作:

CMP dst,src ;dst－src

CMP 指令将目的操作数减源操作数，但结果不送回目的操作数，比较结果反映在状态标志位上。

CMP 指令的目的操作数可以是寄存器或存储器；源操作数可以是立即数、寄存器或存储器，但不能同时为存储器；可以进行字节比较，也可以进行字比较。

比较指令的执行结果将影响状态标志位。例如，若两个被比较的内容相等，则(ZF)＝1。又如，假设被比较的两个无符号数中前者小于后者(即不够减)，则(CF)＝1，等等。比较指令常常与条件转移指令结合起来使用，完成各种条件判断和相应的程序转移。

2) 有关十进制减法运算指令

同加法一样，先按二进制的减法进行运算，然后对 BCD 码减法进行十进制调整。调整指令也有两条，即 AAS 和 DAS。

(1) 非压缩型 BCD 码减法调整指令 AAS (ASCII Adjust for Subtraction)。指令格式：

AAS

AAS 也称为减法的 ASCII 码调整指令，隐含寄存器操作数为 AL 和 AH。

AAS 指令对非压缩型 BCD 码减法的计算结果进行调整，以得到正确的结果。AAS 指令的操作为：

若 AL 低 4 位＞9 或 AF＝1，则① AL←AL－06H，AF 置 1；② 用与操作(∧)将 AL 高 4 位清 0；③ CF 置 1，AH←AH－1。否则，仅将 AL 寄存器的高 4 位清 0。

可见，AAS 指令将影响状态标志位 AF 和 CF，但 SF、ZF、PF 和 OF 的值不确定。

(2) 压缩型 BCD 码减法调整指令 DAS (Decimal Adjust for Subtraction)。指令格式：

DAS

DAS 指令对减法进行十进制调整，指令隐含寄存器操作数 AL。

在减法运算时，DAS 指令对压缩型 BCD 码进行调整，其操作为：

若做减法后 AL 低 4 位＞9 或 AF＝1，则 AL←AL－06H，对低半字节进行调整，并使 AF 置 1。

若此时 AL 中高半字节结果＞9 或 CF＝1，则 AL←AL－60H，对高半字节进行调整，并使 CF 置 1。

与 DAA 指令类似，DAS 指令也只对 AL 寄存器中的内容进行调整，而不改变 AH 的内容。DAS 指令也将影响状态标志位 SF、ZF、AF、PF 和 CF，但 OF 的状态不确定。

3. 乘法指令

可分为有关二进制乘法运算指令和有关十进制乘法运算指令。

1) 有关二进制乘法运算指令

8086 指令系统中有两条乘法指令可以实现无符号数的乘法和带符号数的乘法，它们都只有一个源操作数，而目的操作数是隐含的。这两条指令都可以实现字节或字的乘法运算。进行乘法运算时，如果两个 8 位数相乘，那么其乘积最多为 16 位；如果两个 16 位数相乘，可得到 32 位的乘积。

需要指出的是，8086 CPU 在执行乘法指令时，有一个操作数总是放在累加器中(8 位数放在 AL 中，16 位数放在 AX 中)。8 位数相乘时，其乘积(16 位)存放在 AX 中；16 位数相乘时，其乘积(32 位)存放在 DX:AX 中，其中高 16 位存于 DX 中，低 16 位存于 AX 中。

(1) 无符号数乘法指令 MUL (MULtiplication unsigned)。指令格式及操作:

```
MUL  src      ;AX←AL×src        (字节乘法)
              ;DX:AX←AX×src     (字乘法)
```

MUL 指令对状态标志位 CF 和 OF 有影响,对 SF、ZF、AF 和 PF 的影响不确定。

MUL 指令的一个操作数(乘数)在累加器中(8 位乘法时乘数在 AL 中,16 位乘法时乘数在 AX 中)是隐含的,另一个操作数 src(被乘数)必须在寄存器或存储单元中。两个操作数均按无符号数处理,它们的取值范围为 0~255(字节)或 0~65 535(字)。

(2) 带符号数的乘法 IMUL (Integer Multiplication)。指令格式及操作:

```
IMUL  src      ;AX←AL×src        (字节乘法)
               ;DX:AX←AX×src     (字乘法)
```

IMUL 指令对状态标志位的影响以及操作过程同 MUL 指令,但 IMUL 指令进行带符号数乘法,指令将两个操作数均按带符号数处理。这是它与 MUL 指令的区别所在。8 位和 16 位带符号数的取值范围分别是-128~+127 和-32 768~+32 767。如果乘积的高半部分仅仅是低半部分符号位的扩展,则状态标志位 CF=OF=0;否则,高半部分包含乘积的有效数字而不只是符号的扩展,则 CF=OF=1。

符号扩展指令将在除法指令中介绍。乘积的高半部分仅仅是低半部分符号位的扩展是指当乘积为正值时,其符号位为零,则 AH 或 DX 的高半部分为 8 位全零或 16 位全零;当乘积是负值时,其符号位为 1,则 AH 或 DX 的高半部分为 8 位全 1 或 16 位全 1。

2) 有关十进制乘法运算指令

十进制数的乘法运算也要先按二进制进行乘法运算,然后进行调整。8086 指令系统只提供了非压缩型 BCD 码的调整指令,而没有提供压缩型 BCD 码的调整指令,因此,8086 CPU 不能直接进行压缩型 BCD 码的乘法运算。

非压缩型 BCD 码的乘除法与加减法不同,加减法可以直接用 ASCII 码参加运算,而不管其高位上有无数字,只要在加减法指令后用一条非压缩型 BCD 码的调整指令就能得到正确结果。而乘除法要求参加运算的两个数必须是高 4 位为 0 的非压缩型 BCD 码,低 4 位为一个十进制数。也就是说,如果用 ASCII 码进行非压缩型 BCD 码乘除法运算,在乘除法运算之前,必须将高 4 位清零。

非压缩型 BCD 码的乘法调整指令 AAM (ASCII Adjust for Multiply)的格式:

```
AAM
```

AAM 指令也是一个隐含了寄存器操作数 AL 和 AH 的指令。

4. 除法指令

可分为有关二进制除法运算指令和有关十进制除法运算指令。

1) 有关二进制除法运算指令

8086 CPU 执行除法时规定:除数只能是被除数的一半字长。当被除数为 16 位时,除数应为 8 位;当被除数为 32 位时,除数应为 16 位,并规定:

(1) 当被除数为 16 位时,应存放于 AX 中,除数应为 8 位,可存放在寄存器/存储器中,而得到的 8 位商放在 AL 中,8 位余数放在 AH 中。

(2) 当被除数为 32 位时,应存放于 DX:AX 中,除数应为 16 位,可存放在寄存器/存储器中,而得到的 16 位商放在 AX 中,16 位余数放在 DX 中。

8086指令系统中有两条除法指令，它们是无符号数除法指令和带符号数除法指令。

(1) 无符号数除法指令DIV (DIVision unsigned)。指令格式及操作：

```
DIV  src        ;AL←AX/src的商          (字节除法)
                ;AH←AX/src的余数
                ;AX←DX:AX/src的商       (字除法)
                ;DX←DX:AX/src的余数
```

即在字节除法中，AX除以src，被除数为16位，除数为8位，商在AL中，余数在AH中；字除法中，DX:AX除以src，被除数为32位，除数为16位，商在AX中，余数在DX中。

执行DIV指令时，如果除数为0或字节除法时AL寄存器中的商大于0FFH，或字除法时AX寄存器中的商大于0FFFFH，则CPU立即自动产生一个类型号为0的内部中断。

DIV指令使状态标志位SF、ZF、AF、PF、CF和OF的值不确定。

在DIV指令中，一个操作数(被除数)隐含在累加器AX(字节除)或DX:AX(字除法)中，另一个操作数src(除数)必须是寄存器或存储器操作数。两个操作数被作为无符号数对待。

除法指令规定，必须用一个16位数除以一个8位数，或用一个32位数除以一个16位数，而不允许两个字长相等的操作数相除。如果被除数和除数的字长相等，可以在用DIV指令进行无符号数除法之前将被除数的高位扩展8个零或16个零。

(2) 带符号数除法指令IDIV (Integer DIVision)。指令格式及操作：

```
IDIV  src       ;AL←AX/src的商          (字节除法)
                ;AH←AX/src的余数
                ;AX←DX:AX/src的商       (字除法)
                ;DX←DX:AX/src的余数
```

执行IDIV指令时，如除数为0或字节除法时AL寄存器中的商超出－128～＋127的范围，或字除法时AX寄存器中的商超出－32 768～＋32 767的范围，则自动产生一个类型为0的中断。另外，IDIV指令对状态标志位的影响以及指令中操作数的类型都与DIV指令的相同。

如果被除数和除数的字长相等，则在用IDIV指令进行带符号数除法之前，必须先用符号扩展指令CBW或CWD将被除数的符号位扩展，使之成为16位数或32位数。关于CBW和CWD指令，本节后面将进行介绍。

IDIV指令对非整数商舍去尾数，而余数的符号总是与被除数的符号相同。

(3) 符号扩展指令。

在前面介绍的各种二进制算术运算指令中，两个操作数的字长应该符合规定的关系。例如，在加法、减法和乘法运算中，两个操作数的字长必须相等，而在除法指令中，被除数必须是除数的双倍字长。因此，有时需要将一个8位数扩展为16位数，或者将一个16位数扩展为32位数。

对于无符号数，扩展字长比较简单，只需添加足够个数的零即可。例如，以下两条指令将AL中的一个8位无符号数扩展成为16位并存放在AX中。

```
MOV  AL,0FBH      ;AL=11111011B
XOR  AH,AH        ;AH=00000000B
```

对于带符号数,扩展字长时正数与负数的处理方法不同。正数的符号位为零,而负数的符号位为1,因此扩展字长时,应分别在高位添上相应的符号位才能保证原数据的大小和符号不变。符号扩展指令就是用来对带符号数字长进行扩展的。

① 字节扩展指令 CBW (Convert Byte to Word)。指令格式及操作:

```
CBW      ;如果 AL<80H,则 AH←00H,否则 AH←0FFH
```

CBW 指令将一个字节(8 位)按其符号扩展成为字(16 位)。它是一个隐含操作数的指令,隐含的操作数为寄存器 AL 和 AH。CBW 指令对状态标志位没有影响。

② 字扩展指令 CWD (Convert Word to Double word)。指令格式及操作:

```
CWD      ;如果 AX<8000H,则 DX←0000H,否则 DX←0FFFFH
```

CWD 指令将一个字(16 位)按其符号扩展成为双字(32 位),它也是一个隐含操作数指令,隐含的操作数为寄存器 AX 和 DX。CWD 指令与 CBW 一样,对状态标志位没有影响。

CBW 和 CWD 指令在带符号数的乘法(IMUL)和除法(IDIV)运算中十分有用。在字节或字的乘法运算之前,将 AL 或 AX 中数据的符号位进行扩展。例如:

```
MOV   AL,MUL_BYTE        ;AL←8 位被乘数(带符号数)
CBW                      ;扩展成为 16 位带符号数,在 AX 中
IMUL  BX                 ;两个 16 位带符号数相乘,结果在 DX:AX 中
```

2) 有关十进制除法运算指令

同乘法不同,十进制除法运算指令要先进行调整,然后再按二进制进行除法运算。非压缩型 BCD 码的除法调整指令 AAD (ASCII Adjust for Division)的格式:

AAD

AAD 指令也是一个隐含了寄存器操作数 AL 和 AH 的指令。它对非压缩型 BCD 码进行调整,其操作为:

AL←AH ×0AH+AL

AH←0

即将 AH 寄存器的内容乘以 10 并加上 AL 寄存器的内容,结果送回 AL,同时将零送 AH。以上操作实质上是将 AX 寄存器中非压缩型 BCD 码转换成为真正的二进制数,并存放在 AL 寄存器中。

执行 AAD 指令以后,将根据 AL 中的结果影响状态标志位 SF、ZF 和 PF,但其余几个状态标志位如 AF、CF 和 OF 的值则不确定。

4.3.3 逻辑运算和移位指令

逻辑运算和移位指令是对 8 位或 16 位寄存器或存储单元中的内容按位进行操作。这一类指令包括逻辑运算指令、移位指令和循环移位指令。

1. 逻辑运算指令

8086 指令系统的逻辑运算指令有 AND(逻辑“与”)、TEST(测试)、OR(逻辑“或”)、XOR(逻辑“异或”)和 NOT(逻辑“非”)五条指令,这些指令对操作数中的各个位分别进行布尔运算。

以上五条逻辑运算指令中只有 NOT 指令对状态标志位不产生影响,其余四条指令(即 AND、TEST、OR 和 XOR)对状态标志位均有影响。这些指令将根据各自逻辑运算的结果

影响 SF、ZF 和 PF 状态标志位，同时将 CF 和 OF 置 0，但使 AF 的值不确定。

(1) 逻辑“与”指令 AND (logical AND)。指令格式及操作：

AND dst, src ;dst←dst ∧ src

AND 指令将目的操作数和源操作数按位进行逻辑“与”运算，并将结果送回目的操作数。

目的操作数可以是寄存器或存储器，源操作数可以是立即数、寄存器或存储器，但是指令的两个操作数不能同时是存储器，即不能将两个存储器的内容进行逻辑“与”操作。AND 指令操作对象的类型可以是字节，也可以是字。例如：

AND AL, 00001111H

AND CX, DI

(2) 逻辑“或”指令 OR (logical inclusive OR)。指令格式及操作：

OR dst, src ;dst←dst ∨ src

OR 指令将目的操作数和源操作数按位进行逻辑“或”运算，并将结果送回目的操作数。OR 指令操作数的类型与 AND 相同，即目的操作数可以是寄存器或存储器，源操作数可以是立即数、寄存器或存储器，但两个操作数不能同时都是存储器。例如：

OR BL, 0F6H

OR AX, BX

(3) 逻辑“异或”指令 XOR (logical eXclusive OR)。指令格式及操作：

XOR dst, src ; dst←dst⊕src

XOR 指令将目的操作数和源操作数按位进行逻辑“异或”运算，并将结果送回目的操作数。XOR 指令操作数的类型和 AND、OR 指令均相同，此处不再赘述。

(4) 逻辑“非”运算 NOT (logical NOT)。指令格式及操作：

NOT dst ;dst←0FFH－dst (字节求反)

;dst←0FFFFH－dst (字求反)

NOT 指令的操作数可以是 8 位或 16 位的寄存器或存储器，但不能对一个立即数执行逻辑“非”操作。以下是 NOT 指令的几个例子：

NOT AH

NOT BYTE PTR [BP]

(5) 测试指令 TEST (TEST or non-destructive logical AND)。指令格式及操作：

TEST dst, src ; dst ∧ src

TEST 指令的操作实质上与 AND 指令相同，即把目的操作数和源操作数进行逻辑“与”运算。二者的区别在于 TEST 指令不把逻辑运算的结果送回目的操作数，只将结果反映在状态标志位上。例如，“与”的结果最高位是“0”还是“1”，结果是否为全“0”，结果中“1”的个数是奇数还是偶数等，分别由 SF、ZF 和 PF 状态标志位体现。与 AND 指令一样，TEST 指令总是将 CF 和 OF 清零，但使 AF 的值不确定。

TEST 指令常常用于位测试，它与条件转移指令共同完成对特定位状态的判断，并实现相应的程序转移。这样的作用与比较指令 CMP 有些类似，不过 TEST 指令只比较某一个指定的位，而 CMP 指令比较整个操作数(字节或字)。

2. 移位指令

8086 指令系统的移位指令包括逻辑左移 SHL、算术左移 SAL、逻辑右移 SHR、算术右移 SAR 等指令，其中 SHL 和 SAL 指令的操作完全相同。移位指令的操作对象可以是一个 8 位或 16 位的寄存器或存储器，移位操作可以是向左或向右一次移一位，也可以一次移多位。当要求一次移多位时，指令规定移动位数必须放在 CL 寄存器中，即指令中规定的移位次数不允许是 1 以外的常数或 CL 以外的寄存器。移位指令都影响状态标志位，但影响的方式各条指令不尽相同。图 4-8 所示是移位指令的操作示意图。

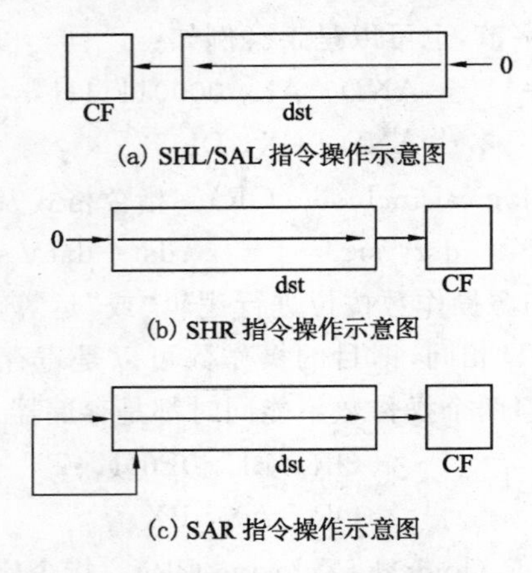

图 4-8 算术逻辑移位指令操作示意图

(1) 逻辑左移/算术左移指令 SHL/SAL (SHift logical Left/Shift Arithmetic Left)。指令格式：

```
    SHL   dst, 1
或  SHL   dst, CL
```

这两条指令的操作是将目的操作数顺序向左移 1 位或移 CL 寄存器指定的位数。左移 1 位时，操作数的最高位移入进位标志 CF，最低位补 0。其操作如图 4-8(a)所示。

SHL/SAL 指令将影响 CF 和 OF 两个状态标志位。如果移位次数等于 1，且移位以后目的操作数新的最高位与 CF 不相等，则溢出标志 OF=1，否则 OF=0。因此 OF 的值表示移位操作是否改变了符号位。如果移位次数不等于 1，则 OF 的值不确定。指令对其他状态标志位没有影响。以下给出 SHL/SAL 指令的几个例子：

```
SHL   AH,1          ;寄存器左移1位
SAL   SI,CL         ;寄存器左移CL位
```

(2) 逻辑右移指令 SHR (SHift logical Right)。指令格式：

```
    SHR   dst,1
或  SHR   dst,CL
```

SHR 指令的操作是将目的操作数顺序向右移 1 位或移 CL 寄存器指定的位数。逻辑右移 1 位时，操作数的最低位移到进位标志 CF，最高位补 0。该指令的操作如图 4-8(b)所示。

SHR 指令也将影响 CF 和 OF 状态标志位。如果移位次数等于 1，且移位以后新的最高位与次高位不相等，则 OF=1，否则 OF=0。实质上此时 OF 的值仍然表示符号位在移位前后是否改变。如果移位次数不等于 1，则 OF 的值不定。

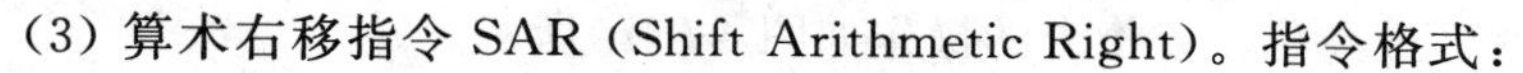

(3) 算术右移指令 SAR (Shift Arithmetic Right)。指令格式：

SAR dst,1

或 SAR dst,CL

SAR 指令的操作数与逻辑右移指令 SHR 有点类似，即将目的操作数向右移 1 位或移 CL 寄存器指定的位数，操作数的最低位移到进位标志 CF。它与 SHR 指令的主要区别是：算术右移时，最高位保持不变。SAR 指令的操作如图 4-8(c)所示。

算术右移指令对状态标志位 CF、OF、PF、SF 和 ZF 有影响，但使 AF 的值不确定。

3. 循环移位指令

8086 指令系统有四条循环移位指令：不带进位标志 CF 的左循环移位指令 ROL 和右循环移位指令 ROR(也称小循环)，以及带进位标志 CF 的左循环移位指令 RCL 和右循环移位指令 RCR(也称大循环)。

循环移位指令的操作数类型与移位指令相同，可以是 8 位或 16 位的寄存器或存储器。指令中指定的左移或右移的位数也可以是 1 或是由 CL 寄存器指定，但不能是 1 以外的常数或 CL 以外的其他寄存器。

所有循环移位指令都只影响进位标志 CF 和溢出标志 OF，但 OF 标志的含义对于左循环移位指令和右循环移位指令有所不同。

循环移位操作示意图如图 4-9 所示。

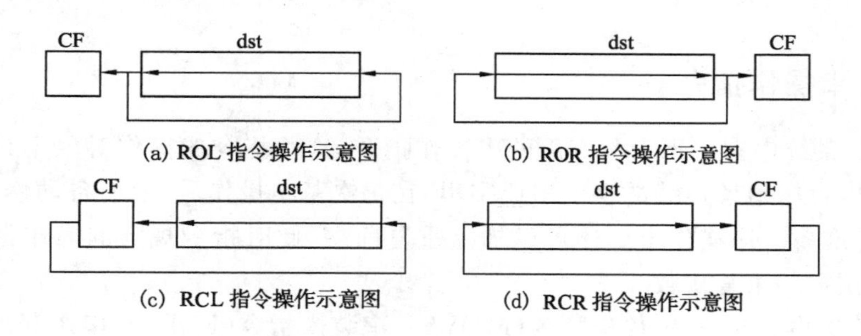

(a) ROL 指令操作示意图 (b) ROR 指令操作示意图

(c) RCL 指令操作示意图 (d) RCR 指令操作示意图

图 4-9 循环移位操作示意图

(1) 循环左移指令 ROL (ROtate Left)。指令格式：

ROL dst,1

或 ROL dst, CL

ROL 指令将目的操作数向左循环移动 1 位或移 CL 寄存器指定的位数。最高位移到进位标志 CF，同时最高位移到最低位形成循环，进位标志 CF 不在循环回路之内。ROL 指令的操作如图 4-9(a)所示。

ROL 指令将影响 CF 和 OF 两个状态标志位。如果循环移位次数等于 1，且移位以后目的操作数新的最高位与 CF 不相等，则 OF=1，否则 OF=0。因此 OF 的值表示循环移位前后符号位是否有所变化。如果移位次数不等于 1，则 OF 的值不确定。

(2) 循环右移指令 ROR (ROtate Right)。指令格式：

ROR dst,1

或 ROR dst,CL

ROR 指令将目的操作数向右循环移动 1 位或移 CL 寄存器指定的位数。最低位移到进位标志 CF,同时最低位移到最高位。该指令的操作如图 4-9(b)所示。

ROR 指令也将影响状态标志位 CF 和 OF。若循环移位次数等于 1 且移位后新的最高位和次高位不等,则 OF=1,否则 OF=0。若循环移位次数不等于 1,则 OF 的值不确定。

(3) 带进位循环左移指令 RCL (Rotate Left through Carry)。指令格式:

RCL dst,1

或 RCL dst,CL

RCL 指令将目的操作数连同进位标志 CF 一起向左循环移动 1 位或移 CL 寄存器指定的位数。最高位移入 CF,而 CF 移入最低位。该指令的操作如图 4-9(c)所示。

RCL 指令对状态标志位的影响与 ROL 指令相同。

(4) 带进位循环右移指令 RCR (Rotate Right through Carry)。指令格式:

RCR dst,1

或 RCR dst,CL

RCR 指令将目的操作数与进位标志 CF 一起向右循环移动 1 位或移 CL 寄存器指定的位数。最低位移入进位标志 CF,CF 则移入最高位。该指令的操作如图 4-9(d)所示。RCR 指令对状态标志位的影响与 ROR 指令相同。

这里介绍的四条循环移位指令与前面讨论过的移位指令有所不同。循环移位之后,操作数中原来各位的信息不会丢失,而只是移到了操作数中的其他位或进位标志位,必要时还可以恢复。

4.3.4 串操作指令

8086 指令系统中有一组十分有用的串操作指令,这些指令的操作对象不只是单个的字节或字,而是内存中地址连续的字节串或字串,在每次基本操作后,能够自动修改地址,为下一次操作做好准备。串操作指令还可以加上重复前缀,此时指令规定的操作将一直重复下去,直到完成预定的重复次数。

串操作指令共有五条:串传送指令(MOVS)、串装入指令(LODS)、串送存指令(STOS)、串比较指令(CMPS)和串扫描指令(SCAS)。

上述串操作指令的基本操作各不相同,但都具有以下几个共同特点:

(1) 总是用 SI 寄存器寻址源操作数,用 DI 寄存器寻址目的操作数。源操作数常存放在现行的数据段,隐含段寄存器 DS,但也允许段超越。目的操作数总是在现行的附加数据段,隐含段寄存器 ES,不允许段超越。

(2) 每一次操作以后会自动修改地址指针,是增量还是减量取决于方向标志 DF。当 DF=0 时,地址指针增量,即字节操作时地址指针加 1,字操作时地址指针加 2;当 DF=1 时,地址指针减量,即字节操作时地址指针减 1,字操作时地址指针减 2。

(3) 有的串操作指令可加重复前缀,使指令按规定的操作重复进行,重复操作的次数由 CX 寄存器决定。

如果在串操作指令前加上重复前缀 REP,则 CPU 按以下步骤执行:

① 首先检查 CX 寄存器,若 CX=0,则退出重复串操作指令;

② 指令执行一次字符串基本操作;

③ 根据 DF 标志修改地址指针;

④ CX 减 1(但不改变标志);

⑤ 转至下一次循环,重复以上步骤。

(4) 若串操作指令的基本操作影响零标志 ZF(如 CMPS、SCAS),则可加重复前缀 REPE/REPZ 或 REPNE/REPNZ,此时操作重复进行的条件不仅要求 CX≠0,而且同时要求 ZF 的值满足重复前缀中的规定(REPE/REPZ 要求 ZF=1,REPNE/REPNZ 要求 ZF=0)。

(5) 串操作汇编指令的格式可以写上操作数,也可以只在指令助记符后加上字母“B”(字节操作)或“W”(字操作)。加上字母“B”或“W”后,指令助记符后面不允许再写操作数。

1. 串传送指令 MOVS (MOVe String)

指令格式:

[REP] MOVS [ES:]dst_string,[DS:]src_string
[REP] MOVSB
[REP] MOVSW

MOVS 指令也称为字符串传送指令,它将一个字节或字从存储器的某个区域传送到另一个区域,然后根据方向标志 DF 自动修改地址指针。其执行的操作为:

① (ES:DI)←(DS:SI)
② SI←SI±1,DI←DI±1 (字节操作)
SI←SI±2,DI←DI±2 (字操作)

其中,当方向标志 DF=0 时用“+”,当方向标志 DF=1 时用“-”。串传送指令不影响状态标志位。

2. 串装入指令 LODS (LOaD String)

指令格式:

LODS [seg:]src_string
LODSB
LODSW

LODS 指令是将一个字符串中的字节或字逐个装入累加器 AL 或 AX 中。

指令的基本操作为:

① AL←(DS:SI)或 AX←(DS:SI)
② SI←SI±1 (字节操作)
SI←SI±2 (字操作)

其中,当方向标志 DF=0 时用“+”,当方向标志 DF=1 时用“-”。LODS 指令不影响状态标志位,而且一般不带重复前缀,因为将字符串的各个值重复装入到累加器中没有什么意义。

3. 串送存指令 STOS (STOre String)

指令格式:

[REP] STOS [ES:]dst_string
[REP] STOSB
[REP] STOSW

STOS 指令是将累加器 AL 或 AX 的值送存到内存缓冲区的某个位置上。指令的基本操作为:

① (ES:DI)←AL 或(ES:DI)←AX

② DI←DI±1 （字节操作）

DI←DI±2 （字操作）

其中，当方向标志 DF=0 时用“+”，当方向标志 DF=1 时用“-”。

STOS 指令对状态标志位没有影响。指令若加上重复前缀 REP，则操作将一直重复进行下去，直到 CX=0。

4. 串比较指令 CMPS (CoMPare String)

指令格式：

[REPE/REPNE] CMPS [DS:]src_string，[ES:]dst_string

[REPE/REPNE] CMPSB

[REPE/REPNE] CMPSW

该指令是将两个字符串中相应的元素逐个进行比较（即相减），但不将比较结果送回目的操作数，而反映在状态标志位上。CMPS 指令对状态标志位 SF、ZF、AF、PF、CF 和 OF 有影响。指令的基本操作为：

① (DS:SI)-(ES:DI)

② SI←SI±1，DI←DI±1 （字节操作）

SI←SI±2，DI←DI±2 （字操作）

CMPS 指令与其他指令有所不同，指令中的源操作数在前，而目的操作数在后。另外，CMPS 指令可以加重复前缀 REPE（也可以写成 REPZ）或 REPNE（也可以写成 REPNZ），这是由于 CMPS 指令影响标志 ZF。如果两个被比较的字节或字相等，则 ZF=1，否则 ZF=0。REPE 或 REPZ 表示当CX≠0且 ZF=1 时继续进行比较；REPNE 或 REPNZ 表示当 CX≠0 且 ZF=0 时继续进行比较。

如果想在两个字符串中寻找第一个不相等的字符，则应使用重复前缀 REPE 或 REPZ，当遇到第一个不相等的字符时，就停止进行比较。但此时地址已被修改，即(DS:SI)和(ES:DI)已经指向下一个字节或字地址。应将 SI 和 DI 进行修正，使之指向所要寻找的不相等字符。同理，如果想要寻找两个字符串中第一个相等的字符，则应使用重复前缀 REPNE 或 REPNZ。但是也有可能将整个字符串比较完毕仍未出现规定的条件（例如两个字符相等或不相等），不过此时寄存器 CX=0，故可用条件转移指令 JCXZ 进行处理。

5. 串扫描指令 SCAS (SCAn String)

指令格式：

[REPE/REPNE] SCAS [ES:]dst_string

[REPE/REPNE] SCASB

[REPE/REPNE] SCASW

SCAS 指令是在一个字符串中搜索特定的关键字。字符串的起始地址只能放在(ES:DI)中，不允许段超越，待搜索的关键字必须放在累加器 AL 或 AX 中。SCAS 指令的基本操作为：

① AL-(ES:DI)或 AX-(ES:DI)

② DI←DI±1 （字节操作）

DI←DI±2 （字操作）

SCAS 指令将累加器的内容与字符串中的元素逐个进行比较，比较结果也反映在状态标志位上。SCAS 指令将影响状态标志位 SF、ZF、AF、PF、CF 和 OF。如果累加器的内容与字符串中的元素相等，则比较之后 ZF＝1，因此指令可以加上重复前缀 REPE 或 REPNE。前缀 REPE(即 REPZ)表示当 CX≠0 且 ZF＝1 时继续进行扫描，而 REPNE(即 REPNZ)表示当 CX≠0 且 ZF＝0 时继续进行扫描。

表 4-4 给出了串操作指令带重复前缀时的指令格式要求。

表 4-4 串操作指令的重复前缀、操作数和地址指针

指令	重复前缀	操作数	地址指针寄存器
MOVS	REP	目的，源	ES:DI,DS:SI
LODS	无	源	DS:SI
STOS	REP	目的	ES:DI
CMPS	REPE/REPNE	源，目的	DS:SI,ES:DI
SCAS	REPE/REPNE	目的	ES:DI

4.3.5 控制转移指令

8086 指令系统提供了大量指令用于控制程序的流程。这类指令包括转移指令、循环控制指令、过程调用指令和中断指令等四组。

1. 转移指令

转移是一种将程序控制从一处改换到另一处的最直接的方法。在 CPU 内部，转移是通过将目标地址传送给 CS 和 IP(段间转移)或 IP(段内转移)来实现的。

转移指令包括无条件转移指令和条件转移指令。

1) 无条件转移指令 JMP

无条件转移指令的操作是无条件地将控制转移到指令中指定的目标地址。另外，目标地址可以用直接的方式给出，也可以用间接的方式给出。无条件转移指令对状态标志位没有影响。

(1) 段内直接转移。指令格式及操作：

```
JMP  near_label          ;IP←IP+disp(16 位)
```

(2) 段内直接短转移。指令格式及操作：

```
JMP  short_label         ;IP←IP+disp(8 位)
```

(3) 段内间接转移。指令格式及操作：

```
JMP  reg16/mem16         ;IP←reg16/IP←mem16
```

指令的操作数是一个 16 位的寄存器(reg16)或存储器(mem16)地址。存储器可用各种寻址方式。指令的操作是用指定的寄存器或存储器中的内容取代当前 IP 的值，以实现程序的转移。由于是段内转移，故 CS 寄存器的内容不变。例如：

```
JMP  AX
JMP  TABEL[BX]
```

(4) 段间直接转移。指令格式及操作：

```
JMP  far_label          ;IP←OFFSET far_label
                        ;CS←SEG far_label
```

指令的操作数是一个远标号，该标号在另一个代码段内。指令的操作是用标号的偏移地址取代指令指针寄存器 IP 的内容，同时用标号所在代码段的段地址取代当前 CS 的内容，结果使程序转移到另一代码段内指定的标号处。例如：

```
JMP  LABEL_DECLARED_FAR
JMP  FAR PTR LABEL_NAME
```

其中，第一条指令中的 LABEL_DECLARED_FAR 应是一个在另一代码段内已定义的远标号；第二条指令利用运算符 PTR 将标号 LABEL_NAME 的属性指定为 FAR。

(5) 段间间接转移。指令格式及操作：

```
JMP  mem32              ;IP←mem32
                        ;CS←mem32+2
```

指令的操作数是一个 32 位的存储器(mem32)地址。指令的操作是将存储器的前两个字节送给 IP，存储器的后两个字节送给 CS，以实现到另一个代码段的转移。

需注意一点，段间的间接转移指令的操作数不能是寄存器。

以下是段间间接转移指令的例子：

```
JMP  VAR_DOUBLEWORD
JMP  DWORD PTR[BP][DI]
```

其中，第一条指令中的 VAR_DOUBLEWORD 是一个已经定义成 32 位的存储器变量；第二条指令利用运算符 PTR 将存储器操作数的类型定义成 DWORD(双字，即 32 位)。

2) 条件转移指令

指令格式：

```
JCC     short_label
```

其中"CC"表示条件。在汇编语言程序设计中，常利用条件转移指令来构成分支程序。这种指令的执行包括两个过程：第一步，测试规定的条件；第二步，如果条件满足，则转移到目标地址，否则，继续顺序执行。

条件转移指令也只有一个操作数，用以指明转移的目标地址，但是与无条件转移指令 JMP 不同，条件转移指令的操作数必须是一个短标号。也就是说，所有的条件转移指令都是两字节指令，转移指令的下一条指令到目标地址之间的距离必须在－128～＋127 的范围内。如果指令规定的条件满足，则将这个位移量加到 IP 寄存器上，即 IP←IP＋disp，实现程序的转移。

绝大多数条件转移指令(除 JCXZ 指令外)将状态标志位的状态作为测试的条件。因此，首先应执行影响有关状态标志位的指令，然后才能用条件转移指令测试这些标志，以确定程序是否转移。CMP 和 TEST 指令常常与条件转移指令配合使用，因为这两条指令虽然不改变目的操作数的内容，但可以影响状态标志位。另外，其他如加法、减法及逻辑运算指令等也可以影响状态标志位。

8086 的条件转移指令非常丰富，不仅可以测试一个状态标志位的状态，而且还可以综合测试几个状态标志位；不仅可以测试无符号数的高/低(Above/Below)，而且还可以测试带符号数的大/小(Great/Less)，等等，编程十分灵活、方便。

条件转移指令可以分为以下三类：

(1) 单个标志位的条件转移指令，如表 4-5 所示。

表 4-5 单个标志位的条件转移指令

指令助记符	测试条件	指令功能
JC	CF=1	有进位时转移
JNC	CF=0	无进位时转移
JZ/JE	ZF=1	结果为零/相等时转移
JNZ/JNE	ZF=0	结果非零/不等时转移
JS	SF=1	符号为负时转移
JNS	SF=0	符号为正时转移
JO	OF=1	溢出时转移
JNO	OF=0	无溢出时转移
JP/JPE	PF=1	奇偶位为 1/为偶时转移
JNP/JPO	PF=0	奇偶位为 0/为奇时转移

(2) 组合条件的条件转移指令，如表 4-6 所示。

这类指令的助记符中不直接给出标志状态位的测试条件，但仍以某一个标志或几个标志的状态组合作为测试的条件，若条件成立则转移，否则顺序往下执行。这些指令通常放在比较指令 CMP 之后，通过测试状态位来比较两个数的大小。对两个无符号数进行比较后，一定要用无符号数比较测试指令来决定程序流向；对带符号数比较后，则要用带符号数比较测试指令。

表 4-6 组合条件的条件转移指令

类 别	指令助记符	测试条件	含 义
无符号数比较测试	JA/JNBE	CF=0 AND ZF=0	$A>B$
	JAE/JNB	CF=0 OR ZF=1	$A\geq B$
	JB/JNAE	CF=1 AND ZF=0	$A<B$
	JBE/JNA	CF=1 OR ZF=1	$A\leq B$
带符号数比较测试	JG/JNLE	SF=OF AND ZF=0	$A>B$
	JGE/JNL	SF=OF OR ZF=1	$A\geq B$
	JL/JNGE	SF≠OF AND ZF=0	$A<B$
	JLE/JNG	SF≠OF OR ZF=1	$A\leq B$

(3) JCXZ OPRD 测试转移指令。

此指令的功能是根据 CX 寄存器的内容是否为 0，使程序产生分支，进入不同程序段。若 CX=0，则转移。

2. 循环控制指令

8086 指令系统专门设计了几条循环控制指令。

1) LOOP

指令格式:

LOOP short_label

LOOP 指令要求使用 CX 作为计数器,指令的操作是先将 CX 的内容减 1,如果结果不等于零,则转到指令中指定的短标号处,否则顺序执行下一条指令。因此在循环程序开始前,应将循环次数送 CX 寄存器。指令的操作数只能是一个短标号,即跳转距离不超过 −128～+127 的范围。LOOP 指令对状态标志位没有影响。

2) LOOPE/LOOPZ (LOOP if Equal/LOOP if Zero)

指令格式:

LOOPE short_label/LOOPZ short_label

以上两种格式实际上代表同一条指令。本指令的操作也是先将 CX 寄存器的内容减 1,如结果不为零,且零标志 ZF=1,则转移到指定的短标号。LOOPE/LOOPZ 指令对状态标志位也没有影响。

这条指令是有条件地形成循环,即当规定的循环次数尚未完成时,还必须满足“相等”或者“等于零”的条件,才能继续循环。

3) LOOPNE/LOOPNZ (LOOP if Not Equal/LOOP if Not Zero)

指令格式:

LOOPNE short_label/LOOPNZ short_label

本指令同样也有两种表示形式。指令的操作是将 CX 寄存器的内容减 1,如结果不为零,且零标志 ZF=0(表示“不相等”或“不等于零”),则转移到指定的短标号。这条指令对状态标志位也没有影响。

3. 过程调用指令

如果有一些程序段需要在不同的地方多次反复地出现,则可以将这些程序段设计成过程(相当于子程序),每次需要时进行调用,过程结束后,再返回原来调用的地方。采用这种方法不仅可以使源程序的总长度大大缩短,而且有利于实现模块化的程序设计,使程序的编制、阅读和修改都比较方便。

被调用的过程可以在本段内(近过程),也可在其他段(远过程)内。调用的过程地址可以用直接的方式给出,也可以用间接的方式给出。过程调用指令和返回指令对状态标志位都没有影响。

1) 过程调用指令 CALL(CALL procedure)

过程调用指令 CALL 有以下四种形式:

(1) 段内直接调用。指令格式及操作:

```
CALL  near_proc          ;SP←SP−2,(SP+1:SP)←IP
                         ;IP←IP+disp
```

指令的操作数是一个近过程,该过程在本段内。指令汇编以后,得到 CALL 的下一条指令与被调用的过程入口地址之间的 16 位相对位移量 disp。指令的操作是将指令指针 IP 压入堆栈,然后将相对位移量 disp 加到 IP 上,从而使程序转移到被调用的过程处执行。相对

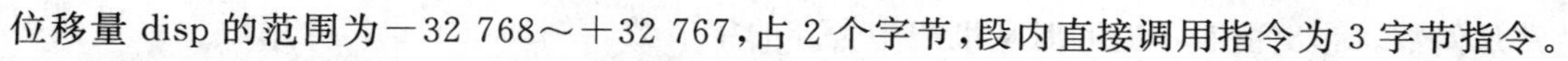

位移量 disp 的范围为－32 768～＋32 767，占 2 个字节，段内直接调用指令为 3 字节指令。

(2) 段内间接调用。指令格式及操作：

```
CALL  reg16/mem16        ;SP←SP－2,(SP＋1:SP)←IP
                         ;IP←reg16/mem16
```

指令的操作数是一个 16 位的寄存器或存储器，其中的内容是一个近过程的入口地址。本指令将 IP 寄存器压入堆栈，然后将寄存器或存储器的内容传送到 IP。

(3) 段间直接调用。指令格式及操作：

```
CALL  far_proc           ;SP←SP－2,(SP＋1:SP)←CS
                         ;CS←SEG far_proc
                         ;SP←SP－2,(SP＋1:SP)←IP
                         ;IP←OFFSET far_proc
```

指令的操作数是一个远过程，该过程在另外的代码段内。段间直接调用指令先将 CS 中的段地址压入堆栈，并将远过程所在段的段地址 SEG far_proc 送 CS，再将 IP 中的偏移地址压入堆栈，然后将远过程的偏移地址 OFFSET far_proc 送 IP。

(4) 段间间接调用。指令格式及操作：

```
CALL  mem32              ;SP←SP－2, (SP＋1:SP)←CS
                         ;CS←mem32＋2
                         ;SP←SP－2,(SP＋1:SP)←IP
                         ;IP←mem32
```

指令的操作数是一个 32 位的存储器地址。指令的操作是先将 CS 压入堆栈，并将存储器操作数的后两个字节送 CS，再将 IP 压入堆栈，然后将存储器操作数的前两个字节送 IP，于是程序转到另一个代码段的远过程处执行。

2) 过程返回指令 RET(RETurn from procedure)

指令格式及操作：

(1) 从近过程返回。

```
RET                      ;IP←(SP＋1:SP),SP←SP＋2
RET   pop_value          ;IP←(SP＋1:SP),SP←SP＋2
                         ;SP←SP＋pop_value
```

(2) 从远过程返回。

```
RET                      ; IP←(SP＋1:SP), SP←SP＋2
                         ; CS←(SP＋1:SP), SP←SP＋2
RET   pop_value          ; IP←(SP＋1:SP),SP←SP＋2
                         ; CS←(SP＋1:SP),SP←SP＋2
                         ; SP←SP＋pop_value
```

过程体中一般总是包含返回指令 RET，它将堆栈中的断点弹出，控制程序返回到原来调用过程的地方。通常，RET 指令的类型是隐含的，它自动与过程定义时的类型匹配。如为近过程，返回时将栈顶的字弹出到 IP 寄存器；如为远过程，返回时先从栈顶弹出一个字到 IP，接着再弹出一个字到 CS。

此外，RET 指令还允许带一个弹出值(pop_value)，这是一个范围为 0～64 K 的立即数，通常是偶数。弹出值表示返回时从堆栈中舍弃的字节数。例如,RET 4,返回时舍弃堆栈中的 4 个字节。这些字节一般是调用前通过堆栈向过程传递的参数。

4. 中断指令

所谓中断是指计算机在执行正常程序的过程中由于某些事件发生,需要暂时终止当前程序的运行而转到中断服务程序去为临时发生的事件服务,中断服务程序执行完毕后,又返回正常程序继续运行,这个过程称为中断。

8086 的中断源分为内部中断(软件中断)和外部中断(硬件中断)。内部中断包括:除法运算出错和溢出错误等,或是为便于对程序进行调试而设置的中断。此外,也可在程序中安排中断指令"INT n"产生内部中断。外部中断主要用于处理 I/O 设备与 CPU 之间的通信等。当 CPU 响应中断时,需要保存 IP 和 CS 的当前值以及标志位等,然后通过一个中断向量表来实现中断服务程序的间接调用。

8086 CPU 可以处理 256 种不同类型的中断,每一种中断都给定一个编号(0~255),称为中断类型号。CPU 根据中断类型号来识别不同的中断源。在程序中安排一条中断指令来引起一个中断过程,这种中断称为软件中断。

8086 的软件中断主要有以下几种:

1) 软件中断指令"INT n",中断类型号为 n

在程序设计时可以用"INT n"指令来产生软件中断。中断指令的操作数 n 给出了中断类型号,CPU 执行"INT n"指令后会立即产生一个类型号为 n 的中断,转入相应的中断处理程序来完成中断功能。

相应操作:CPU 先将标志寄存器内容入栈保护,再把当前断点的段基地址 CS 和偏移地址 IP 入栈保护,并清除中断标志 IF 和单步标志 TF;然后将中断类型号 n 乘以 4,找到中断服务程序的入口地址表的表头地址,从中断向量表中获得中断服务程序的入口地址,将其置入 CS 和 IP 寄存器,CPU 就自动转到相应的中断服务程序中去执行。

2) 处理运算过程中某些错误的中断

执行程序时,为及时处理运算中的某些错误,CPU 以中断方式中止正在运行的程序,提醒程序员改错。

(1) 除法错中断(中断类型号为 0)。在 8086 CPU 执行除法指令(DIV/IDIV)时,若发现除数为 0,或所得的商超过了 CPU 中有关寄存器所能表示的最大值,则立即产生一个类型号为 0 的内部中断,CPU 转去执行除法错中断处理程序。

(2) 溢出中断 INTO(中断类型号为 4)。CPU 进行带符号数的算术运算时,若发生溢出,则 OF=1,若此时执行 INTO 指令则会产生溢出中断,打印一个错误信息,结束时不返回,而把控制权交给操作系统。若 OF=0,则 INTO 不产生中断,CPU 继续执行下一条指令。INTO 指令通常安排在算术指令之后,以便在溢出时能及时处理。例如:

```
ADD   AX,BX
INTO          ;测试加法的溢出
```

3) 为调试程序设置的中断

(1) 单步中断(中断类型号为 1)。当 TF=1 时,每执行一条指令,CPU 会自动产生一个单步中断。单步中断可一条一条指令地跟踪程序流程,观察各个寄存器及存储单元内容的变化,帮助分析错误原因。单步中断又称为陷阱中断,主要用于程序调试。

(2) 断点中断(中断类型号为 3)。调试程序时可以在一些关键性的地方设置断点,它相当于把一条"INT 3" 指令插入到程序中。CPU 每执行到断点处,"INT 3"指令便产生一个中断,使 CPU 转向相应的中断服务程序。

4.3.6 处理器控制指令

这一类指令用于对 CPU 进行控制,例如对 CPU 中某些状态标志位的状态进行操作,以及使 CPU 暂停、等待,等等。8086 指令系统的处理器控制指令可分为三组。

1. 标志位操作指令

标志位操作指令有以下 7 种:

(1) CLC(CLear Carry flag):清进位标志。指令的操作为 CF←0。

(2) STC(SeT Carry flag):置进位标志。指令的操作为 CF←1。

(3) CMC(CoMplement Carry flag):对进位标志求反。指令的操作为 CF←$\overline{CF}$。

(4) CLD(CLear Direction flag):清方向标志。指令的操作为 DF←0。

(5) STD(SeT Direction flag):置方向标志。指令的操作为 DF←1。

(6) CLI(CLear Interrupt flag):清中断允许标志。指令的操作为 IF←0。

(7) STI(SeT Interrupt flag):置中断允许标志。指令的操作为 IF←1。执行这条指令后,CPU 将允许外部的可屏蔽中断请求。

这些指令仅对有关状态标志位执行操作,而对其他状态标志位则没有影响。

2. 外部同步指令

外部同步指令主要有以下四种。

1) HLT(HaLT)

指令格式:

HLT

执行 HLT 指令后,CPU 进入暂停状态。外部中断(当 IF=1 时的可屏蔽中断请求 INTR,或非屏蔽中断请求 NMI)或复位信号 RESET 可使 CPU 退出暂停状态。HLT 指令对状态标志位没有影响。

2) WAIT

指令格式:

WAIT

如果 8086 CPU 的$\overline{TEST}$引脚上的信号无效(即高电平),则 WAIT 指令使 CPU 进入等待状态。一个被允许的外部中断或$\overline{TEST}$信号有效,可使 CPU 退出等待状态。

在允许中断的情况下,一个外部中断请求将使 CPU 离开等待状态,转向中断服务程序。此时被推入堆栈进行保护的断点地址即是 WAIT 指令的地址,因此从中断返回后又执行 WAIT 指令,CPU 再次进入等待状态。

3) ESC (ESCape)

指令格式:

ESC ext_op, src

ESC 指令使其他处理器使用 8086 的寻址方式,并从 8086 CPU 的指令队列中取得指令。以上指令格式中的 ext_op 是其他处理器的一个操作码(外操作码),src 是一个存储器操作数。执行 ESC 指令时，8086 CPU 访问一个存储器操作数，并将其放在数据总线上，供其他处理器使用。例如，协处理器 8087 的所有指令机器码的高 5 位都是“11011”，而 8086 的 ESC 指令机器码的第一个字节恰是“11011XXX”，因此 8086 CPU 将其视为 ESC 指令，将存储器操作数置于总线上，然后由 8087 来执行该指令，并使用总线上的操作数。有关 8087 的指令系统请参考相关资料。ESC 指令对状态标志位没有影响。

4) LOCK (LOCK bus)

指令格式：

LOCK

这是一个特殊的可以放在任何指令前面的单字节前缀。这个指令前缀迫使 8086 CPU 的总线锁定信号线 LOCK 维持低电平(有效)，直到执行完下一条指令。外部硬件可接收这个 LOCK 信号。在其有效期间，禁止其他处理器对总线进行访问。在共享资源的多处理器系统中，必须提供一些手段对这些资源的存取进行控制，指令前缀 LOCK 就是一种手段。

3. 空操作指令 NOP (No OPeration)

指令格式：

NOP

执行 NOP 指令时不进行任何操作，但占用 3 个时钟周期，然后继续执行下一条指令。NOP 指令对状态标志位没有影响，指令没有操作数。

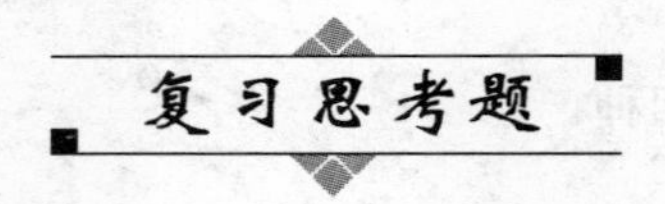

复习思考题

1. 已知 DS＝2000H，BX＝0100H，SI＝0002H，[20100]～[20103]存储器单元的内容分别为 12H、34H、56H、78H，[21200H]～[21203H]存储器单元的内容分别为 2AH、4CH、B7H、65H。写出下列指令执行后 AX 的内容，并说明寻址方式。

(1) MOV AX,1200H

(2) MOV AX,BX

(3) MOV AX,[1200H]

(4) MOV AX,[BX]

(5) MOV AX,1100[BX]

(6) MOV AX,[BX][SI]

(7) MOV AX,1100[BX][SI]

2. 阅读下列程序，写出程序执行后 AX 的内容。

```
MOV   AX,03H
MOV   CL,04H
SHL   AX,CL
MOV   BL,AH
SHL   AX,CL
SHR   BL,CL
```

```
OR      AL,BL
HLT
```

3. 总结哪些类型的指令执行完后会影响标志寄存器的标志位？举 3～5 个例子说明。

4. 总结 DS、SS、ES 段寄存器与 BX、BP、SI、DI、SP 等寄存器是如何结合参与寻址的？举例说明。

5. 压缩型 BCD 码与非压缩型 BCD 码的区别是什么？BCD 码的算术运算与二进制数的算术运算有什么区别和联系？举例说明。

6. 在内存的 First 和 Second 开始的区域中分别存放着 12F365H 和 35E024H 两个数，且均为低位字节在前，高位字节在后。编程求其和，所得结果仍存回以 First 为首址的内存区中。

7. 编程将数据段中首地址为 SOUCE 的 100 个字传送到附加数据段首地址为 DEST 的内存区中。

8. 一个数据块由大写或小写的英文字母、数字和各种其他符号组成，其结束符是回车符 CR(ASCII 码为 0DH)，数据块的首地址为 SOUCE。编程将数据块传送到以 DEST 为首地址的内存区，并将其中所用的英文大写字母(A～Z)转换成相应的小写字母(a～z)，其余不变。

9. 编程实现：在包含 30 个字符的字符串中寻找字符"A"，找到后将其地址保留在(ES:DI)中，并在屏幕上显示字符"Y"。如果字符串中没有字符"A"，则在屏幕上显示字符"N"。该字符串的首地址为 SOUCE。

10. 在内存的数据段中存放了若干个 8 位带符号数，数据块的长度为 COUNT(不超过 255)，首地址为 TABLE。编程统计其中正数、负数及零的个数，并分别将统计结果存入 PLUS、MINUS 和 ZERO 单元中。

第五章 汇编语言程序设计

要点提示：本章重点掌握汇编语言的程序结构、常用伪指令；熟悉各种码制转换程序的编写；学会调试汇编语言程序。

5.1 汇编语言简介

第四章重点介绍了80X86系列的指令系统，该系统中的每一条指令与机器语言指令都有一一对应关系，都可以构成汇编语言程序的基本语句。那什么是汇编语言程序呢？通俗地讲，汇编语言程序就是用汇编语言指令、伪指令、操作符、标号、预定义符等构成的程序。汇编语言程序的语句除指令外，还可以有伪指令(也叫做伪操作。由伪指令构成的语句称为指示性语句，以便与由指令构成的指令性语句相区分)和宏指令。机器指令是在程序运行期间由计算机来执行的，而伪指令是在汇编程序对源程序汇编期间处理的。伪指令可以完成诸如处理器选择、定义程序模式、定义数据、分配存储区、指示程序结束等功能。与机器语言不同，由于汇编语言程序是由便于记忆的助记符号表示的，因此需要由汇编程序翻译成二进制表示的机器语言目标程序才能被机器执行，这个翻译过程称为汇编。用来把汇编语言源程序自动翻译成目标程序的软件称为汇编程序。Intel 80X86系统的汇编程序完全相同，称为ASM-86，在此基础上进一步扩展其功能，称为宏汇编程序，简称MASM-86。目前常用的汇编程序有微软(Microsoft)公司的宏汇编程序MASM(Macro Assembler)和宝兰(Borland)公司的TASM(Turbo Assembler)，这两种汇编程序差别非常小，一般情况下可以忽略这种差别。以上两种汇编程序都是基于DOS或Windows系统平台的。基于Linux系统平台的汇编程序主要有两种：一种是汇编AT&T格式的，如GAS(GNU Assembler)；另外一种是汇编Intel格式的，如NASM(Netwide Assembler)。NASM的语法与MASM的语法非常相似，感兴趣的读者可以查阅相关资料。本章基于MASM介绍实模式下汇编语言程序设计。图5-1以HELLO.ASM为例介绍了汇编语言源程序的建立和处理过程。

图5-1 汇编语言源程序的建立、汇编及连接过程

5.1.1 汇编语言程序的结构

下面我们举例介绍汇编语言程序的结构。

例 5.1 在屏幕上显示“Hello world!”字符串

解:程序的源代码为:

```
;程序名称:HELLO.ASM
;程序功能:在屏幕上显示“Hello world!”字符串
;**********************************************
DATA   SEGMENT                                  ;数据段定义
   STRING  DB ‘Hello world’,0DH,0AH,‘$’        ;字节类型字符串变量定义
   DATA  ENDS
;**********************************************
CODE   SEGMENT                                  ;代码段定义
ASSUME  CS:CODE,DS:DATA                         ;指定段与寄存器的关系
START:
        MOV   AX,DATA
        MOV   DS,AX        ;数据段初始化
DISP:   LEA   DX,STRING    ;显示字串首址
        MOV   AH,09H
        INT   21H          ;调用 DOS 中断,在屏幕上显示“Hello world!”字符串
        MOV   AH,4CH
        INT   21H          ;返回 DOS
        CODE  ENDS         ;代码段结束
        END   START        ;程序结束,规定程序入口地址
```

由例 5.1 可以看出,汇编语言程序通常由数据段、代码段组成。数据段存放数据,代码段存放程序指令,完成相应的功能。段的定义以 SEGMENT 伪指令开始,以 ENDS 伪指令结束。ASSUME 伪指令用来指出变量和地址标号所用的段与寄存器的关系,并且在程序的开始进行必要的初始化。程序结束必须规定程序的起始地址,亦即入口地址,编写好的程序由 DOS 调入内存后自动从入口地址处开始执行。从 MASM5.0 版本以后,不仅可以使用完整的汇编程序结构,还可以使用简化的程序结构。

5.1.2 汇编语言程序的格式

在例 5.1 中,既有指令构成的语句,又有伪指令构成的语句。指令性语句的格式如下:

[标号:] [前缀] 指令助记符 [操作数 1[,操作数 2]] [;注释]

如例 5.1 中由 LEA 指令构成的指令语句:

```
DISP:LEA DX,STRING        ;显示字串首址
```

指示性语句,即由伪指令构成的语句,格式如下:

[名字] 伪指令 [操作数 1[,操作数 2,……]] [;注释]

如例 5.1 中由伪指令 DB 构成的变量定义语句:

STRING DB 'Hello world',0DH,0AH,'$'　　;字节类型字符串变量定义

说明：

(1) 以上指令和伪指令的语句格式中，方括号内的内容是可选项，可根据需要取舍；

(2) 汇编语言语句不区分大小写，可以根据需要使用大写或小写；

(3) 语句的两部分之间由若干个空格或 TAB 隔开，两个操作数之间用逗号隔开，逗号与操作数之间可以没有空格或一个到多个空格；

(4) 每个语句占用一个物理行，对于 MASM5.0，加回车符每行最多 250 个字符，MASM6.0 以后，加回车符每行最多 512 个字符。

1. 标识符

语句中的名字和标号统称为标识符，除了变量、常量、符号地址标识符外，标识符还可以是过程名、结构名和记录名等。标识符可以由程序员自己定义，但不允许使用保留字，包括指令助记符、伪指令、寄存器名、预定义符等。汇编程序只处理标识符的前 31 个字符，超出部分被忽略。允许使用的字符有：大写字母 A～Z；小写字母 a～z；数字 0～9；专用字符?,.,@,_,$。

以上字符全部为半角字符。除数字外，其他所有字符都可以作为标识符的第一个位置，但如果用到"."标识符，则"."必须是第一个字符。

过程名和地址标号在代码段中定义，地址标号后面跟冒号"："。过程名和地址标号有三种属性：段、偏移量和类型。过程名和地址标号的段总是在 CS 寄存器中，而偏移量属性表示从段的起始地址到过程名或地址标号之间的字节数。对 16 位段是 16 位无符号数，对 32 位段是 32 位无符号数。类型属性用来表示该符号是在本段内引用还是在其他段内引用。在本段内引用的，其属性为 NEAR，16 位段指针长度为 2 字节，32 位段指针长度为 4 字节；在其他段内引用的，其属性为 FAR，16 位段对应指针长度为 4 字节(2 字节段地址，2 字节偏移量)，32 位段对应指针长度为 6 字节(2 字节段地址，4 字节偏移量)。

变量在数据段中定义，后面不跟冒号，具有段、偏移量和类型三种属性。段属性定义变量段的起始地址，此值必须放在一个寄存器中，在程序开始需要对该段寄存器进行装填。偏移量表示从段起始地址到定义变量的位置之间的字节数，对 16 位段是 16 位无符号数，对 32 位段是 32 位无符号数。类型属性表示定义该变量所占用的字节数。

同一程序中，常量、变量、地址标号、过程名、结构名、记录名只允许出现一次，不允许重复定义。

2. 指令或伪指令

指令或伪指令是汇编语句中不可省略的部分。指令即第四章所讲的 80X86 系统指令，如例 5.1 中的 MOV、INT 等。伪指令将在后面进行较为详细的介绍，例 5.1 中已经用到的 SEGMENT、DB、ENDS 等都属于伪指令，它们的作用是指明汇编程序要完成的具体操作。汇编完成后，伪指令所指示操作已经完成。

3. 操作数

操作数是可选项，根据指令或伪指令的要求，操作数可以是没有、一个或者多个。操作数可以是常数、字符串、变量名、标号、过程名、专用符号或者是表达式。下面我们分别来介绍常数、变量、标号和过程名、表达式和操作符。

1）常数

常数是没有任何属性的纯数值，在汇编期间，其值已经完全确定，并且在程序运行期间也不会发生变化。常数有以下几种类型：

（1）二进制数：以字母B结尾，由0和1组成的数字序列，如10001010B。

（2）八进制数：以字母O或Q结尾的0～7数字序列，如137Q，25O等。

（3）十进制数：由0～9构成的数字序列，结尾可以是字母D或者没有，如123，456D等。

（4）十六进制数：以H结尾，由0～9和字母A～F（或小写字母a～z）组成的序列，如0F2a5H，2310H等。为了将十六进制数与标识符和寄存器名字区分开来，在汇编语言程序中，如果十六进制数的第一个数是A～F（或a～z），则必须在数前面添加“0”，如0a2feH等。

（5）字符串常数：用引号引起来的一个或多个字符，这些字符以ASCII码的形式存储在内存中，可以用单引号，也可以用双引号。如“Hello”，‘world’汇编后在内存中存放的分别是48H、65H、6CH、6CH、6FH与77H、6FH、72H、6CH、64H。

2）变量

变量是内存中的数据区，由若干个存储单元组成，这些单元的内容在程序运行期间是可以修改的，常常通过变量名作为存储器操作数来引用。变量定义就是给变量分配内存单元，同时对该单元进行赋值，并把该单元赋给变量名。一个变量可以有段（SEG）、偏移量（OFFSET）和类型（TYPE）三种属性。

常用的变量定义伪指令有DB、DW、DD、DF、DQ、DT等。

3）标号和过程名

标号和过程名都是指令目标代码的符号地址，可以作为转移指令或子程序调用指令的操作数。与变量类似，标号和过程名也有段（SEG）、偏移量（OFFSET）和类型（TYPE）三种属性。类型属性包括近（NEARE）和远（FAR）属性，分别表示该标号或者过程名只能在段内（与标号和过程名同属一个段）或者可以被其他段（标号和过程名与调用指令可以不在同一个段）调用。

4）表达式和操作符

表达式由操作数和操作符组成。需要注意的是，表达式并非指令，本身不能执行，汇编程序在汇编时会将表达式的值求出，其运算结果是一个确定的值，在可执行程序中表达式已经不存在，代替表达式的是对应的值。下面介绍一些构成表达式的操作符。

（1）算术操作符

算术操作符有＋、－、＊、/、MOD，分别对应加、减、乘、除和求余运算。例如，“(3＋2)＊6/2 MOD 6”的结果是3，因此指令“MOV AX，(3＋2)＊6/2 MOD 6”与指令“MOV AX，3”是等价的。

（2）逻辑和移位操作符

AND是逻辑“与”操作符。例如，“MOV DL，36H AND 0FH”与“MOV DL，06H”是等价的。

OR是逻辑“或”操作符。例如，“MOV DL，09H OR 30H”与“MOV DL，39H”是等价的。

XOR是逻辑“异或”操作符。例如，00110111B XOR 00001111B＝38H。

NOT是逻辑“非”操作符。例如，NOT 01111010B＝10000101B。

SHL 是左移操作符。例如，“12H SHL 2”执行后为 48H。

SHR 是右移操作符。例如，“12H SHR 2”执行后为 3H。

(3) 关系操作符

关系操作符的两个操作数必须都是数字或是同一段内的两个存储器地址。计算的结果应为逻辑值:结果为真时，用 0FFFFH 或 0FFH 表示;结果为假时，则用 0 表示。

EQ 相等。例如，“MOV AX,1 EQ 1”与“MOV AX,0FFFFH”等价。

NE 不等。例如，“MOV BL,1 NE 2”与“MOV BL,0FFH”等价。

LT 小于。例如，“MOV AL,5 LT 6”执行后 AL=0FFH。

GT 大于。例如，“MOV AX, 6 GT 10”与“MOV AX,0”等价。

LE 小于或等于。例如，“MOV AL,5 LE 4” 与“MOV AL,0”等价。

GE 大于或等于。例如，“MOV BL,8 GE 20”与“MOV BL,0”等价。

(4) 数值回送操作符

数值回送操作符主要有 TYPE、LENGTH、SIZE、SEG、OFFSET 等。这些操作符把一些特征或存储器地址的一部分作为数值回送。下面分别说明各个操作符的功能。

① TYPE 类型返回操作符。格式为:

TYPE <符号名>

如果该表达式是变量，则汇编程序将回送该变量的以字节数表示的类型:DB 为 1,DW 为 2,DD 为 4,DF 为 6,DQ 为 8,DT 为 10。如果表达式是标号，则汇编程序将回送代表该标号类型的数值:NEAR 为－1,FAR 为－2。如果表达式为常数，则应回送 0。

② LENGTH 分配单元数返回操作符。格式为:

LENGTH <符号名>

对于变量中使用 DUP 的情况，汇编程序将回送分配给该变量的单元数，而对于其他情况则回送 1。

③ SIZE 分配字节数返回操作符。格式为:

SIZE <符号名>

汇编程序应回送分配给该变量的字节数，此值是 LENGTH 值和 TYPE 值的乘积。

④ SEG 段值返回操作符。格式为:

SEG <符号名>

汇编程序将回送变量或标号的段地址值。例如，“MOV AX,SEG VAR”返回 VAR 变量或符号地址所在段的段基地址。

⑤ OFFSET 偏移量返回操作符。格式为:

OFFSET <符号名>

汇编程序将回送变量或标号的偏移地址值。例如，“MOV AX,OFFSET VAR”返回 VAR 变量或符号地址位置距段基地址的字节数。

(5) 属性操作符

属性操作符主要有 PTR、:、SHORT、THIS、HIGH、LOW、HIGHWORD 和 LOWWORD 等。

① PTR 类型转换操作符。格式为:

<类型> PTR <符号名>

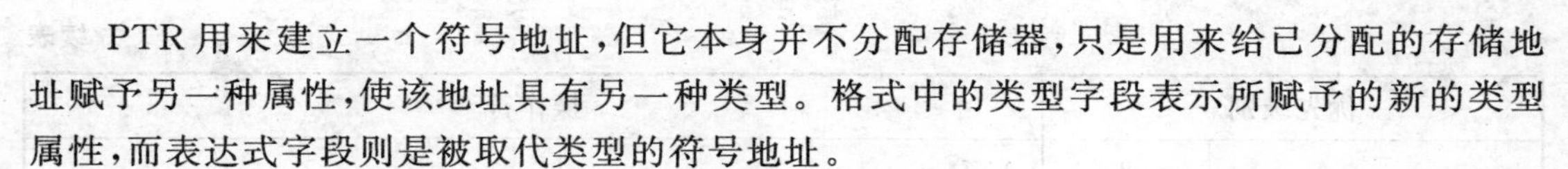

PTR 用来建立一个符号地址，但它本身并不分配存储器，只是用来给已分配的存储地址赋予另一种属性，使该地址具有另一种类型。格式中的类型字段表示所赋予的新的类型属性，而表达式字段则是被取代类型的符号地址。

类型可有 BYTE、WORD、DWORD、FWORD、QWORD、TBYTE、NEAR 和 FAR 等几种，所以 PTR 也可以用来建立字、双字、四字或段内及段间的指令单元等。

另外，当操作数中有存储器操作数而没有寄存器操作数时，可以利用 PTR 指定操作数的操作类型。例如，“MOV WORD PTR [BX]，12H”指令会将立即数 12H 存放在 BX 间接寻址的字单元中，即 BX 内容为首址的连续的两个内存单元中。

② 段跨越操作符。

段跨越操作符用来表示一个标量、变量或地址表达式的段属性。例如，用段前缀指定某段的地址操作数“MOV DX，ES:[BX+SI+16]”。可见它是用“段寄存器:地址表达式”来表示的。此外，也可以用“段名:地址表达式”或“组名:地址表达式”来表示其段属性。注意，使用调试程序 DEBUG 的 A 命令时，段跨域的格式形如“ES: MOV DX，[BX+SI+16]”。

③ SHORT 短地址属性操作符。

SHORT 用来修饰 JMP 指令中转向地址的属性，指出转向地址是在下一条指令地址的 ±127 个字节范围之内。

④ THIS 类型操作符。格式为：

THIS ＜类型＞

它可以像 PTR 一样建立一个指定类型(BYTE、WORD、DWORD、FWORD、QWORD 或 TBYTE)的或指定距离(NEAR 或 FAR)的地址操作数。该操作数的段地址和偏移地址与下一个存储单元的地址相同。例如：

```
VAR1 EQU THIS WORD
VAR2 DB 12H,34H,56H
```

则 VAR1 与 VAR2 有相同的段地址和偏移量，只不过 VAR1 的类型是字类型，而 VAR2 的类型是字节类型。

在汇编语言中，有许多各种运算符和操作符，它们的优先级按从高到低的排列如表 5-1 所示。

表 5-1　运算符和操作符的优先级

优先级别		操作符
高级	0	( )、[ ]、.(用于结构字段)、＜＞(用于记录类型)
	1	LENGTH、SIZE、WIDTH、MASK
	2	PTR、SEG、OFFSET、TYPE、THIS、:(用于段跨越前缀)
	3	HIGH、LOW、HIGHWORD、LOWWORD
	4	*、/、MOD、SHL、SHR
	5	+、-
	6	EQ、NE、LT、LE、GT、GE
↓	7	NOT

续表

优先级别		操作符
↓	8	AND
	9	OR、XOR
低级	10	SHORT

4. 注释

在汇编语言源程序中，为了维护程序的方便，常加上注释。注释用分号“;”开头，可放在任意一行的行尾，也可以单独一行，但每行长度受到汇编程序的限制。MASM5.0 每行最多支持 249 个字符，MASM6.0 每行最多支持 511 个字符。汇编程序对分号后面的字符不做任何处理。注释可以是英文，也可以是汉字。编程时要尽可能加合理的注释，一般需要对程序的功能、入口参数、出口参数、用到的寄存器和存储器等进行注释。

5.2 伪指令及宏指令

5.2.1 伪指令

用汇编语言编程时，为了告诉汇编程序如何汇编源程序，往往用到伪指令。不同的汇编程序支持的伪指令往往不同，编程时应注意选择合适的汇编程序。下面介绍常用的 MASM5.0 及更新版本支持的伪指令。

1. 处理器选择伪指令

由于 80X86 的所有处理器都支持 8086/8088 指令系统，但每一种高档的机型又都增加了一些新的指令，因此在编写程序时要对所用处理器有一个确定的选择。也就是说，需要用伪指令告诉汇编程序应该选用哪一种指令系统。

此类伪指令主要有：“.8086”选择 8086 指令系统；“.286”选择 80286 指令系统；“.286P”选择保护方式下的 80286 指令系统；“.386” 选择 80386 指令系统；“.386P”选择保护方式下的 80386 指令系统；“.486” 选择 80486 指令系统；“.486P”选择保护方式下的 80486 指令系统；“.586” 选择 Pentium 指令系统；“.586P” 选择保护方式下的 Pentium 指令系统。

所谓选择保护方式下的指令系统的含义是指包括特权指令在内的指令系统。此外，上述伪指令均支持相应的协处理器指令。

这类伪指令一般放在整个程序的最前面，如不给出，则汇编程序默认其缺省值为.8086。它们可放在程序中，如程序中使用了一条 Pentium 所增加的指令，则可在该指令的上一行加上.586。

2. 段定义伪指令

存储器的物理地址是由段地址和偏移地址组合而成的。汇编程序在把源程序转换为目标程序时，必须确定标号和变量（即代码段和数据段的符号地址）的偏移地址，并且需要把有关信息通过目标模块传送给连接程序，以便连接程序把不同的段和模块连接在一起，形成一个可执行程序。为此，需要用段定义伪操作，其格式如下：

段名 SEGMENT [定位类型] [连接方式] [使用类型] ['类别名']

……

段名 ENDS

其中省略号部分，对于数据段、附加段和堆栈段来说，一般是存储单元的定义、分配等伪指令，对于代码段则是指令及伪指令。

1) 定位类型(定位方式)

定位类型是指段的起始地址边界，共有5种：

(1) PARA 指定段的起始地址必须从小段边界开始，即段起始地址的最低十六进制数位必须为0。这样，偏移地址可以从0开始。

(2) BYTE 段可以从任何地址开始，即起始偏移地址可能不是0。

(3) WORD 段必须从字的边界开始，即段起始地址必须为偶数。

(4) DWORD 段必须从双字的边界开始，即段起始地址的最低十六进制数必须为4的倍数。

(5) PAGE 段必须从页的边界开始，即段起始地址的最低两个十六进制数必须为0(该地址能被256整除)。

定位类型的缺省项是 PARA，即若未指定定位类型，则汇编程序默认定位类型为 PARA。

2) 连接方式

说明程序连接时的段合并方法，有如下几种方式：

(1) PRIVATE 段为私有段，在连接时将不与其他模块中的同名分段合并。

(2) PUBLIC 段连接时将与有相同名字的其他分段连接在一起，其连接次序由连接命令指定。

(3) COMMON 段在连接时与其他同名分段有相同的起始地址，所以会产生覆盖。COMMON 的连接长度是各分段中的最大长度。

(4) AT <表达式> 使段地址是表达式所计算出来的16位值，但它不能用来指定代码段。

(5) MEMORY 与 PUBLIC 同义。

(6) STACK 指定该段在运行时为堆栈的一部分。各堆栈连接时中间无任何间隔，相连后系统堆栈长度为各堆栈长度之和，且系统自动指向大堆栈的栈顶。

组合类型的缺省项是 PRIVATE。

3) 使用类型

只适用于386及其后继机型，它用来说明使用16位寻址方式还是32位寻址方式。使用类型有两种：USE16 使用16位寻址方式；USE32 使用32位寻址方式。

当使用16位寻址方式时，段长不超过64 KB，地址的形式是16位段地址和16位偏移地址；当使用32位寻址方式时，段长可达4 GB，地址的形式是16位段地址和32位偏移地址。可以看出，在实模式下，应该使用USE16。使用类型的缺省项是USE16。

4) 类别名

在引号中给出连接时组成段组的类型名。

3. END 伪指令

格式：　　　　END [入口地址标号]

多个模块连接成一个程序时，只有主程序需要使用入口地址标号，其他子程序模块可省略入口地址标号。汇编程序若遇到 END 伪指令，则结束汇编，不对 END 伪指令后面的语句做处理。

4. ASSUME 伪指令

ASSUME 伪指令用来明确段和段寄存器的关系，其格式为：

ASSUME 段寄存器名:段名[,段寄存器名:段名,[段寄存器名:段名]……]

其中，段寄存器名必须是 CS、DS、ES 和 SS(对于 386 及其后继机型还有 FS 和 GS)中的一个，而段名则必须是由 SEGMENT 伪指令定义的段的段名。ASSUME NOTHING 则可取消前面由 ASSUME 所指定的段寄存器。

5. 过程(子程序)定义伪指令

格式：

```
过程名 PROC [过程类型]
程序体
过程名 ENDP
```

过程名是自定义符号，遵循标识符的构成规则。过程类型有 NEAR 与 FAR 两种，默认为 NEAR 类型。NEAR 类型的过程只能在本段内调用，FAR 类型的过程可以跨段调用。程序体中至少要包含一条 RET 指令，以便返回调用程序。过程调用的格式如下：

格式：　　CALL 过程名

这里的过程名必须与过程定义时的过程名一致。

6. ORG 伪指令

ORG 伪指令用来规定变量或目标程序存放单元的偏移量。

格式：　　ORG 偏移量

例如，“ORG 1000H”表示紧跟着 ORG 伪指令后面的指令或变量的偏移地址从 1000H 开始。

7. EQU 伪指令

EQU 为标号赋值伪指令，其格式如下：

```
标号      EQU   表达式
新标号    EQU   旧标号
```

例如：

```
HELLO     EQU   3+2
HELLO2    EQU   HELLO
```

汇编时，程序中遇到 HELLO 的位置全部以表达式“3＋2”代替，遇到 HELLO2 的位置以 HELLO 的表达式代替。另外，“＝”伪指令与 EQU 有相似的功能，二者不同之处是 EQU 伪指令表达式的名是不允许重定义的，而“＝”伪指令则允许重定义，并且同一表达式名不允许同时用 EQU 与“＝”伪指令赋值。

8. 内存变量定义伪指令

内存变量定义伪指令有 DB、DW、DD、DF、DQ、DT，格式如下：

[变量名] 内存变量定义伪指令 操作数[,操作数[,操作数]……]

DB 是字节定义伪指令；DW 是字定义伪指令；DD 是 4 字节定义伪指令；DF 是 6 字节定义伪指令，该伪指令只能用于 386 以后的机型；DQ 是 8 字节定义伪指令；DT 是 10 字节定义伪指令。

操作数可以是数、字符或者是表达式，并可以使用“?”表示未初始化数据，用“$”表示当前地址偏移量，用 DUP 可以实现重复定义多个内存单元。当操作数以引号形式给出时，DB 伪指令可以允许的字符个数只受汇编程序每行长度的限制，而 DW、DD、DF、DQ、DT 伪指令最多只允许定义 2 个字符。例 5.2 和图 5-2 给出了内存变量定义伪指令的应用实例。

例 5.2 内存定义伪指令。

解：程序如下：

```
ORG  1000H                     ;以下变量从 1000H 处开始
                               ;存放
VAR0   DW ?,$,$+2              ;$表示当前地址，类型为字
                               ;类型
VAR1   DB 1,-1,255,0FFH        ;符号数统一以补码形式存放
VAR2   DW 1,-1,255,0FFH
VAR3   DB 'ABCD'               ;按先后顺序由低地址开始
                               ;存放
VAR4   DW 'AB','CD'            ;引号内多于 2 个字符是错
                               ;误的
VAR5   DB 2 DUP(1,2 DUP(23H))
```

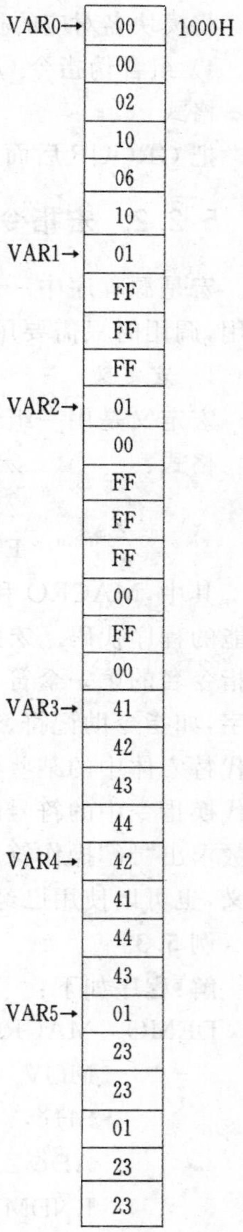

变量 VAR0～VAR5 在内存中的存放顺序如图 5-2 所示。

变量	内容	地址
VAR0→	00	1000H
	00	
	02	
	10	
	06	
	10	
VAR1→	01	
	FF	
	FF	
	FF	
VAR2→	01	
	00	
	FF	
	FF	
	FF	
	00	
	FF	
	00	
VAR3→	41	
	42	
	43	
	44	
VAR4→	42	
	41	
	44	
	43	
VAR5→	01	
	23	
	23	
	01	
	23	
	23	

图 5-2 例 5.2 汇编结果

9. 系统隐含进制. RADIX 伪指令

格式： . RADIX 表达式

表达式的值为 2～16 之间的十进制数，遇到新的. RADIX 伪指令后才改变隐含进制。

例如： . RADIX 16

将系统默认进制改为十六进制，则遇到十进制数时需要在尾部加 D 与十六进制数区分；遇到十六进制数时，若最后一位不是 D，则进制标志符 H 可以省略。

10. 连接伪指令

1) PUBLIC 伪指令

格式：PUBLIC 符号名 1[,符号名 2[,符号名 3]……]

用 PUBLIC 说明的符号可以被其他程序调用，没有说明的则不能被其他模块调用。符号名可以是变量名、标号、过程名或符号常量等。

2) EXTRN 伪指令

格式：EXTRN 符号名 1:类型[,符号名 2:类型[,符号名 3:类型]……]

本模块中调用其他模块中定义的符号时必须用 EXTRN 伪指令进行说明，并且该符号在被调用的模块中用 PUBLIC 声明过，否则不允许引用。

类型是指符号名的类型，有三种：内存变量类型，如 BYTE,WORD,DWORD 等；过程变量类型，如 NEAR,FAR；数值型，如 ABS(表示符号常量)。

3) 包含伪指令 INCLUDE

格式：　　　　　　　INCLUDE 模块名

将模块名对应的程序或模块插入到 INCLUDE 伪指令所在的位置，由汇编程序一起汇编。

4）组合伪指令 GROUP

格式：　　　　组名 GROUP 段名 1[，段名 2[，段名 3]……]

把 GROUP 后面的段组合在一个 64 KB 物理段中，并赋予其组名。

5.2.2　宏指令

宏是源程序中一段有独立功能的程序代码，它只需要在源程序中定义一次就可以多次调用，调用时只需要用一个宏指令语句。

1. 宏定义

宏定义是用一组伪指令来实现的。

格式：　　　宏定义名 MACRO [形式参数 1[，形式参数 2]……]
　　　　　　宏定义体
　　　　　　ENDM

其中，MACRO 和 ENDM 是一对伪指令，这对伪指令之间是宏定义体——一组有独立功能的程序代码。宏定义名给出该宏定义的名称，调用时就使用宏定义名来调用该宏定义。宏指令名的第一个符号必须是字母，其后可以跟字母、数字或下划线字符，但不允许使用保留字，如指令助记符、寄存器名等。宏定义中所用到的形式参数（或称虚参）为可选项，可用来代替宏体中的某些参数或符号，在调用时用实际参数按形式参数的先后顺序依次展开。当代换指令中的符号时，需要在形参前面加一个宏代换符“&”。对于“%”操作符，则按当前基数求出“%”操作符后面表达式的值，并用此值代替形式参数。此外，宏体内可以有新的宏定义，也可以使用已经定义的宏，汇编时依次展开。例 5.3 给出了一个关于宏的实例。

例 5.3

解：程序如下：

```
DEMO   MACRO   X,Y,Z
       MOV     CL,X
       SH&Y    BX,CL
       AD&Z    AX,BX
       ENDM
```

2. 宏调用

经宏定义定义后的宏指令就可以在源程序中调用，这种对宏指令的调用称为宏调用。

格式：　　　　　宏定义名 [实际参数 1[，实际参数 2] ……]

实际参数可以是常数、寄存器、存储单元名以及能用寻址方式找到的地址或表达式，还可以是指令的操作码或操作码的一部分。当源程序被汇编时，汇编程序将对每个宏调用进行宏展开。宏展开就是用宏定义体取代源程序中的宏指令名，而且用实际参数取代宏定义中的形式参数。在取代时，实际参数和形式参数是一一对应的，即第一个实际参数取代第一个形式参数，第二个实际参数取代第二形式参数……依次类推。一般来说，实际参数的个数应该和形式参数的个数相等，但汇编程序并不要求它们必须相等。若实际参数的个数大于形式参数的个数，则多余的实际参数不予考虑；若实际参数的个数小于形式参数的个数，则

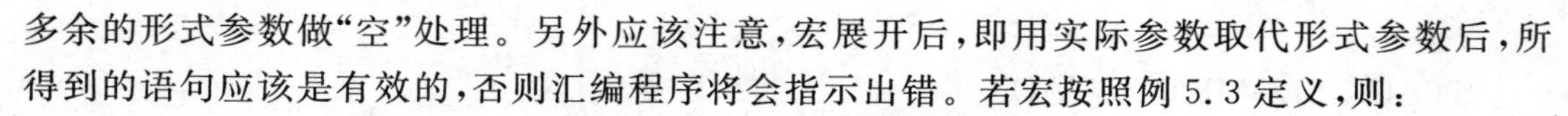

多余的形式参数做“空”处理。另外应该注意，宏展开后，即用实际参数取代形式参数后，所得到的语句应该是有效的，否则汇编程序将会指示出错。若宏按照例 5.3 定义，则：

DEMO 2,R,C

汇编时宏展开为：

```
1    MOV   CL,2
1    SHR   BX,CL
1    ADC   AX,BX
```

由此可以看出，宏调用后形式参数全被实际参数替代，宏调用指令被代入实际参数宏体的宏体替代。宏展开后，为了与原指令相区别，在汇编列表文件中宏体展开指令前面有字符“1”标记(较早的版本用“＋”符号表示)。

3. 局部符号定义伪指令 LOCAL

LOCAL 伪指令只能在宏定义中使用，并且必须作为 MACRO 伪指令后面的第一条语句。

格式：　　LOCAL 符号 1[，符号 2，……]

在多次调用宏时，由于有了 LOCAL 伪指令的声明，符号 1、符号 2 等在展开时便不会发生冲突。

5.3 汇编语言程序设计

5.3.1 顺序程序

顺序程序设计是一种最基本的程序设计方法，应用最广泛。在计算机内存中，这种程序按照编写的先后顺序依次逐句执行。下面我们以一个例子来说明顺序程序的设计。

例 5.4 编写程序将 BX 中的无符号数乘以 10，乘积低位仍放在 BX 中，高位放在 DX 中。

解：一个数乘以 10，既可以用无符号数乘法指令实现，也可以用移位和加法来实现。因为移位和加法指令要比乘法指令占用更少的机器周期数，因此为了减少程序运行的时间，我们采用左移和加法指令来实现。一个数乘以 10 可以写成如下形式：

$$Y=X\times10=X\times(2+8)=2X+8X$$

因此我们可以采用 X 左移 1 次与左移 3 次相加的方式实现 X 乘以 10。这就是解决问题的算法。根据以上算法，画出图 5-3 所示的流程图。

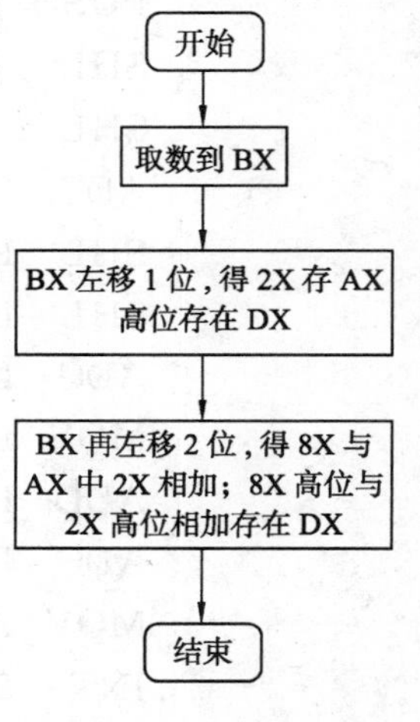

图 5-3　例 5.4 流程图

依据流程图，写出参考程序如下：

```
;**********************************
;例 5.4
;程序名:MUL10.ASM
;功能:将 BX 中的数乘以 10,乘积低位放 BX,高位放 DX
;流程图:图 5-3
;**********************************
;堆栈据段定义
```

```
;-----------------------------------
STACK SEGMENT STACK
        DW 10 DUP(?);增加 10 个字堆栈
STACK ENDS
; ********************************
;数据段定义,定义要乘以 10 的数
;-----------------------------------
DATA SEGMENT
NUM DW 1234H
DATA ENDS
;-----------------------------------
;代码据段定义
;-----------------------------------
CODE SEGMENT
ASSUME CS:CODE,DS:DATA,SS:STACK
START:
          MOV   AX,DATA
          MOV   DS,AX       ;数据段初始化装填,堆栈段无需人工初始化
          LEA   BX,NUM
          MOV   BX,[BX]     ;从内存中取出要处理的数放到 BX
          XOR   DX,DX       ;乘积高位清零
          SHL   BX,1        ;左移 1 位,得 2X
          MOV   AX,BX       ;暂时将 2X 存放在 AX 中
          ADC   DX,0        ;当前 DX 为 2X 高位
          PUSH  DX          ;将 2X 的高位暂时用堆栈保存起来
          SHL   DX,1        ;2X 高位左移 1 位与 4X 产生进位相加
          SHL   BX,1        ;左移 1 位,得 4X
          ADC   DX,0        ;当前 DX 为 4X 的高位
          SHL   DX,1        ;4X 高位左移 1 位与 8X 产生进位相加
          SHL   BX,1        ;再左移 1 位得 8X
          ADC   DX,0        ;当前 DX 为 8X 高位
          MOV   BP,SP       ;取栈顶指针,以便将 2X 的高位加到 8X 的高位
          ADD   BX,AX       ;BX←8X+2X,得 10X 的低 16 位
          ADC   DX,[BP]     ;将 8X 的高 16 位与 2X 的高 16 位相加,得 10X 的高 16 位
          MOV   AH,4CH
          INT   21H         ;返回 DOS
CODE  ENDS
          END  START
```

程序经汇编、连接,生成可执行文件,调入内存后,从第一条 MOV 指令顺序执行到最后

一条 INT 指令，所有指令均按内存存放顺序先后被执行。

程序段实现了将 16 位二进制数乘以 10 的运算。MUL 指令所用时钟周期数在 118～133 个左右。若只考虑实现与 MUL 相同功能的程序部分，本程序大约需用 60 个时钟周期左右。与直接用 MUL 指令实现相比，程序的执行速度快了大约一倍，但是程序代码要比直接用 MUL 复杂得多，占用空间也较大，因此本程序实际上是一个用空间换时间的例子。

5.3.2 循环程序

循环程序也是程序的一种基本结构。程序中，有的程序段往往需要重复执行多次，以便实现某种功能。一个循环程序通常由以下三部分组成。

1. 循环初始状态

用来设置进入循环的初始状态，比如循环次数的设置、用到的寄存器与存储单元地址的初始化等。

2. 循环体

这是循环程序的主体，一般由循环的工作部分和修改部分构成。每次循环体被执行，其工作部分完成程序的主体功能，而修改部分则使执行信息有规律地修改。

3. 循环控制部分

本质上循环控制部分属于循环体的一部分，但此部分是循环程序的关键，因此单独讨论。每次循环必须选择一个循环控制条件，以便控制循环的进行与退出。循环控制条件既可以选择循环次数来实现，也可以选择状态标志或其他条件来实现。

根据循环体与循环控制条件的关系，循环程序有两种结构形式：一种是先执行循环体，然后根据循环控制条件进行判断，不满足退出条件则继续执行循环体，满足条件则退出循环。这种类型的循环类似于高级语言的直到型循环。另一种循环则先检查是否满足循环控制条件，满足循环条件则执行循环体，否则就退出循环。这种循环结构类似于高级语言的当型循环。两种循环的结构如图 5-4 所示。

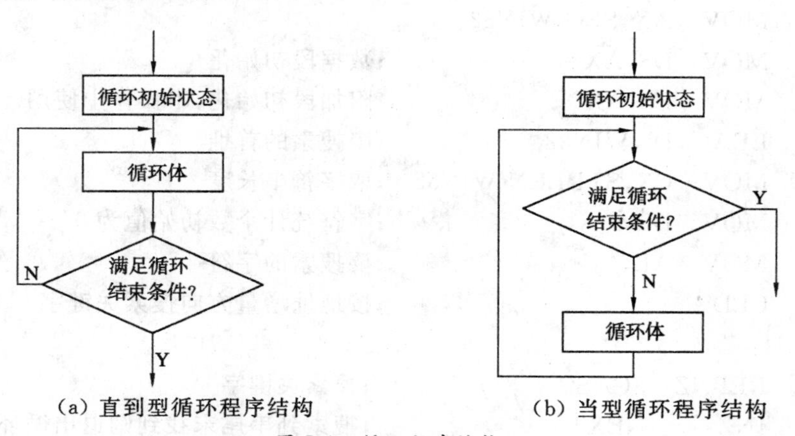

(a) 直到型循环程序结构　　(b) 当型循环程序结构

图 5-4 循环程序结构

下面举例说明这两种循环。

例 5.5 统计长度为 70 的字符串中小写字母“a”的个数，并将个数以二进制形式显示在屏幕上。

解：根据题目要求，将 70 个字符依次取出来与“a”的 ASCII 码进行比较即可，如果相等，则计数器增1计数。70个字符的比较可以用循环实现,循环次数为70,找到字符时可以用相等条件实现统计计数。用一个字节表示统计的字符个数。每次显示1位,循环显示8次即可以将字符数以二进制形式显示在屏幕上。根据分析,设计的流程图如图5-5所示。为了分别说明当型循环和直到型循环,搜索字符串用了直到型循环,而字符数二进制显示则有意采用了当型循环。一般情况下,可通过循环控制条件的修改将当型循环改为直到型循环,也可以将直到型循环改为当型循环。

```
;*******************************************************
;例5.5
;程序名称:Searcha.ASM
;程序功能:从70个字符中查找小写字母"a"的个数,并把个数按二进制显示在屏幕上
;流程图:图5-5
;*******************************************************
;数据段定义
;--------------------------------------------------
DATA   SEGMENT
Win32  DB "Win32 programs run in protected mode which is available since 80286."
STRLEN   DB ?   ;定义一个字节用于计算WIN32字符串的字节数
DATA   ENDS
;*************************************************
;代码段定义
;--------------------------------------------------
CODE  SEGMENT
ASSUME  CS:CODE,DS:DATA,ES:DATA
START:
        MOV   AX,SEG WIN32
        MOV   DS,AX                    ;数据段初始化
        MOV   ES,AX                    ;附加段初始化,串操作中使用
        LEA   DI,WIN32                 ;串搜索的首址
        MOV   CX,STRLEN-WIN32          ;取字符串长度
        MOV   DL,0                     ;字符统计个数初始值为0
        MOV   AL,'a'                   ;要搜索的字符
        CLD                            ;按地址增量方向搜索关键字
SEARCH:
        REPNZ   SCASB                   ;搜索关键字
        JNZ     NEXT                    ;搜索到串尾未找到则退出循环
        INC     DL                      ;字符数加1
        INC     CX                      ;未搜索的字串长度加1字符
        LOOP    SEARCH                  ;利用LOOP使得CX自动减1后继续搜索
                                        ;其余字符
```

```
NEXT:
      MOV    CX,8            ;要显示的位数为 8
      INC    CX              ;因采用当型循环,计数器需加 1
DISP:
      DEC    CX
      JZ     EXIT            ;显示完所有的位后退出
      ROL    DL,1            ;将要显示的位依次由最高位循环放到最低位
      MOV    BL,DL           ;保存上次显示的位置
      AND    DL,01H          ;只保留要显示的最低位
      OR     DL,30H          ;转换成 ASCII 码
      MOV    AH,02H
      INT    21H             ;调用 DOS 系统功能调用 02H 子中断,显示
                             ;DL 中的 ASCII 码
      MOV    DL,BL           ;恢复未显示的数据
      JMP    DISP            ;继续显示下一位
EXIT:
      MOV    AH,4CH
      INT    21H             ;调用系统功能调用 4CH 子中断,返回 DOS
CODE  ENDS
      END    START           ;程序结束
```

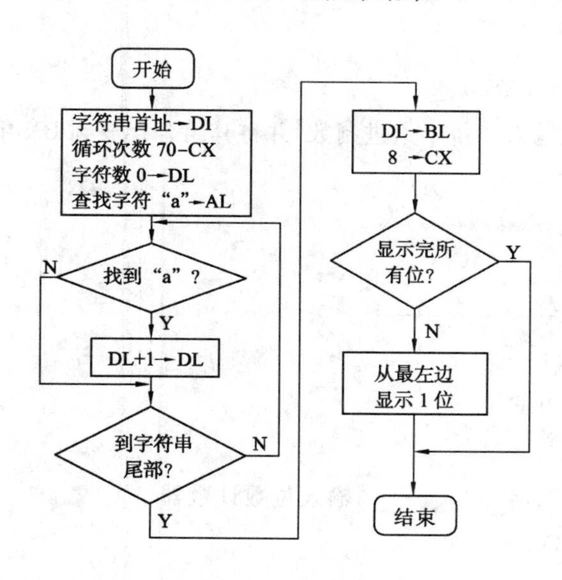

图 5-5 例 5.5 程序流程图

编制循环程序时，特别需要注意的是，计数器 CX 若未采取保护措施，不要作为其他用途，否则很容易形成死循环。比如，若 CX 作为 LOOP 指令的计数器使用，而 CL 又在循环体中作为移位或循环指令的计数器使用，则循环变为死循环，引起系统死机。另外需要注意的是，循环计数器的初值应根据所采取的循环类型正确赋值，否则循环体容易被多执行或少执行一次。

为了更清楚地解释程序的功能，本例中在语句后面加了注释，实际编程时可进行适当删减，能够说明程序功能即可。

5.3.3 分支程序

除了前面介绍的顺序程序和循环程序外，分支程序也是一种基本的程序结构。分支程序可以实现类似高级语言中的 IF-THEN-ELSE 语句或者 CASE 语句。汇编语言程序设计中一般通过条件转移指令实现两分支或多分支结构。下面我们通过一个具体的例程来分析分支程序的编写。

例 5.6 从键盘输入 4 位十六进制数，转换成对应值后存放到 BX 中。

解：键盘输入的是字符 ASCII 码值，0～9 对应 ASCII 码值是 30H～39H，大写字母 A～F 对应的 ASCII 码值是 41H～46H，小写字母 a～f 对应的 ASCII 码值是 61H～66H。编程时需要将输入的 ASCII 码值分别与这三个范围进行比较。如果输入字符 ASCII 码值属于三个范围之一，则减去 30H 或 37H 或 57H，即将 ASCII 码转换成对应值；如果不属于这三个范围，则需要重新输入。根据分析，画出流程图，如图 5-6 所示。程序如下：

```
;***************************************************
;例 5.6
;程序名称:Combine.ASM
;程序功能:从键盘输入 4 位十六进制数,并将其组合存放到 BX 中
;流程图:图 5-6
;******************************
;代码段定义
;-----------------------------------
CODE   SEGMENT
ASSUME   CS:CODE
START:
         MOV   CX,4              ;输入位数计数器
         MOV   BX,0
INPUT:
         MOV   AH,01H
         INT   21H               ;调用 01H 子中断,输入一个字符到 AL
```

```
        CMP   AL,'0'
        JB    INPUT         ;非十六进制位,重新输入
        CMP   AL,'9'
        JA    UALPHA        ;若不是数字字符,则与大写字母比较
        SUB   AL,30H        ;是数字字符的转换成对应值
        JMP   NEXT          ;跳转到组合程序段
UALPHA:
        CMP   AL,'A'
        JB    INPUT         ;非十六进制位,重新输入
        CMP   AL,'F'
        JA    LALPHA        ;ASCII码值比F大,再与小写字母ASCII码作比较
        SUB   AL,37H        ;大写字母形式的十六进制位转换成对应数值
        JMP   NEXT          ;转换结束,跳转到组合程序段
LALPHA:
        CMP   AL,'a'
        JB    INPUT         ;非十六进制位,重新输入
        CMP   AL,'f'
        JA    INPUT         ;非十六进制位,重新输入
        SUB   AL,57H        ;小写字母形式的十六进制位转换成对应数值
NEXT:
        SHL   BX,1          ;利用左移4次实现BX←BX×16
        SHL   BX,1          ;如果要用SHL BX,CL实现BX←BX×16,注意计
                            ;数器CX的保护
        SHL   BX,1          ;因为循环体已经使用CX作为循环计数器
        SHL   BX,1
        ADD   BL,AL         ;实现BX←BX×16+AL
        LOOP  INPUT         ;共输入4位十六进制数
        MOV   AH,4CH
        INT   21H           ;调用4CH子中断,返回DOS
CODE    ENDS
        END   START         ;程序结束
```

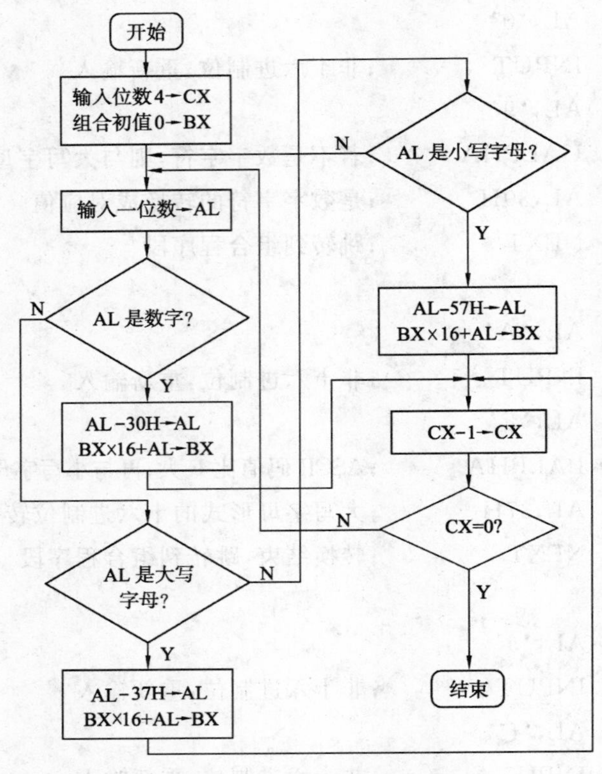

图 5-6　例 5.6 程序流程图

将图 5-6 所示的分支结构推广到一般情况，可以得到两种形式的分支程序结构，如图5-7所示。由图 5-7 可以看出，分支结构可以是二分支结构，也可以是多分支结构。

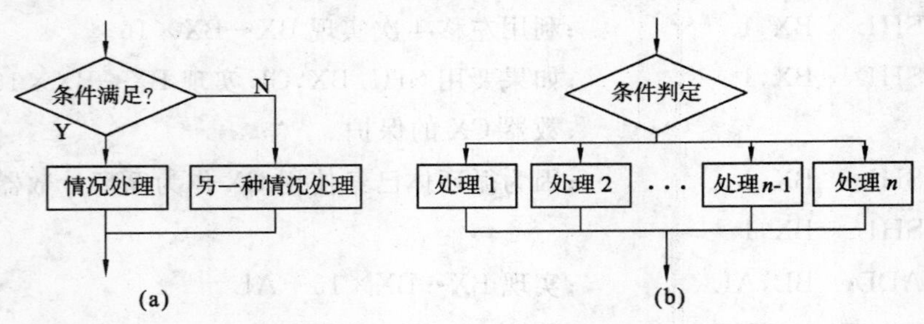

图 5-7　分支程序结构的两种形式

5.3.4　子程序设计

子程序是一段可以被重复调用的程序。一般将有公用性、重复性或相对独立性的程序设计成子程序。使用子程序的好处有以下几个方面：

(1) 提高编程效率；

(2) 节省内存空间；

(3) 增加程序复用性；

(4) 便于模块化，有利于编写大程序；

(5) 程序结构化，有利于程序调试和改进。

一般来说,能用子程序编写的程序段也可以用宏来编写,但宏是对汇编语言源程序的简化,对目标代码简化没有贡献。用宏编写的程序执行速度较快,而子程序不仅简化了源程序的书写,而且生成的目标程序较短,但缺点是增加现场保护和恢复的时间。主程序和子程序的关系可以用图 5-8 所示的示意图来表示。

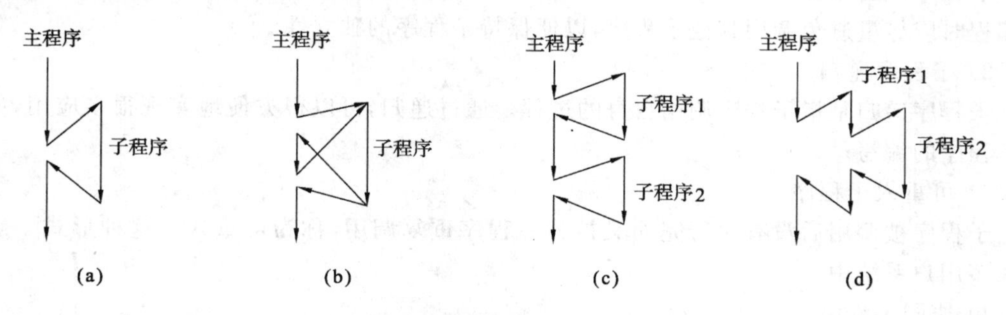

图 5-8 子程序调用示意图

1. 子程序的调用和返回

子程序调用和返回分别用 CALL 和 RET 指令实现。子程序调用方式有近程调用、远程调用、直接调用和间接调用。子程序调用实际是程序的转移,但与转移不同的是需要保护和恢复现场。

2. 子程序设计与应用应注意的问题

1) 现场保护和恢复

调用子程序后,CPU 的控制权转到了子程序。主程序所使用的寄存器、内存单元和程序状态字往往被子程序修改,若调用完子程序后这些信息还有用,则需要在调用子程序前将这些现场信息保护起来。保护现场信息的工作可以由主程序完成,也可以由子程序完成,一般通过将这些信息压入堆栈来实现。

子程序返回时需要恢复现场,若保护现场使用的是入栈保护,则恢复现场时需要用与入栈相反的次序出栈,否则将不能正确地恢复主程序的现场。

2) 参数传递

调用子程序时,主程序经常需要传递一些参数给子程序,子程序运行完返回主程序时也经常需要回送一些信息给主程序,主程序和子程序之间的这种信息交换称为参数传递。参数传递的方法有:寄存器传递、内存单元传递、堆栈传递等。需要注意的是,如果参数是通过堆栈传入子程序的,当子程序返回时,可用带参数的 RET 指令平衡堆栈。

一个程序可由多个模块构成,在连接时既可以把同名的段连在一起组成一个较大的段,也可以仍然保留各模块各自的分段。是否连接成一个大段,由完整的程序结构定义中 SEGMENT 的连接方式参数决定。多个模块之间发生调用时,需要用 PUBLIC 和 EXTRN 伪指令对用到的符号和过程名进行说明。多个模块传递参数时,可根据各段的连接方式采取合适的方法。

3) 子程序说明

由于子程序有共享性,可被其他程序调用,因此编写子程序时需要有必要的注释。注释一般包括:子程序名,程序功能、技术指标,使用的寄存器和内存,入口、出口参数,所嵌套的子程序等。另外还可以添加程序作者、编制时间、新增功能或版权等信息。

3. 子程序调用技巧

子程序应用非常灵活，常用的技巧有：

1）子程序嵌套

子程序嵌套是指在子程序中调用其他子程序。虽然对子程序嵌套没有特别的限制，但是编程时应尽量避免调用其他子程序，以便保持子程序的独立性。

2）子程序递归

子程序递归是指子程序调用自身的过程。通过递归，可以很方便地实现很多应用，如阶乘子程序的编写。

3）可重入子程序

子程序被调用后没有执行完而又被另一程序重复调用，称为可重入。这种形式一般被用在多用户系统中。

4）协同子程序

两个以上子程序协同完成一项任务，且又相互调用，直到任务结束。

下面以一个例子来说明子程序的编写方法。

例 5.7 从键盘输入 3 个 10 位以内的十进制数，转换成非压缩型 BCD 码后存放在预定义的缓冲区内。

解：题目需要输入 3 个 10 位以内的数，功能类似，因此可以考虑利用子程序实现。在子程序内对输入的字符进行判断，若是数字则转换成非压缩型 BCD 码后存起来。

根据分析画出主程序和子程序的流程图，分别如图 5-9 和图 5-10 所示。

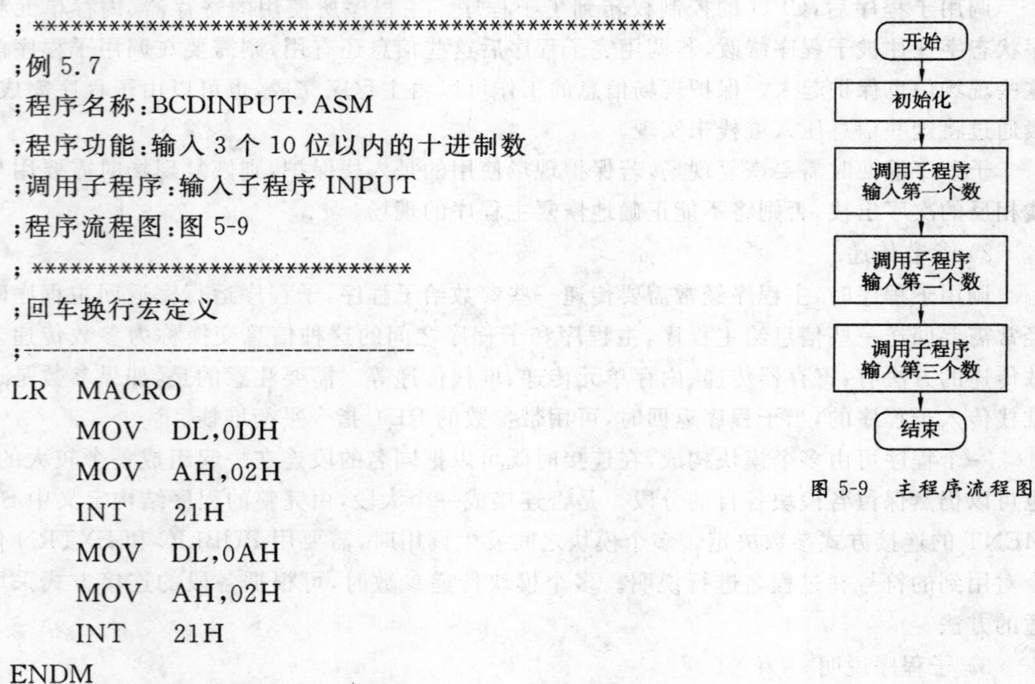

图 5-9 主程序流程图

```
;*************************************************
;例 5.7
;程序名称:BCDINPUT. ASM
;程序功能:输入 3 个 10 位以内的十进制数
;调用子程序:输入子程序 INPUT
;程序流程图:图 5-9
;*******************************
;回车换行宏定义
;---------------------------------
LR   MACRO
     MOV   DL,0DH
     MOV   AH,02H
     INT   21H
     MOV   DL,0AH
     MOV   AH,02H
     INT   21H
ENDM
;******************************
;堆栈段定义
;---------------------------------
```

```
STACK  SEGMENT  STACK
       DW  20  DUP(?)
STACK  ENDS
;*******************************
;数据段:每个数最长不超过10位
;-------------------------------
DATA  SEGMENT
      NUM1  DB  10  DUP(?),'$'
      NUM2  DB  10  DUP(?),'$'
      NUM3  DB  10  DUP(?),'$'
DATA  ENDS
;*******************************
;代码段
;-------------------------------
CODE  SEGMENT
ASSUME  CS:CODE,DS:DATA
ASSUME  SS:STACK
MAIN  PROC FAR
START:
      PUSH   DS
      XOR    AX,AX
      PUSH   AX          ;将程序段前缀入栈,利用RET返回时调用
                         ;INT 20H,返回DOS
      MOV    AX,DATA
      MOV    DS,AX       ;数据段初始化
      LEA    BX,NUM1
      CALL   INPUT       ;调用子程序,输入第一个数
      LR                 ;调用宏,显示回车换行符
      LEA    BX,NUM2
      CALL   INPUT       ;调用子程序,输入第二个数
      LR                 ;调用宏,显示回车换行符
      LEA    BX,NUM3
      CALL   INPUT       ;调用子程序,输入第三个数
      RET
MAIN  ENDP               ;主程序结束
;***********************************************
;子程序名称:INPUT.ASM
;子程序功能:输入数字,遇到回车返回,最多输入10位
;入口参数:BX为要输入缓冲区首址
```

```
;出口参数:无
;程序流程图:图 5-10
;********************************************************
INPUT   PROC
        PUSH   CX
        PUSH   AX
        PUSHF                          ;保护现场
        XOR   CX,CX
INPUTNUM:
        MOV   AH,01H
        INT    21H                     ;调用中断,输入一
                                       ;个字符到 AL
        CMP   AL,0DH
        JZ   EXITINPUT                 ;遇到回车返回
        CMP   AL,'0'
        JB   INPUTNUM                  ;非数字重新输入
        CMP   AL,'9'
        JA   INPUTNUM                  ;非数字重新输入
        INC    CX
        CMP    CX,10
        JA   EXITINPUT                 ;输入到 10 个后退出
        AND   AL,0FH                   ;清除字节高四位,将 ASCII 码转换成非压缩 BCD 码
        MOV   [BX],AL                  ;存放输入的数字
        INC    BX                      ;调整地址指针,指向缓冲区下一个字符
        JMP   INPUTNUM
EXITINPUT:
        MOV   BYTE  PTR  [BX],'$';放一个结束标志符
        POPF
        POP  AX
        POP   CX                       ;恢复现场
        RET
INPUT   ENDP
CODE    ENDS
        END START
```

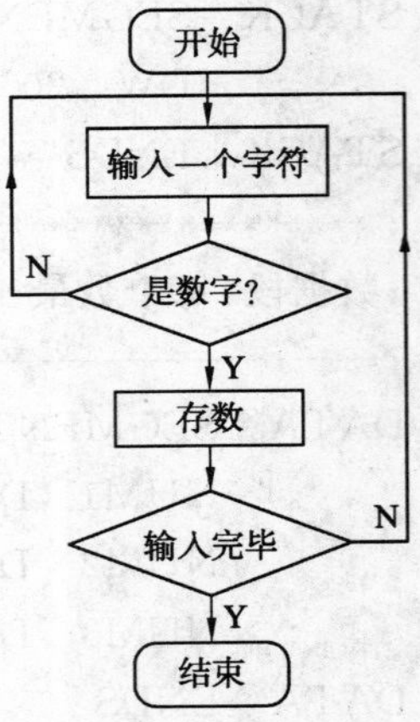

开始

输入一个字符

是数字?

N

Y

存数

输入完毕

N

Y

结束

图 5-10 INPUT 子程序流程图

本例程将所有子程序放在同一个代码段中,读者也可以将主程序和子程序放在不同代码段中,声明时用"过程名 PROC FAR",调用时用"CALL FAR PTR 过程名"即可;若过程放在不同的模块中,即存放于不同的源程序中,调用模块用 PUBLIC 伪指令声明,被调用模块用 EXTRN 伪指令说明,分别汇编,连接时用"+"把不同的模块目标代码连接成一个可执行程序即可。

5.4 BIOS和DOS中断调用

在存储器系统中，从地址0FE000H开始的8 K ROM(只读存储器)中装有BIOS(Basic Input/Output System)例行程序。驻留在ROM中的BIOS给PC系列的不同微处理器提供了兼容的系统加电自检、引导装入、主要I/O设备的处理程序以及接口控制等功能模块来处理所有的系统中断。

DOS(Disk Operating System，简称DOS)是PC机上的一种操作系统。它的两个DOS模块IBMIO. SYS和IBMDOS. SYS(这是IBM DOS的模块名，微软MS DOS模块名分别是MSDOS. SYS和MSIO. SYS)使BIOS用起来更方便。DOS共提供了约80个功能调用，大致分为设备管理、文件管理和目录管理等几类。

DOS和BIOS的层次关系如图5-11所示。由图5-11可以看出，一个用户程序访问硬件可以有三种方法：一种是通过调用DOS中断实现；第二种是通过调用BIOS中断实现；第三种是直接用IN/OUT指令实现。

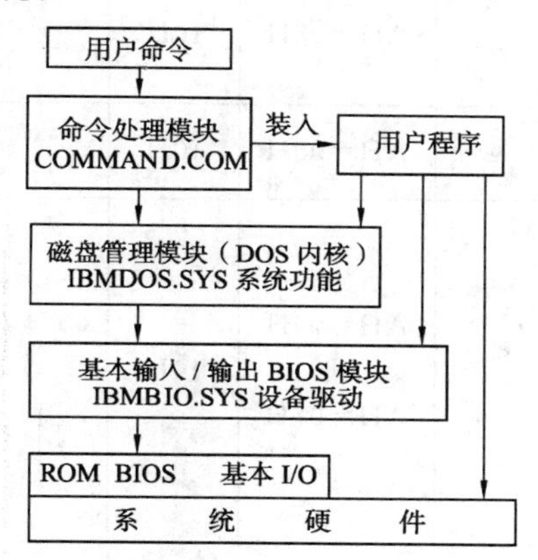

图5-11 DOS和BIOS系统层次结构

DOS功能与BIOS功能都通过软件中断调用。在中断调用前需要把功能号装入AH寄存器，把子功能号装入AL寄存器，除此之外，通常还需在CPU寄存器中提供专门的调用参数。一般来说，调用DOS或BIOS功能时，有以下几个基本步骤：

(1) 将调用参数装入指定的寄存器；

(2) 如需功能号，把它装入AH；

(3) 如需子功能号，把它装入AL；

(4) 按中断号调用DOS或BIOS中断；

(5) 检查返回参数是否正确。

使用DOS中断和BIOS中断编程时一般遵循以下原则：

(1) 尽可能使用DOS的系统功能调用，以提高程序的可移植性；

(2) 在DOS功能不能实现的情况下，考虑用BIOS功能调用；

(3) 在DOS和BIOS的中断子程不能解决问题时，使用IN/OUT指令直接控制硬件。

下面介绍部分常用的BIOS中断和DOS中断。

5.4.1 BIOS 常用中断调用

BIOS 常用中断调用如表 5-2 所示。

表 5-2 BIOS 常用中断调用

	入口参数	功能号	类型号	出口参数	实现功能
设置显示方式	AL＝显示方式值 00 40×25 黑白文本方式 01 40×25 彩色文本方式 02 80×25 黑白文本方式 03 80×25 彩色文本方式 04 320×320 彩色图形方式	AH＝00H	10H	无	将显示方式设置为指定形式
置光标位置	DH＝行号 DL＝列号 BH＝页号	AH＝02H	10H	无	将光标设置在指定的位置
读光标位置	BH＝页号	AH＝03H	10H	CH＝光标起始行 DH＝行 DL＝列	读光标当前位置
置显示页	AL＝页号	AH＝05H	10H	无	设置当前要显示的页面
清屏、清窗口功能	AL＝0 CH＝窗口左上角行号 CL＝窗口左上角列号 DH＝窗口右下角行号 DL＝窗口右下角列号 BH＝窗口属性，含义如图 5-12 所示	AH＝06H 或 AH＝07H	10H	无	按给定属性清除指定的窗口内容
在光标位置显示字符	BH＝显示页 AL＝显示字符 CX＝字符重复次数	AH＝0AH	10H	无	将 AL 中字符显示在指定页
在光标位置显示字符串	ES：BP＝串地址 CX＝串长度 DH，DL＝起始行，列 BH＝页号 AL＝0，BL＝属性 串格式：字符，字符，…… AL＝1，BL＝属性 串格式：字符，字符，…… AL＝2，串格式：字符，字符属性，字符，字符属性，…… AL＝3，串格式：字符，字符属性，字符，字符属性，……	AH＝13H	10H	AL＝0，BL＝属性时光标返回起始位置 AL＝1，BL＝属性时光标跟随移动 AL＝2 时光标返回起始位置 AL＝3 时光标跟随移动	按指定属性将字符串显示在指定页的指定行和列

注：光标控制开始显示的位置，计算机有专门的硬件用于控制光标的显示大小、位置。光标只在文本方式中出现，在图形方式下光标消失。

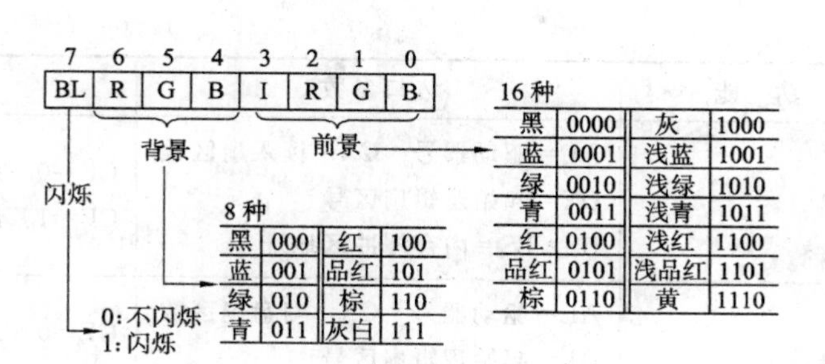

图 5-12 属性字节的含义

例 5.8 和例 5.9 分别是显示方式设置和清除屏幕显示的例子。

例 5.8 将显示方式设置为 80×25 彩色方式。

解:

```
MOV    AL,03H
MOV    AH,00
INT    10H
```

例 5.9 清除屏幕显示,将其属性置为反白(白底黑字)显示。

解:

```
MOV    AL,0      ;清屏功能
MOV    BH,70H    ;白底黑字
MOV    CH,0      ;左上角行号
MOV    CL,0      ;左上角列号
MOV    DH,24     ;右下角行号
MOV    DL,79     ;右下角列号
MOV    AH,6      ;功能号
INT    10H       ;中断调用
```

5.4.2 DOS 常用中断调用

DOS 系统设置了几十个内部子程序,它们可完成 I/O 设备管理、存储管理、文件管理和作业管理等功能。一般常用的软件中断有 8 条,其中断类型号为 20H～27H,它们的功能如表 5-3 所示。

表 5-3 DOS 常用软件中断功能及参数

软中断命令	功 能	入口参数	出口参数
INT 20H	程序正常退出		
INT 21H	系统功能调用	AH=功能号,相应入口号	相应出口号
INT 22H	结束退出		
INT 23H	Ctrl-Break 处理		
INT 24H	出错退出		

续表

软中断命令	功 能	入口参数	出口参数
INT 25H	读盘	AL=驱动器号 CX=读入扇区数 DX=起始逻辑扇区号 DS:BS=内存缓冲区地址	CF=0 成功 CF=1 出错
INT 26H	写盘	AL=驱动器号 CX=写盘扇区数 DX=起始逻辑扇区号 DS:BX=内存缓冲区地址	CF=0 成功 CF=1 出错
INT 27H	驻留退出		

表 5-3 中软件中断屏蔽了设备物理特性和接口方式,设置好入口参数用"INT n"的形式即可调用。其中,21H 类型的中断调用又称为 DOS 系统功能调用。部分常用的功能如下。

1. 单字符输入(01H、07H、08H 功能)

格式:
```
        MOV   AH,01H
        INT   21H
```

01H 功能调用时检测 Ctrl-Break 或 Ctrl-C,如果是则退出,否则将输入字符 ASCII 码置入 AL 寄存器,并在屏幕上回显该字符。07H 与 01H 功能的差异是键入字符不在屏幕上回显,不检测 Ctrl-Break 和 Ctrl-C。08H 功能与 01H 功能基本相同,只是不回显输入字符。

2. 显示单字符(02H 功能)

格式:
```
        MOV   AH,02H
        MOV   DL,'A'
        INT   21H
```

02H 功能在屏幕上显示 DL 中的 ASCII 码。

3. 显示字符串(09H 功能)

格式:
```
        MOV   AH,09H
        LEA   DX,DISPSTR
        INT   21H
```

显示 DX 为首址的字符串,要求显示字符串尾部由"$"符作为结束符。

4. 字符串输入(0AH 功能)

格式:
```
        MOV   AH,0AH
        LEA   DX,BUFFER
        INT   21H
```

一次输入一个字符串,能够输入的最大字符数存储在 BUFFER 的第 1 个字节,BUFFER 的第 2 个字节存储实际输入的字符数,从第 3 个字节开始存放输入字符 ASCII 码,最后一个字符是回车符 0DH。实际能够输入的字符数是设定的最大字符数减 1。加回车符输入 20 个字符的 BUFFER 缓冲区定义如下:

```
BUFFER DB 20,?,20 DUP(?)
```

5. 检测键盘状态(0BH 功能)

格式:
```
        MOV   AH,0BH
```

```
        INT   21H
```

返回参数 AL=00H 表示有输入,AL=0FFH 表示无输入。

6. 保存中断向量(35H 功能)

```
格式:   MOV   AH,35H
        MOV   AL,21H
        INT   21H
```

AL=21H 表示取 21H 类型中断向量,返回值 ES:BX 为 21H 对应的中断向量。

7. 设置中断向量(25H 功能)

```
格式:   MOV   AH,25H
        MOV   AL,60H
        MOV   DX,OFFSET SUB_PROC
        MOV   AX,SEG SUB_PROC
        MOV   DS,AX
        INT   21H
```

AL=60H 表示设置 60H 类型中断向量,中断服务子程序为 SUB_PROC,类型必须为 FAR 类型,要设置的中断向量放在 DS:DX 中。

8. 返回 DOS(4CH 功能)

```
格式:   MOV   AH,4CH
        INT   21H
```

结束当前正在执行的程序,返回 DOS。与此功能类似的还有"INT 20H",用如下格式实现:

```
CODE   SEGMENT
MAIN   PROC   FAR     ;若要使用本格式,MAIN 子程序必须声明为 FAR 类型
START:
       PUSH   DS      ;压入程序段前缀段值
       XOR    AX
       PUSH   AX      ;压入一个 0,作为程序段前缀的偏移量
       ……             ;这里放程序体
       RET            ;利用 RET 将程序一开始压入的程序段前缀地址弹出到 CS:IP
MAIN   ENDP
CODE   ENDS
       END   START
```

因为程序段前缀的位置存放的是"INT 20H"指令,因此利用 RET 返回时就执行了"INT 20H"返回 DOS。

5.5 汇编语言程序的汇编及调试

前面已经简单说明了汇编语言程序从建立到执行的过程,这一节将说明这一过程的具体操作方法。下面将以 Microsoft 的 MASM5.0 版为基础介绍汇编程序的使用方法。如果

读者使用的是其他版本，或者是 Borland 公司的 TASM，其基本使用方法均类似。调试程序既可以用 Microsoft 的 DEBUG，也可以用 Microsoft 的 CodeView 或 Borland 的 TDEBUG，甚至可以使用 NuMega 公司的 SoftICE。SoftICE 是功能更为强大的调试程序，既有面向 DOS 的版本，又有面向 Windows 的版本，其应用非常广泛，感兴趣的读者可以查阅有关资料。

5.5.1 程序的编辑、汇编及连接过程

1. 建立源程序文件

汇编语言源程序文件是纯文本格式的，可以使用 DOS 或 Windows 下的 Edit 输入，也可以用其他任何支持纯文本格式的编辑软件输入。如 DOS 下的 QEDIT、EDLIN、WORDSTAR 等，Windows 下的记事本、ULTRAEDIT、EDITPLUS 以及 Word、WPS 的文本格式等。存盘时扩展名选汇编语言扩展名.ASM，否则在汇编时需要输入源程序文件名加扩展名。MASM 汇编程序要求源程序文件名必须符合 DOS 文件名的构成规则，即 8.3 格式，亦即文件名最多 8 个字符，扩展名最多 3 个字符，否则 MASM 不能识别。

2. 汇编源程序

在 DOS 系统提示符下输入：

MASM [源文件][,目标文件][,列表文件][,交叉参考文件][/参数][;]

源文件、目标文件、列表文件、交叉参考文件的文件名是可选项，如果省略，则在随后的提示中输入。如果文件扩展名采用默认扩展名，则扩展名可以省略。如源文件名为 HELLO.ASM，则可以只输入 HELLO 即可。“;”可选项表示采用默认值，即汇编时可以自动输入回车应答 MASM 的提问。汇编程序的参数有 5 个，如表 5-4 所示。

表 5-4 宏汇编参数及其功能

参 数	功 能
/D	两次扫描中都给出列表文件
/O	在列表文件中用八进制表示生成的目标代码和位移量
/X	列表伪指令在条件为假时不作列表
/R	对源程序中的 8087/80287/80387 指令进行汇编，并产生目标代码
/E	对源程序中的 8087/80287/80387 指令进行汇编，产生仿真目标代码

如果没有输入文件名，则宏汇编的提示信息与回答如表 5-5 所示。

表 5-5 宏汇编的提示信息与回答

提示信息	回 答
Source filename [.ASM]:	要进行汇编的汇编语言源程序文件名
Object filename [Source.OBJ]	可重定位目标代码文件名，默认扩展名为源文件名.OBJ
Source listing [NUL.LST]	列表文件名，默认无列表文件
Cross reference [NUL.CRF]	交叉参考文件名，默认无交叉参考文件，该文件由 CRF 处理

3. 程序连接

目标代码虽然是二进制文件,但是还不能被执行,因为目标文件中还有一些符号地址没有最后确定,并且有些目标文件需要和库文件相连。因此,需要用连接程序 LINK 连接汇编生成的目标代码,产生可执行的装入文件(.EXE)。

LINK 连接程序的格式如下:

LINK [目标文件列表][,装入模块名][,列表文件名][,库文件名表][/参数][;]

目标文件列表可以设计单个目标文件,也可以是多个目标文件。多个目标文件可以用加号连接,也可以用空格隔开。装入模块名即生成的可执行文件名要遵循 DOS 文件名格式的要求。多个库文件直接可以用空格隔开。";"可选项表示采用系统默认值,相当于自动输入 4 个回车符,参数有 7 个,如表 5-6 所示。

表 5-6 LINK 参数功能表

参 数	功 能
/D	把数据装入到数据区 DS 的上部
/H	把装入模块(.EXE)装入到存储器的高区
/L	列表文件中加入行号和地址
/M	以字典顺序在列表文件中列出全部公共变量
/P	暂停连接
S:n	指定装入模块栈的大小,n 的最大值为 65 535
/N	禁止连接默认库

LINK 连接程序的提示信息及回答如表 5-7 所示。

表 5-7 LINK 连接程序的提示信息及回答

提示信息	回 答
Object Modules [.OBJ]	目标文件列表,各目标文件之间用"+"或空格隔开
Run File [object.EXE]	连接后生成的装入模块名,即可执行程序名
List File [NUL.MAP]	列表文件名,默认无列表文件
Libraries [.LIB]	库文件列表,各库文件之间用"+"或空格隔开

若采用默认扩展名,则扩展名可以省略,比如目标文件扩展名为.OBJ,则.OBJ 可以省略。另外一种连接的格式是:

LINK @＜文件名＞

其中,文件名的每一行对应 LINK 连接程序的一个回答。

4. 程序执行

如果建立源文件和汇编源程序中的任何一步出错,则重新编辑程序,然后汇编、连接即可;如果都没有错误,则生成可执行文件。在 DOS 系统提示符下输入可执行文件名,然后按回车键执行程序即可。默认可执行程序扩展名.EXE 可以输入,也可以省略。

5.5.2 调试软件 DEBUG

DEBUG 为 DOS 提供了有力的查错、跟踪程序运行、检查系统数据的功能，主要包括以下几个方面：

(1) 直接输入、更改、跟踪、运行汇编程序；

(2) 观察操作系统的内容；

(3) 查看 ROM BIOS 的内容；

(4) 观察更改 RAM 内部的设置值；

(5) 以扇区或文件的方式读写软盘数据。

在 DEBUG 中，地址用段地址与段内地址来表示，而段地址可以明确地指出来，也可以用一个段指示器(段寄存器)来代表。用段寄存器表示时，其段地址就是此寄存器的内含值。例如用段地址和段内地址表示 F000:0100H，用段寄存器和段内地址表示 CS:0100H，其中 CS 指向 F000。

DEBUG 命令的格式如下：

DEBUG [驱动器名:][路径][文件名.扩展名]

进入 DEBUG 后出现一个横杠"—"作为 DEBUG 的命令提示符。文件名是被调试文件的名字，其后缀须为 EXE 或 COM 文件。二者的区别是 COM 文件调试完后可以回写到磁盘上，而 EXE 文件则不允许回写。下面介绍常用 DEBUG 命令的使用方法。

1. "?"命令

此命令在"—"之后键入"?"，回车即可出现 DEBUG 命令的所有说明。以下命令都是用回车执行。

2. "A"命令

将汇编语言源程序译成机器码，并存入内存地址。格式：

—A[起始地址]

如果 A 后无地址，则 DEBUG 会将 CS:0100H 定为起始地址。若要退出 A 命令，则在最后一行直接回车即可。

3. "D"命令

将指定内存区内容列出显示在屏幕上。格式：

—D[范围]

例如：

```
—D 100 12F
13F1:0100  B4  01  CD  21  CC  C4  06  89—46  F8  89  56  FA  A1
           B8  17     ...!....F..V....
13F1:0110  0B  06  BA  17  75  1C  83  7E—0A  FF  74  08  34  00
           E0  13     ....u..~..t.4...
13F1:0120  46  08  75  0E  A1  3A  21  8B—16  3C  21  A3  B8  17
           89  16     F.u..:!..<!.....
```

最左边为单元地址，中间为单元十六进制值，右边为十六进制值对应的 ASCII 码字符，不可显示字符一律用圆点代替。以上命令与"—D 100 L30"等价，L30 表示显示长度为 30H

个字节。

4."E"命令

用来修改内存内容的命令。格式：

E起始地址[数据行]

5."F"命令

将数据填入指定的范围。格式：

F范围　数据行

F命令将数据行填入F所设定的范围内，如果数据未能一次填满，则其会重复填入，直至填满。

6."G"命令

G命令连续执行程序，直到遇到返回指令。格式：

－G[＝起始地址][中断点1]……

不带断点的G命令执行结果与直接在DOS下运行程序一样。

例如："－G＝100 106"表示从CS：0100H处执行，执行到CS：0106H处断点暂停。

7."L"命令

该命令的功能是将文件或扇区的数据装入内存。格式：

L[装入地址[驱动器名 起始扇区/扇区数]]

1）格式1

L装入地址 驱动器名 起始扇区/扇区数

这种格式可把磁盘上指定扇区范围的内容装入到存储器从指定地址开始的区域中。

将C驱的0扇区装至CS：0100H开始的存储器区域上。需要注意：以上命令须在实模式下才支持。

2）格式2

L装入地址

这种方式可把指定文件装入内存，装入的文件可在进入DEBUG时指定，也可以用N命令建立。

8."N"命令

格式：　N路径名\文件名

例如：

－N C：\MASM\HELLO. EXE

－L

如果文件C：\MASM\HELLO. EXE存在，则装入到内存CS：0000H处。

9."T"命令

格式：　T[＝起始地址][运行次数]

从指定地址起执行一条指令后停下来，显示所有寄存器内容及标志位的值。若未指定地址，则从当前CS：IP开始执行，若指定起始地址，则T命令会从指定的地址开始跟踪。我们还可以指定跟踪一次所运行指令的个数，用"Ctrl＋S"可暂停屏幕的显示，以便观察。

例如："－T＝100 10"，则由CS：0100H开始跟踪10条指令。

10. “R”命令

该命令用来显示及更改寄存器的值。在R命令后加入寄存器名，则DEBUG会单独显示此寄存器名并等待输入新值，若不想改变则回车即可。格式：

R[寄存器名]

若想改变标志寄存器，用“－RF”回车，则DEBUG会将标志寄存器的内容显示出来；若想改变任一标志，只要输入该标志的名称即可。标志名称与对应设置如表5-8所示。

表5-8 标志名称与对应设置

标志名称	设置	标志名称	设置
溢出标志	OV(溢出) NV(未溢出)	零标志	ZR(等于零) NZ(不等于零)
方向标志	DN(减少) UP(增加)	半进位标志	AC(有进位) NA(无进位)
中断标志	EI(许可) DI(禁止)	奇偶标志	PE(偶数) PO(奇数)
符号标志	NG(为负) PL(为正)	进位标志	CY(有进位) NC(清除进位)

11. “P”命令

格式： P[＝地址][指令个数]

P命令和T命令都用来跟踪程序的运行过程。可以在P命令中指定程序运行的起始地址及指令个数，如未指定，则从CS:IP所指定的地址开始一次运行一条指令。P命令与T命令的差别在于P命令把CALL/INT/LOOP等指令当成一条指令来执行，简化了跟踪过程。

12. “U”命令

格式： U[地址]或[内存范围]

13. “W”命令

格式： W[起始地址[驱动器名 起始扇区 扇区数]]

在运行W命令时需设置文件名及文件的大小，其中CX为文件大小低16位，BX为文件大小高16位。

1) 把数据写入磁盘的指定扇区

－W 起始地址 驱动器名 起始扇区 扇区数

2) 把数据写入指定文件中

－W 起始地址

14. “Q”命令

该命令退出DEBUG程序。

格式： －Q

Q命令退出时不存盘，如需存盘，先用W命令，然后再退出。

对于其他未介绍的DEBUG命令，请查阅相关参考资料。

5.5.3 调试步骤

利用DEBUG调试汇编语言程序的方法大同小异，一般步骤如下：

(1) 利用DEBUG将可执行程序装入内存。

(2) 利用U命令反汇编目标程序，与源代码对照。

(3) 利用T命令单步跟踪执行程序，查看每一步的执行结果；利用P命令代替T命令，单步执行INT、CALL、LOOP等指令；利用G命令连续执行一段代码，查看结果，或者设置断点，在某处暂停查看执行结果；可用E或F命令直接修改部分目标代码；可用R命令查看或修改寄存器的内容；用D命令查看程序对内存单元的修改。

(4) 若发现问题，则返回编辑程序进行修改，并重新汇编和连接，然后再次用DEBUG调试，直至程序无错。

下面，我们以一个具体的例子来说明如何调试汇编语言程序。

例5.10 统计一段文字中空格的个数。

解：源程序如下：

```
;*************************************************
;例5.10
;程序名称：CNTBLNK.ASM
;程序功能：统计一段文字中空格的个数(少于65 535个)
;*************************************************
DATA   SEGMENT
STRING DB "MASM is routinely capable of building complete executable files, dy-
namic link libraries and separate object modules."
STRLEN   DB  ?            ;定义一个字节，便于计算STRING字串的长度
DATA     ENDS             ;数据段结束
;=================================================================
CODE   SEGMENT
ASSUME   CS:CODE,DS:DATA,ES:DATA
START:
        MOV      AX,DATA
        MOV      DS,AX
        MOV      ES,AX                   ;数据段及附件段装填
        MOV      CX,STRLEN-STRING        ;将字串长度送CX
        MOV      BX,0                    ;BX存放空格个数
        LEA      DI,STRING               ;取字串首地址
        MOV      AL,' '                  ;搜索关键字
        CLD                              ;按增量方向搜索
SEARCHING:
        REPNZ    SCASB                   ;搜索关键字
        INC      BX                      ;找到则计数器加1
        LOOP     SEARCHING               ;把剩余的字串搜索完毕
EXIT:
      MOV        AH,4CH
      INT        21                      ;返回DOS
      CODE       ENDS                    ;代码段结束
```

```
END  START    ;程序结束,给出入口地址
```

以上例程经 MASM 汇编和 LINK 连接后生成CNTBLNK.EXE,例程 5.10 已经无语法错误。下面我们用 DEBUG 查看例 5.10 是否有逻辑错误。

1. 用 DEBUG 将 CNTBLNK.EXE 调入内存

执行:C:\MASM>DEBUG CNTBLNK.EXE。

2. 用 T 命令或 P 命令单步跟踪程序运行

在跟踪前,我们首先可以用 U 命令反汇编以下目标程序,与源程序进行对比。

```
1494:0000  B88C14      MOV     AX,148C
1494:0003  8ED8        MOV     DS,AX
1494:0005  8EC0        MOV     ES,AX
1494:0007  B97400      MOV     CX,0074
1494:000A  BB0000      MOV     BX,0000
1494:000D  8D3E0000    LEA     DI,[0000]
1494:0011  B020        MOV     AL,20
1494:0013  FC          CLD
1494:0014  F2          REPNZ
1494:0015  AE          SCASB
1494:0016  43          INC     BX
1494:0017  E2FB        LOOP    0014
1494:0019  B44C        MOV     AH,4C
1494:001B  CD15        INT     15
1494:001D  36          SS:
1494:001E  228B1CFF    AND     CL,[BP+DI+FF1C]
```

通过对比,我们首先发现,源程序的"INT 21"指令正确的形式应为"INT 21H",漏掉"H"反汇编后成了"INT 15H",因此我们需要重新编辑、汇编、连接,重新生成CNTBLNK.EXE,并重新由 DEBUG 调入到内存。再次用 U 命令反汇编,可以看到,我们编写的程序到 1494:001B CD15 结束,因此我们先用 G 命令执行到返回 DOS 前,查看统计的结果和本例中空格的实际个数 15 是否相符。

```
-G=019
AX=1420  BX=6E9A  CX=0000  DX=0000  SP=0000  BP=0000  SI=0000
DI=91DA
DS=148C  ES=148C  SS=148C  CS=1494  IP=0019  NV  UP  EI  PL  NZ
NA  PE  NC
1494:0019  B44C        MOV     AH,4C
```

结果我们看到,BX的内容不是 15,因此我们编写的程序中存在逻辑错误,但是是什么原因导致错误的发生呢?要回答这个问题,我们就必须单步跟踪程序的执行,看看程序执行的结果与源程序的功能之间有什么差异。为了节省跟踪的时间,我们在搜索入口 1494:0014H 处设置断点,用 G 命令直接执行到这里。

```
-G=014
```

AX=1420 BX=0000 CX=0074 DX=0000 SP=0000 BP=0000 SI=0000 DI=0000

DS=148C ES=148C SS=148C CS=1494 IP=0014 NV UP EI PL NZ NA PO NC

1494:0014 F2 REPNZ

1494:0015 AE SCASB

然后用P命令单步跟踪执行该程序。

-P

AX=1420 BX=0000 CX=006F DX=0000 SP=0000 BP=0000 SI=0000 DI=0005

DS=148C ES=148C SS=148C CS=1494 IP=0016 NV UP EI PL ZR NA PE NC

1494:0016 43 INC BX

此时,ZF标志为1,表示找到了空格,CX比原值减少了5,表示搜索了5个字符,当前值为剩余未搜索的字符数,DI值为5,表示当前指针指向ES:0005H。我们用D命令查看原始字串:

-D ES:0

148C:0000 4D 41 53 4D 20 69 73 20-72 6F 75 74 69 6E 65 6C MASM is routinel

148C:0010 79 20 63 61 70 61 62 6C-65 20 6F 66 20 62 75 69 y capable of bui

148C:0020 6C 64 69 6E 67 20 63 6F-6D 70 6C 65 74 65 20 65 lding complete e

148C:0030 78 65 63 75 74 61 62 6C-65 20 66 69 6C 65 73 2C xecutable files,

148C:0040 20 64 79 6E 61 6D 69 63-20 6C 69 6E 6B 20 6C 69 dynamic link li

148C:0050 62 72 61 72 69 65 73 20-61 6E 64 20 73 65 70 61 braries and sepa

148C:0060 72 61 74 65 20 6F 62 6A-65 63 74 20 6D 6F 64 75 rate object modu

148C:0070 6C 65 73 2E 00 00 00 00-00 00 00 00 00 00 00 00 les.............

可以看出,当前ES:DI指向未搜索的字串首字符,已经找到"is"前面的空格,因此计数器BX需要增1。继续用P(或T)命令跟踪:

AX=1420 BX=0000 CX=006F DX=0000 SP=0000 BP=0000 SI=0000 DI=0005

DS=148C ES=148C SS=148C CS=1494 IP=0016 NV UP EI PL ZR NA PE NC

1494:0016 43 INC BX

-P

AX=1420 BX=0001 CX=006F DX=0000 SP=0000 BP=0000 SI=0000 DI=0005

DS=148C ES=148C SS=148C CS=1494 IP=0017 NV UP EI PL NZ NA PO NC

1494:0017 E2FB LOOP 0014

计数器BX已经为1。此时,遇到LOOP指令,而我们需要知道每个循环执行的情况,因此用T命令单步跟踪。

```
-T
AX=1420  BX=0001  CX=006E  DX=0000  SP=0000  BP=0000
SI=0000  DI=0005
DS=148C  ES=148C  SS=148C  CS=1494  IP=0014  NV  UP  EI  PL  NZ
NA  PO  NC
1494:0014  F2          REPNZ
1494:0015  AE          SCASB
```

此时,其他单元内容未变,只有CX计数器的数值比剩余未搜索的字符少1,原因是我们利用LOOP指令判断循环是否结束使得CX计数器自动减1,因此未搜索字符数出现了错误。修改源程序的方法有多种,我们简单地在LOOP指令前插入一条"INC CX"即可解决。

经重新编辑、汇编、连接后,用DEBUG继续跟踪调试。由于我们已经找到了一个错误,因此再次跟踪时,我们先查看程序执行结果是否已经正确。经反汇编得到返回DOS前的地址是1494:001A,用G命令执行的结果如下:

```
-G=01A
AX=1420  BX=0010  CX=0000  DX=0000  SP=0000  BP=0000  SI=0000
DI=0074
DS=148C  ES=148C  SS=148C  CS=1494  IP=001A  NV  UP  EI  PL  NZ
NA  PO  CY
B44C              MOV        AH,4C
```

当前BX的值是16,而我们的测试字符串中空格的实际个数是15个,为什么二者不一致呢?当然是程序中仍然存在逻辑错误。继续单步跟踪程序的执行,从断点1494:0014H处交替用P和T命令单步跟踪,前几次没有发现什么问题,为加快跟踪速度,用带执行次数参数的T命令跟踪,直到BX变为000FH,我们再改用T命令跟踪。

```
-T
AX=1420  BX=000F  CX=0009  DX=0000  SP=0000  BP=0000  SI=0000
DI=006C
DS=148C  ES=148C  SS=148C  CS=1494  IP=0018  NV  UP  EI  PL  NZ
NA  PE  NC
1494:0018  E2FA        LOOP       0014
-T
AX=1420  BX=000F  CX=0008  DX=0000  SP=0000  BP=0000  SI=0000
DI=006C
DS=148C  ES=148C  SS=148C  CS=1494  IP=0014  NV  UP  EI  PL  NZ
NA  PE  NC
1494:0014  F2          REPNZ
1494:0015  AE          SCASB
-P
AX=1420  BX=000F  CX=0000  DX=0000  SP=0000  BP=0000  SI=0000
```

DI＝0074

DS＝148C　ES＝148C　SS＝148C　CS＝1494　IP＝0016　NV　UP　EI　NG　NZ　AC　PO　CY

1494:0016 43　　　　INC　　　　BX

当前BX值为实际空格数，CX为0表示整个字符串已经搜索完毕，ZF值不为0(即NZ)，表示没有搜索到，因此BX值不应该再增1，但是当前CS:IP却指向BX增1的指令，说明问题出在这里，我们只需要添加一条不为零跳转的指令跳出循环即可。本例中的这个错误与测试字符串行尾是否有空格也有关系。如果测试字串行尾有空格，则既使不做上面的修改，程序仍能给出正确的结果，而做了上面的修改后，无论测试字符串尾部是否有空格都能给出正确的结果。

本例中源程序不一定是最佳的，目标程序的跟踪方法也不一定是最简、最合理的，仅起到一个抛砖引玉的作用，实际调试程序时，可采取更加灵活多变的跟踪方法，将程序中的“臭虫”全部挑出来。

复习思考题

1. 如何计算一个汇编语言程序的运行时间？试编写一个延时0.5 s的子程序，并验证该延时子程序的实际运行时间与理论值的差异。

2. 编写汇编语言程序时，哪些段寄存器只需用ASSUME伪指令指定即可？哪些不可以？若对需要初始化的段寄存器没有进行装填初始化，会导致什么结果？请编程验证。

3. 编程时是否必须定义堆栈段？若不定义堆栈段，PUSH、POP指令能否正确执行？什么情况下必须定义堆栈段？编程验证所得出的结论。

4. 若汇编语言程序结束时END指令后面没有跟入口地址，能否生成目标文件？能否生成可执行文件？若END伪指令也省略，结果又如何？

5. 假设有以下数据段定义：

```
DATA   SEGMENT
N1  DB  -1,255,0FFH
N2  DW  -1,255,0FFH
N3  DB  2  DUP(2 DUP(3,4))
N4  DW  $
DATA  ENDS
```

请给出各变量在内存中的映像。若有指令：

```
MOV   AX,SIZE N3
MOV   BX,N4-N1
MOV   CX,N4
```

则指令执行后AX、BX、CX的值分别是什么？

6. 目前MASM的版本是什么？除了微软的MASM，还有哪些可用的汇编程序？分别适用于什么平台？请利用互联网查阅相关资料，比较汇编语言与其他高级语言的异同。

7. 比较宏和过程(子程序)的异同，分别利用宏和过程形式实现回车换行功能，比较两种方法的异同。

8. 比较当型循环和直到型循环的特点，分别用当型和直到型循环实现10个字符的输入。

9. 编程将AX、BX、CX、DX中的符号数由大到小排序。

10. 编写程序将BX中的十六进制数转换成十进制数。

11. 编写子程序实现压缩型BCD码到十六进制数的转换。

12. 编写程序实现从键盘输入两个20位以内的十进制数，求和后以“被加数+加数=和”的形式显示结果。

13. 若一个班级有40人，某学期开设了两门课程，编写程序统计每门课程的最高分和最低分，并按总成绩由高到低排序。

14. 以“INT 21H”的2号子中断为例，利用DEBUG验证中断类型号、中断向量地址、中断向量的关系。请注意中断调用前、调用时、调用后，CS、IP、SS、SP、标志寄存器及堆栈区域内容的变化。

15. 利用互联网了解DOS和Windows系统常用调试软件的使用方法，总结不同调试软件的特点。

第六章 微机接口技术基础

本章要点：了解接口的概念、功能、作用，I/O 端口的概念及地址译码方法；掌握为什么要进行地址译码，独立编址与统一编址的含义，地址译码的常用方法。

6.1 接口概述

6.1.1 什么是接口

微处理器是微型机的核心，但仅有微处理器不能构成一个完整的微型机，微处理器加上存储器(ROM、RAM)、辅助 CPU 工作的外围芯片、I/O 接口才能构成一个完整的、实用的微型机。图 6-1 给出了 IBM-PC/XT 机系统的原理简图。

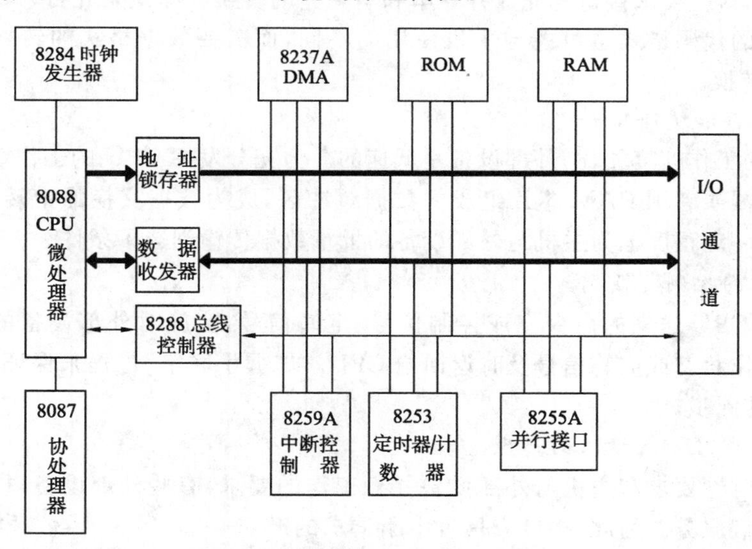

图 6-1 IBM-PC/XT 机系统的原理简图

如图 6-1 所示，可以将上述系统中的接口分为四部分：(1) 由 8284 时钟发生器、地址锁存器、数据收发器、8288 总线控制器等组成的接口称为微处理器接口。(2) ROM、RAM 构成的接口称为存储器接口。(3) 由 8237A DMA、8259A 中断控制器、8253 定时器/计数器、8255A 并行接口等构成的接口称为 CPU 外围 I/O 接口，也称为系统板 I/O 接口。(4) 由 I/O接口通道构成的连接外部输入/输出设备的接口称为外围 I/O 接口。

对 80X86 CPU 构成的 PC 机而言，随着微处理器技术及集成电路技术的发展，上述接口也随之向高集成化、高性能化方向发展。许多分散的接口芯片按功能被集成在一个或几个芯片上，形成与CPU配套的芯片组，大大减少了系统板上接口芯片的数量。例如IBM-PC/XT机系统上有四十多个主要芯片，而PⅡ机系统板上仅有几个主要芯片。I/O接口功能也越来越强大，原来几个I/O接口部件的功能都集成在一个芯片上。

广义上讲，接口是指通过三总线(AB、DB、CB)与CPU相连的外围芯片或部件，一般包括两层含义：一是这些外围芯片或部件如何与CPU连接；二是如何编程确定这些外围芯片或部件的工作方式。但目前比较流行的观点认为，接口仅指连接CPU与外部输入/输出设备之间的部件，这些部件是CPU与外设之间进行信息传递的媒介，即指I/O接口，这是对接口的狭义定义。

6.1.2 接口的基本功能

I/O接口一般具备如下五种基本功能。

1. 信号电平的转换

外部设备大都是复杂的机电设备，有自己的电源系统，其电气信号往往不是TTL电平或CMOS电平，与系统总线的电气规范不一致。由接口完成交换信号的电平转换，有些接口还采用光电技术使主机与外部设备在电气上实现隔离。

2. 数据格式的转换

系统总线上传送的是8位或16位或32位的并行数据，而一些外部设备采用的是串行数据传送方式，这就要求接口能完成并→串和串→并的转换。即使是并行外部设备，其数据的位长和使用的代码格式也可能与主机使用的不同，而需要数据格式的转换，有的还需要D/A和A/D转换。

3. 数据寄存和缓冲

与CPU的工作速度相比，外部设备是低速的。为充分发挥CPU的工作能力，接口内设置有数据寄存器或者用RAM芯片组成的数据缓冲区，成为数据交换的中转站。接口的数据保持能力在一定程度上为主机与外部设备的批量数据传输创造了条件。

4. 对外设的控制与监测

接口接收CPU送来的命令字或控制信号、定时信号，实施对外部设备的控制与管理。外部设备的工作状态或应答信号及时返回给CPU，以“握手联络”过程来保证主机与外设输入/输出操作的同步。

5. 中断请求、DMA请求的产生

为满足实时性要求和主机与外部设备并行工作的要求，有些外部设备以硬件中断形式请求主机为它们服务。为此，接口应具有中断请求的产生与屏蔽逻辑，有的还具有优先权排队逻辑。对可采用DMA(存储器直接存取)方式传送数据的外部设备，其接口应具有DMA请求的产生与屏蔽逻辑。

当然，并不是所有接口都具备上述全部功能，但是数据缓冲能力和输入/输出操作的同步能力是各种接口都应具备的基本功能。图6-2给出了一个简单的I/O接口框图。

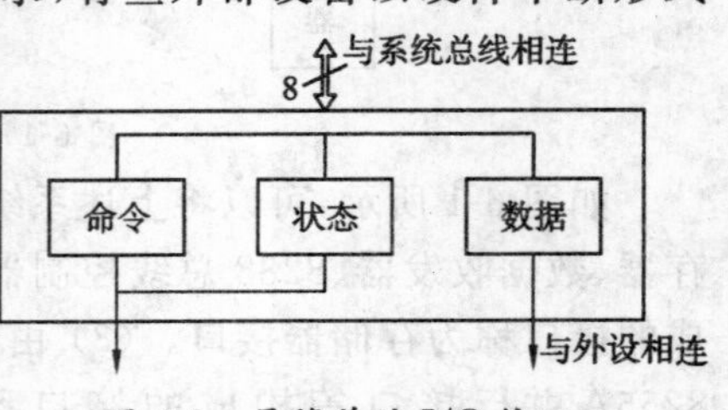

图6-2 最简单的I/O接口

此接口中有三个寄存器:数据寄存器保存传送中的数据;命令寄存器保存由CPU送到接口的命令;CPU读取状态寄存器的内容以了解外部设备的工作状况。状态寄存器中常用一个READY/BUSY状态位来反映接口中的数据输入寄存器是否已"满"或数据输出寄存器是否已"空",CPU读取它后,就可判断是否执行一次数据输入或输出操作。如果采用中断方式或DMA方式与主机交换数据,可用这一状态位的改变来引发中断请求或DMA请求。

6.2 CPU与接口之间的信息传送方式

外部设备与微机之间的信息传送实际上是CPU与接口之间的信息传送。传送的方式不同,CPU对外设的控制方式也不同,从而使接口电路的结构及功能也不同,所以接口电路设计者对CPU与外设之间采用什么方式传送信息颇为关心。传送方式一般有四种,即无条件方式、有条件或查询方式、中断方式和DMA方式。

1. 无条件方式

无条件传送是最简单的传送方式,适合于那些随时都能读、写数据的设备。对应的接口也比较简单,接口内一般有数据缓冲锁存器。

2. 查询方式

查询方式是指主机在传送数据(包括读入和写出)之前要检查外设是否"准备好",若没有准备好,则继续查询其状态,直至外设准备好,即确认外部设备已具备传送条件之后,才能进行数据传送。显然在这种方式下CPU每传送一个数据,需花费很多时间来等待外设进行数据传送的准备,且CPU与外设不能同时工作,各种外设也不能同时工作,因此信息传送的效率非常低。但实现这种方式的接口电路简单,硬件开销小,在CPU不太忙且传送速度不高的情况下可以采用。

3. 中断方式

采用中断方式传送信息时无需反复测试外设的状态。在外设没有做好数据传送准备时,CPU可以运行与传送数据无关的其他指令。外设做好传送准备后,主动向CPU请求中断,CPU响应这一请求,则暂停正在运行的程序,转入用来进行数据传送的中断服务子程序,运行完中断服务子程序(即完成数据传送)后自动返回原来运行的程序。这样,虽然外设的工作速度比较低,但CPU在外设工作时仍然可以运行与外设传送无关的其他程序,使外设与CPU并行工作,提高了CPU的效率。为了实现中断传送,要求在CPU与外设之间设置中断控制器。中断方式用于CPU的任务比较忙且传送速度不太高的系统中,尤其适合实时控制紧急事件的处理。

4. DMA方式

虽然中断传送方式可以在一定程度上实现CPU与外设并行工作,但是在外设与内存之间,或在外设与外设之间进行数据传送时,还是要经过CPU中转(即经过CPU的累加器读进和送出)。因此高速外设(如磁盘)在进行大批量数据传送时,会造成中断次数过于频繁,不仅传送速度慢,而且耗费大量CPU的时间。为此,采用直接存储器存取方式使CPU不参加数据的传送工作,由DMA控制器来实现内存与外设,或外设与外设之间的直接快速传送,从而减轻了CPU的负担。这种方式使计算机的硬件结构发生了变化,信息传送从以

CPU为中心变为以内存为中心。若采用高速存储器，则可使外设与CPU分时访问内存得以实现。

DMA方式实际上是把输入输出过程中外设与内存交换信息的那部分操作及控制交给了DMA控制器，简化了CPU对输入输出的控制。这对高速大批量数据传送特别有用，但这种方式要求设置DMA控制器，电路结构复杂，硬件开销大。

6.3 分析与设计接口电路的基本方法

如何对一个已有的接口电路进行分析解剖？如何着手设计一个新的接口电路？其一般的做法是：首先从硬件上分析接口两侧的情况，在此基础上考虑CPU总线与I/O设备之间的信号转换，然后合理选用I/O接口芯片，进行硬件连接，最后根据硬件的连接情况进行接口驱动程序的分析与设计。

1. 分析接口电路两侧的情况

凡是接口都有两侧，一侧是CPU，另一侧是外设。对于CPU一侧，应清楚CPU的类型，以及它提供的数据线的宽度(8位、16位、32位等)、地址线的宽度(16位、20位、24位)、控制线的逻辑定义(高电平有效、低电平有效、脉冲跳变)、时序关系的特点。其中，数据与地址线比较规整，不同的CPU其变化不大，而控制线往往因CPU不同其定义与时序配合差别较大，故重点要放在控制线的分析上。外设一侧的情况很复杂，这是因为外设种类繁多，型号不一，所提供的信号线五花八门，其逻辑定义、时序关系、电平高低差异甚大。对这一侧的分析重点放在搞清被连外设的工作原理与特点上，找出需要接口为它提供哪些信号才能正常工作，它能反馈回哪些状态信号报告工作过程，以达到与CPU交换数据的目的。外设的种类很多，从高容量快速磁存储器到指示灯和扬声器，不管其复杂程度如何，只要将它们的工作原理及各自原始的(本身所固有的)信号线的特性分析清楚，也就不难对接口电路进行剖析或设计。

2. 进行信号转换

通过前面的分析可知，把CPU与外设两侧的信号线不加处理(改造)就直接连接一般是不行的。因此，经过对接口两侧信号的分析，找出两侧信号的差别之后，设法进行信号转换与改造，使之协调。这可以从CPU一侧做起，将CPU的信号进行转换以达到外设的要求；也可以从外设一侧做起，将外设的信号进行改造(逻辑处理)以达到CPU的要求。经过改造的信号线，在功能定义、逻辑关系和时序配合上能同时满足两侧的要求，故可以协调工作。因此在分析已有接口电路时，可以从两侧的原始信号出发检查它们，通过哪些元器件进行了改造与转换，最后送到什么地方去，搞清来龙去脉。在设计接口电路时，也是如此，只不过信号转换的元器件由设计者来决定。

3. 合理选用外围接口芯片

由于现代微电子技术和集成电路的发展，目前各种功能的接口电路都已做成集成芯片，由中规模或大规模集成接口芯片代替过去的数字电路。因此，在接口设计中通常不需要繁杂的电路参数计算，而需要熟练地掌握和深入了解各类芯片的功能、特点、工作原理、使用方法及编程技巧，以便根据设计要求和经济准则合理选择芯片，把它们与微处理器正确地连接起来，并编写相应的驱动程序。采用集成接口芯片不仅使接口体积小，功能完善，可靠性高，易于扩充，应用极其灵活、方便，而且推动了接口向智能化方向发展。所以接口芯片在微机接口技术中起着很重要的作用，应给以足够的重视。

外围接口芯片种类繁多，既有用中规模集成电路做成的，也有用大规模集成电路做成的，还有可编程与不可编程、通用与专用之分。常用的有：并行口芯片，如 8255A、6821；串行口芯片，如 8251、8250、8273；定时器/计数器，如 8253(8254)、MC146818；中断控制器，如 8259A；DMA 控制器，如 8237A、Z80DMA；LED 显示/键盘控制器，如 8279；CRT 控制器，如 8275、6845；软盘控制器，如 8272、6843、μPD765；GPIB 控制器，如 8291、8292、68488 等等。另外，接口电路中还经常使用中规模器件(如锁存器、译码器、总线驱动器和各种门电路)作为辅助元件。在模拟接口中还要与 A/D、D/A 转换器芯片及 OP 芯片打交道。这些将在本书各接口电路中进行介绍。

4. 接口驱动程序分析

接口的硬件电路只提供了接口工作的条件，要使接口真正发挥作用就要配备相应的程序。对于微机系统中的标准设备(如 CRT、KB、PRINTER、HD、COM 等)，在 ROM-BIOS 中都有相应的功能块子程序供用户调用。但是对于接口设计者来说，常常碰到的是一些非标准设备，况且在微机控制应用中往往采用单板机或单片机，此时没有配置 BIOS，无功能子程序供调用，所以需要自己动手编制接口驱动程序。为此，必须了解外设的工作原理和接口硬件结构，否则无法编程。接口驱动程序是模块化和结构化的，一般由初始化模块和功能模块等组成。

总之，分析接口问题的基本方法可归纳为：分析接口两侧的信号及其特点，找出两侧连接时存在的差异；针对要消除两侧的这些差异，确定接口应完成的任务；为了实现任务，要考虑进行哪些信号变换，选择什么样的元器件来进行这些变换，据此进行接口电路模块化总体结构设计，这样就完成了对接口硬件的分析。对接口问题，仅有硬件分析是不行的，还必须对接口的软件编程进行分析，而软件编程是与硬件结构紧密相连的，硬件发生变化，接口的驱动程序也就随之改变。

6.4 I/O 端口的寻址方式

6.4.1 I/O 端口的概念

I/O 端口是处理器与 I/O 设备直接通信的地址。实际应用中，通常把 I/O 接口电路中能被 CPU 直接访问的寄存器或某些特定器件称为端口。CPU 通过这些端口发送命令，读取状态和传送数据，因此一个接口可有几个端口，如命令口、状态口、数据口等。有的接口包括的端口多(如 8255A 并行接口芯片有 4 个端口，8237A 芯片内有 16 个端口)，有的包括的端口少(如 8251、8259A 芯片内只有两个端口)。对端口操作也有所不同，有的端口只能写或只能读，有的端口既可以写也可以读。一般一个端口只能写入或读出一种信息，但也有几种信息共用一个端口。例如，8255A 的一个命令口可接受两种不同的命令；8259A 的一个命令口可接受四种不同的命令。

从编程的角度来看，提供给系统和专用程序调用的 ROM-BIOS 中断功能及对应的各个软件中断例程，实际上都是对指定的 I/O 接口实施控制。尤其是当编写应用程序时要想绕过DOS或ROM-BIOS直接对硬件设备编程以达到高效运行的目的，就必然涉及对指定的I/O接口进行控制，也就是要通过对I/O接口的端口地址完成读写操作。如何实现对这些端口的访问，就是所谓的I/O接口寻址问题。有两种寻址方式：一种是端口地址与存储器地址统一编址，即存储器映射方式；另一种是I/O端口地址和存储器地址分开独立编址，即I/O映射方式。

6.4.2 端口地址编址方式

1. 统一编址

这种方式是从存储空间划出一部分地址空间给I/O设备，把I/O接口中的端口当作存储器单元进行访问，不设置专门的I/O指令。凡对存储器可以使用的指令均可用于端口。6800系列、6502系列微型机和PDP-Ⅱ小型机就是采用这种方式。

统一编址方式对I/O设备的访问使用访问存储器的指令，指令类型多，功能齐全，不仅使访问I/O端口实现输入/输出操作灵活、方便，而且还可对端口内容进行算术逻辑运算、移位等。另外，能给端口有较大的编址空间，这对大型控制系统和数据通信系统是很有意义的。这种方式的缺点是端口占用了存储器的地址空间，使存储器容量减小。另外，指令长度比专用指令要长，因而执行时间较长。

2. 独立编址

独立编址不占用存储器空间，微处理器设置专门的输入/输出指令来访问端口，产生专用访问检测信号，与地址线相结合，形成一个独立的I/O空间。其最主要的优点是：输入/输出指令和访问存储器指令有明显的区别，可使程序编制清晰，便于理解；其缺点是：输入/输出指令类型少，一般只能对端口进行传送操作。

6.4.3 PC机端口的访问特点

80X86 CPU构成的PC机，CPU外围接口芯片及I/O接口部件皆采用独立的编址方式，采用IN和OUT指令实现数据的输入/输出操作。以8086/8088为例，其I/O地址空间为64 K，即0000H～FFFFH（A0～A15），但在IBM-PC/XT机中，仅使用了A0～A9构成的1 K I/O地址空间。其中A9有特殊意义：A9为0的地址是系统板上CPU辅助接口芯片的512个端口地址；A9为1的地址是I/O通道上的512个端口地址。表6-1给出了IBM-PC/XT的部分I/O地址。

表6-1 IBM-PC/XT的部分I/O地址分配表

分 类	地址范围	I/O设备端口
系统板	000H ～ 00FH	DMA控制器8237A
	020H ～ 021H	中断控制器8259A
	040H ～ 043H	定时器/计数器8253
	060H ～ 063H	并行外围接口8255A

续表

分 类	地址范围	I/O 设备端口
I/O 通道	200H ～ 20FH	游戏接口
	2F8H ～ 2FFH	异步通信（COM2）
	320H ～ 32FH	硬盘适配器
	378H ～ 37FH	并行打印机
	3B0H ～ 3BFH	单色显示/打印机适配器
	3D0H ～ 3DFH	彩色图形适配器
	3F0H ～ 3F7H	软盘适配器
	3F8H ～ 3FFH	异步通信（COM1）

1. 8088/8086 采用 I/O 端口与累加器之间的数据传送

在 I/O 指令中可采用单字节地址或双字节地址寻址方式。若用单字节地址，则最多可访问 256 个端口。系统主机板上的 I/O 端口采用单字节地址，并且是直接寻址方式，其指令格式为：

```
输入    IN     AX,PORT          ;输入 16 位数据
        IN     AL,PORT          ;输入 8 位数据
输出    OUT    PORT,AX          ;输出 16 位数据
        OUT    PORT,AL          ;输出 8 位数据
```

这里，PORT 是一个 8 位的字节地址。

若用双字节地址作为端口地址，则最多可寻址 64 K 个端口。I/O 扩展的接口控制卡采用双字节地址，并且是寄存器间接寻址方式，端口地址放在寄存器 DX 中。其指令格式为：

```
输入    MOV    DX,XXXXH
        IN     AX,DX            ;16 位传送
   或   IN     AL,DX            ;8 位传送
输出    MOV    DX,XXXXH
        OUT    DX,AX            ;16 位传送
   或   OUT    AL,DX            ;8 位传送
```

这里，XXXXH 为 16 位的两字节地址。

2. 80286 和 80386 还支持 I/O 端口直接与 RAM 之间的数据传送

指令格式：

```
输入    MOV    DX,PORT
        LES    DI,Buffer_In
        INSB                    ;8 位传送
   或   INSW                    ;16 位传送
输出    MOV    DX,PORT
        LDS    SI,Buffer_Out
        OUTSB                   ;8 位传送
```

或　OUTSW　　　　　　　　　　;16 位传送

这里的输入与输出是对 RAM 而言的。输入时用 ES:DI 指向目标缓冲区 Buffer_In;输出时用 DS:SI 指向源缓冲区 Buffer_Out。

6.5 I/O 端口地址译码方法

6.5.1 I/O 总线的使用

如前所述,微机的整个 I/O 接口上可能有许多不同的 I/O 装置,如串行接口、并行接口、磁盘接口、显示器接口等,但任何时刻只有一种装置与 CPU 通信,外界的各个外设均通过数据总线与 PC 进行信息交换,各个数据总线均并接在一起,如图 6-3 所示。那么系统是如何来区分选择要通信的外设的呢?

各个外设装置本身均有一个控制信号,如片选信号(Chip Select,简称 CS),一般低电平有效,例如要选取外设 1 进行数据传送,则令外设 1 的控制信号有效,那么外设 1 的内部数据总线就会打开,而其他各个外设因为控制信号无效而内部呈现高阻抗,自然就与系统数据总线隔离开。外设的控制信号是通过 I/O 地址译码而产生的。也就是说,给不同的外设分配不同的端口地址,而端口地址通过译码电路产生控制信号来选择外设。当 CPU 与某外设进行数据传送时,只要在地址总线上送出其相应的端口地址,就能选中该外设,再配合其他控制信号完成数据传送。

图 6-4 给出了译码动作示意图。以 IBM-PC/XT 机为例,8088 对外部 I/O 接口芯片或部件的译码是使用 A0～A9 地址线,并结合 $\overline{IOR}$、AEN 等控制信号线来完成的。其中 AEN 信号线必须使用。AEN=0 时,即不是 DMA 操作时译码才有效;AEN=1 时,即 DMA 操作时使译码无效,避免在 DMA 周期影响对外设的数据传送。

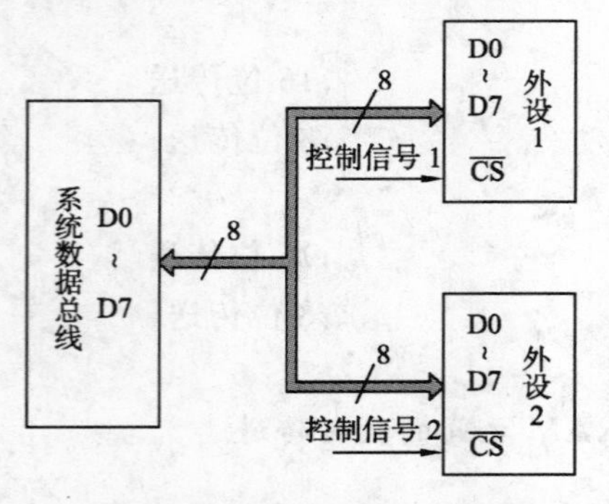

图 6-3　I/O 外设连接示意图

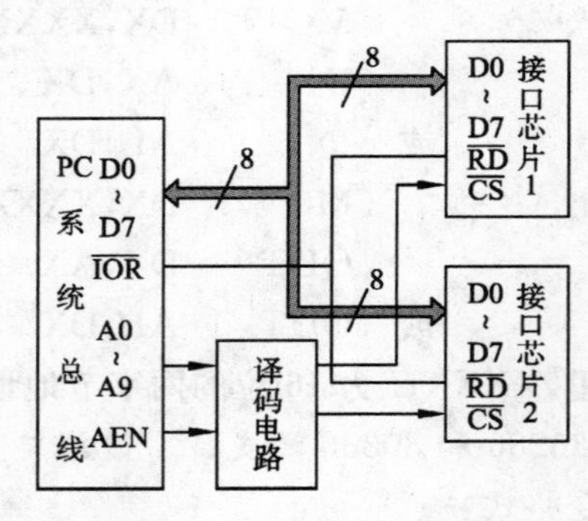

图 6-4　译码动作示意图

译码电路在整个 I/O 接口电路设计中占有重要的地位。译码电路的输出信号通常是低电平有效,高电平无效。译码的一般原则是:用高位地址线与 CPU 的控制信号组合,经译码电路产生 I/O 接口芯片的片选信号 $\overline{CS}$,实现片间寻址;低位地址线直接连到 I/O 接口芯片,实现 I/O 接口芯片的片内寻址,即访问片内的寄存器。

实现 I/O 端口地址译码的方法有多种,在此主要介绍用与非门、译码器、比较器、异或门、GAL 等实现译码的方法。

6.5.2 用与非门实现 I/O 译码

与非门的最大特点是输入全是"1"时输出才是"0",即低电平。常见的与非门有:3 输入与非门 74LS10;4 输入与非门 74LS20;8 输入与非门 74LS30;13 输入与非门 74LS133;12 输入 3 态与非门 74LS134。

图 6-5 给出了用 74LS133 实现 25FH 的地址译码电路。25FH I/O 的地址分析如表 6-2 所示。

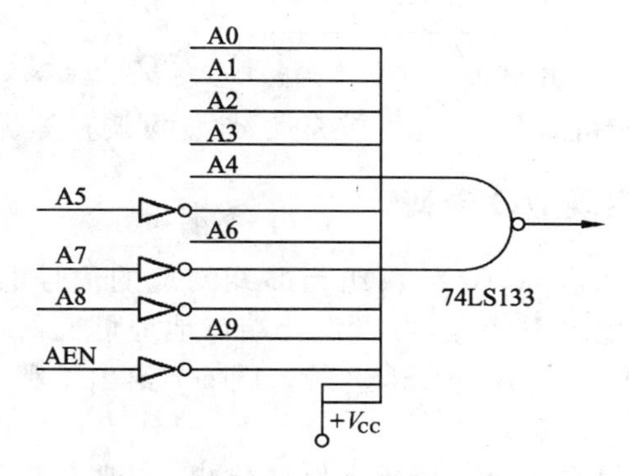

图 6-5 用 74LS133 作译码器

表 6-2 译码电路的地址分析

地址线	A9 A8	A7 A6 A5 A4	A3 A2 A1 A0
二进制	1 0	0 1 0 1	1 1 1 1
十六进制	2	5	F

用与非门进行地址译码一般作为固定端口地址译码,即接口中用到的端口地址是不能更改的。目前接口卡中大部分采用固定译码。

地址译码信号 A0 至 A9 及 AEN 信号共 11 个信号,剩余两个管脚直接接高电平 V_{CC}。

6.5.3 用译码器实现 I/O 译码

常用的译码器有:3-8 译码器 74LS138;2-4 译码器 74LS139;4-16 译码器 74LS154。

图 6-6 所示是 IBM-PC/XT 机系统板 I/O 接口地址译码电路,采用了 74LS138 译码器。A、B、C 称为输入选择线,用来选取 $\overline{Y}0$ 至 $\overline{Y}7$ 的 8 条输出线,低电平有效。任何时刻在输出端 $\overline{Y}0$~$\overline{Y}7$ 只有一位是低电平,其余为高电平,因为输入线有三条,正好有 8 种组合。G1、$\overline{G2A}$、$\overline{G2B}$是控制信号,G1 是高电平,$\overline{G2A}$、$\overline{G2B}$为低电平时芯片才能工作。因此由图可知,$\overline{Y}0$ 对应 DMA(8237A)的端口地址,范围是 00H~1FH;$\overline{Y}1$ 对应 INTR(8259A)的端口地址,范围是 20H~3FH;$\overline{Y}2$ 对应 T/S(8253)的端口地址,范围是 40H~5FH;$\overline{Y}3$ 对应 PPI(8255A)的端口地址,范围是 60H~7FH,依次类推。

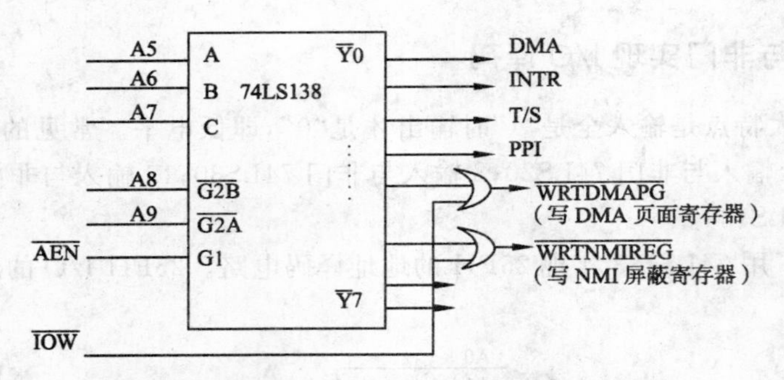

图 6-6 IBM-PC/XT 机系统板 I/O 接口地址译码电路

用译码器进行译码，线路简单，具有可扩充性、地址可调整等优点。

6.5.4 用比较器实现 I/O 译码

比较器一般有两组输入端 A、B，当 A 组与 B 组对应的信号电平相等时，比较器的输出端为低电平。利用比较器的这一特点，可以设计端口地址可变的译码电路。常用的比较器有 4 位比较器 74LS85、8 位比较器 74LS688 等。图 6-7 给出了利用 74LS688 比较器构成的地址可选式译码电路。

图中地址开关的状态设置决定了译码电路的输出，若改变开关状态，则改变了I/O端口的地址。其规则是：

当 P0～P7 ≠ Q0～Q7 时，P＝1，输出高电平，74LS138 不能工作。

当 P0～P7＝Q0～Q7 时，P＝0，输出低电平，74LS138 正常工作。

由于 Q6 接 ＋5 V，Q7 接地，因此只有 A9 为高电平且 AEN 为低电平时，译码才有效。

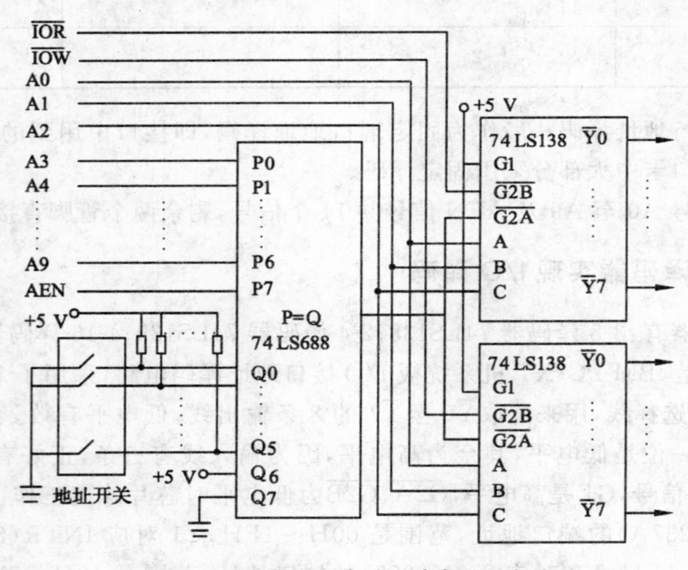

图 6-7 用比较器组成的可选式译码电路

6.5.5 用 GAL 实现 I/O 译码

1. GAL 器件的特点

GAL(Generic Array Logic，简称 GAL)是美国 Lattice 公司于 20 世纪 80 年代生产的可

编程逻辑器件(PLD),它具有如下特点:

(1) 实现多种逻辑功能。它可以实现组合逻辑电路和时序逻辑电路的多种功能。经过编程可以构成多种门电路触发器、寄存器、计数器、比较器、译码器、多路开关或控制器等,代替常用的74系列和54系列的TTL器件或CD4000系列的CMOS芯片。据统计,一个GAL器件在功能上可以代替4～12个中小规模的集成芯片,从而使系统缩小体积,提高可靠性,并简化了印刷电路板的设计。

(2) 采用电擦除工艺,门阵列的每个单元可以反复改写(至少100次),因而整个器件的逻辑功能可以重新配置,因此它是产品开发研制中的理想工具。

(3) 具有硬件加密单元,可以防止抄袭电路设计和非法复制。

(4) 速度高而功耗低,具有高速电擦写能力,改写整个芯片只需数秒钟,而功耗只有双极型逻辑器件的1/2或1/4,缓解了温升问题。

2. GAL的开发过程和工具

GAL器件能否得到广泛应用,很大程度上取决于它是否有优良的开发环境。若用手工方式编程,则不仅繁琐,而且容易出错。现已有许多公司推出了PLD开发工具,借助这些工具可以方便地开发利用GAL。开发工具包括硬件工具编程器和编译软件包(如FM.EXE)等。

GAL的编译软件类似于汇编语言中的MASM.EXE编译软件,MASM功能是将汇编语言编译成机器代码,而GAL的编译软件则是将GAL式设计文件编译成可写入的编程代码文件。GAL的编程器相当于固化器,GAL也就相当于EEPROM。

使用GAL应掌握三点:一是如何根据需要选定GAL应实现的逻辑功能来写出"与-或"形式的逻辑方程,并按照设计说明文件的格式,编写输入文件;二是如何使用编译软件生成相应的编程代码文件;三是如何利用编程器将编程代码文件写入GAL。

有关GAL的具体设计方法,请参阅相关书籍。

1. 什么是接口?接口有哪两层含义?
2. 接口的基本功能是什么?
3. CPU与接口之间有哪几种传送信息的方式?
4. I/O接口的寻址方式有几种?各有什么特点?
5. 常用的I/O接口地址译码方法有哪些?
6. 什么是端口?PC机的端口访问有什么特点?
7. I/O接口的编址方式有几种?PC机采用什么方式?
8. 了解IBM-PC/XT机系统板的I/O口地址的译码电路。
9. 固定地址译码与可选地址译码有什么不同?
10. 常用的地址译码电路有哪些?举例说明地址译码电路在微机中的重要性。

第七章 中断技术

本章要点：了解 8086 的中断系统，中断控制器 Intel 8259A 的性能、内外部结构、工作过程、工作方式等；重点掌握中断向量、中断向量表的概念，中断向量的修改方法，中断优先级的概念，8259A 初始化的特点等。

7.1 中断概述

7.1.1 中断的概念

所谓中断，是一个过程，即 CPU 在正常执行程序的过程中遇到外部/内部的紧急事件需要处理，暂时中断（中止）当前程序的执行而转去为事件服务，待服务完毕再返回到暂停处（断点）继续执行原来的程序。为事件服务的程序称为中断服务程序或中断处理程序。严格地说，上面的描述是针对硬件事件引起的中断而言的。用软件方法也可以引起中断，即事先在程序中安排特殊的指令，CPU 执行到该类指令时转去执行相应的一段预先安排好的程序，然后再返回执行原来的程序，称为软中断。把软中断考虑进去，可给中断再下一个定义：中断是一个过程，是 CPU 在执行当前程序的过程中因硬件或软件的原因插入了另一段程序运行的过程。因硬件原因引起的中断过程的出现是不可预测的，即随机的，而软件中断是事先安排的。

7.1.2 中断源与中断识别

1. 中断源

能够向 CPU 发出中断请求的设备或事件称为中断源。中断源有：

(1) 外部中断：系统外部设备要求与 CPU 交换信息而产生的中断。

(2) 指令中断：为了方便用户使用系统资源或调试软件而设置的中断指令，如调用 I/O 设备的 BIOS 及 DOS 系统功能的中断指令和设置断点中断等。

(3) 程序性中断：程序员的疏忽或算法上的差错使程序在运行过程中出现多种错误而产生的中断，如溢出中断、非法除数中断、地址越界中断、非法操作码中断及存储器空间不够而引起的中断等。

(4) 硬件故障中断：机器在运行过程中硬件出现偶然性或固定性的错误而引起的中断，如奇偶错中断、电源故障等。

2. 中断识别

CPU 响应中断后，只知道有中断源请求服务，但并不知道是哪一个中断源，因此，CPU

要设法寻找中断源,即找到是哪一个中断源发出的中断请求,这就是所谓的中断识别。中断识别的目的是要形成该中断源的中断服务程序的入口地址,以便CPU将此地址置入CS:IP寄存器,从而实现程序的转移。

7.1.3 中断向量与中断向量表

中断向量是中断服务程序的入口地址,它包括中断服务程序的段基址CS和偏移地址IP(共占4个字节的地址空间)。因此,通过使用中断向量可以找到中断服务程序的入口地址,实现程序的转移。每一个中断服务程序都有一个确定的入口地址。系统中所有的中断向量集中起来放到存储器的某一个区域内,这个存放中断向量的存储器就称为中断向量表。换言之,每一个中断服务程序与该表内的一个中断向量建立一一对应的关系。由于中断向量表的每一个向量的序号就是中断号,因此中断向量表是中断号与该中断号相应的中断服务程序入口地址之间的连接表。PC系列微机存储器从0000H到03FFH共1 024个地址单元作为中断向量存储区,每个中断向量需占用4个字节的地址空间,所以可容纳256个中断向量,即可处理256个中断服务程序。

7.1.4 中断向量的装入与修改

1. 中断向量的装入

中断向量并非常驻内存,而是开机上电时由程序装入内存指定的中断向量表中。系统配置和使用的中断所对应的中断向量由系统软件负责装入,若系统中未配置系统软件,就要由用户自行装入中断向量。下面通过例子来介绍几种填写中断向量表的方法。

例7.1 假设中断类型号为60H,中断服务程序的段基址是SEG_INTR,偏移地址是OFFSET_INTR。编写填写中断向量表的程序段。

解:

(1) 用MOV指令

```
……
CLI                        ;关中断
CLD                        ;内存地址加量
MOV   AX,0
MOV   ES,AX                ;给ES赋值为0
MOV   DI,*460H             ;中断向量指针→DI
MOV   AX,OFFSET_INTR       ;中断服务程序偏移地址→AX
STOSW                      ;AX→[DI][DI+1]中,然后DI+2
MOV   AX,SEG_INTR          ;中断服务程序段基址→AX
STOSW                      ;AX→[DI+2][DI+3]中
STI                        ;开中断
……
```

(2) 将中断服务程序的入口地址直接写入中断向量表

```
……
MOV   AX,00H
```

```
MOV   ES, AX
MOV   BX,4 * 60H               ;中断号×4→BX
MOV   AX, OFFSET_INTR          ;中断服务程序偏移地址→AX
MOV   ES:[BX],AX               ;装入偏移地址
PUSH  CS
POP   AX
MOV   ES:[BX+2],AX             ;装入段基址
……
```

2. 中断向量的修改

中断向量的修改方法是利用 DOS 功能调用“INT 21H”中的 35H 号和 25H 号功能。中断向量修改的步骤：

(1) 用 35H 号功能获取原中断向量，并保存在字变量中。

(2) 用 25H 号功能设置新中断向量，取代原中断向量。

(3) 新中断服务程序完毕后，利用 25H 号功能恢复原中断向量。

下面通过例子来具体说明上述步骤。

例 7.2 假设原中断类型号为 n，中断服务程序的段基址是 SEG_INTR，偏移地址是 OFFSET_INTR。编写填写中断向量表的程序段。

解：

```
MOV   AH,35H                   ;取原中断向量
MOV   AL,nH
INT   21H
MOV   OLD_OFF,BX               ;保存原中断向量
MOV   BX,ES
MOV   OLD_SEG,BX
……
MOV   AH,25H                   ;设置新中断向量
MOV   AL,nH
MOV   DX,SEG_INTR
MOV   DS,DX                    ;DS 指向新中断服务程序段基址
MOV   DX,OFFSET_INTR           ;DX 指向新中断服务程序偏移地址
INT   21H
……
MOV   AH,25H                   ;恢复原中断向量
MOV   AL,nH
MOV   DX,OLD_SEG
MOV   DS,DX
MOV   DX,OLD_OFF
INT   21H
```

7.2 IBM-PC 微机中断系统

7.2.1 中断的分类

图 7-1 所示为 PC 机中断系统原理图。PC 机的中断系统共分为两类：硬件中断和软件中断。

1. 硬件中断

即通过外部的硬件产生的中断，如打印机、键盘等，有时也称为外部中断。硬件中断又可分为两类：非屏蔽中断和可屏蔽中断。

(1) 非屏蔽中断：由 NMI 引脚引入，它不受中断允许标志的影响，每个系统中仅允许有一个，都是用来处理紧急情况的，如掉电处理。这种中断一旦发生，系统会立即响应。

(2) 可屏蔽中断：由 INTR 引脚引入，它受中断允许标志的影响，也就是说，只有当 IF=1时，可屏蔽中断才能进入，反之则不允许进入。可屏蔽中断可有多个，一般是通过优先级排队，从多个中断源中选出一个进行处理。

2. 软件中断

软件中断，又称为内部中断，因某条指令或者对标志寄存器中某个标志的设置而产生，它与硬件电路无关，常见的如除数为 0，或用"INT n"指令产生。

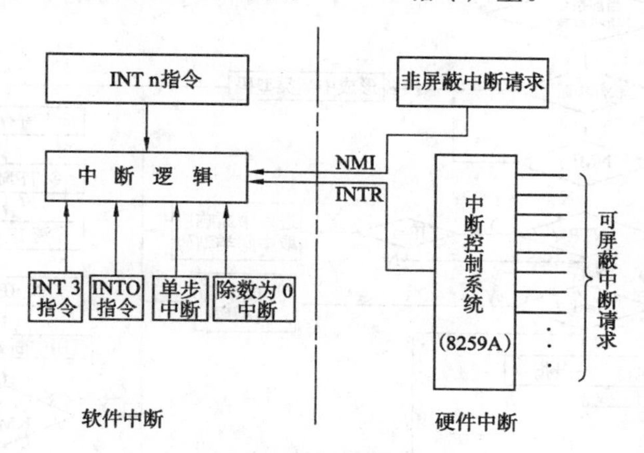

图 7-1 PC 机中断系统原理图

7.2.2 中断的响应过程

8086 对软件中断和硬件中断响应的过程是不同的，这是由于软件中断和硬件中断所产生的原因不同。下面主要讨论硬件中断的情况。

1. 硬件中断的响应过程

硬件中断指的是由 NMI 引脚引入的非屏蔽中断或由 INTR 引脚引入的可屏蔽中断。下面以可屏蔽中断为例。

CPU 在 INTR 引脚上接到一个中断请求信号，如果此时 IF=1，CPU 就会在当前指令执行完后开始响应外部的中断请求。这时 CPU 在$\overline{INTA}$引脚连续发两个负脉冲，外设接到第二个负脉冲后在数据线上发送中断类型码，CPU 接到这个中断类型码后，做如下动作：

(1) 将中断类型码放入暂存器保存。

(2) 将标志寄存器的内容压入堆栈，以保护中断时的状态。

(3) 将 IF 和 TF 标志清 0。将 IF 清 0，目的是防止在中断响应的同时又来别的中断；而将 TF 清 0 是为了防止 CPU 以单步方式执行中断处理子程序。这时要特别注意，因为 CPU 在中断响应时自动关闭了 IF 标志，因此用户如要进行中断嵌套，必须在自己的中断处理子程序中用开中断指令来重新设置 IF。

(4) 保护断点。断点是指在响应中断时主程序当前指令下面的一条指令的地址。因此，保护断点的动作就是将当前 IP 和 CS 的内容入栈。保护断点是为了以后正确地返回主程序。

(5) 根据取到的中断类型码，在中断向量表中找出相应的中断向量，并将其装入 IP 和 CS，即自动转向中断服务子程序。

对 NMI 进入的中断请求，由于其类型码固定为 2，因此 CPU 不用从外设读取类型码，也不需计算中断向量表的地址，只要将中断向量表中 0000:0008H～0000:000BH 单元的内容分别装入 IP 和 CS 即可。

图 7-2 给出了 8086 中断响应过程的流程图。

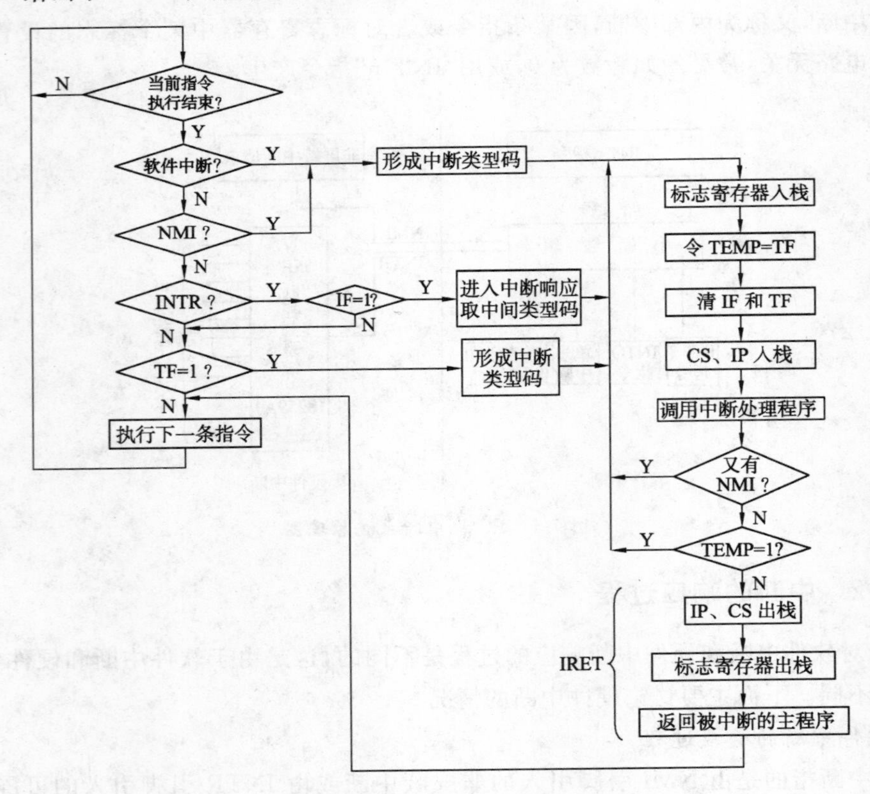

图 7-2　中断响应流程图

对流程图 7-2 我们做以下几点说明：

(1) 8086 除软件中断外，内部“非屏蔽中断”、“可屏蔽中断”均设立有优先级，其中 0、1、

3、4号中断的优先级高于非屏蔽中断,非屏蔽中断高于可屏蔽中断,单步中断优先级最低。

(2) 只有在可屏蔽中断的情况下才判 IF=1,然后取中断类型码。

(3) 单步中断是每执行一条指令中断一次,显示当时各寄存器的内容,供用户参考。当进入单步中断响应时,CPU 自动清除 TF,在中断返回后,由于恢复了响应时的标志寄存器的值,因此 TF=1,执行完一条指令后又进入单步中断,直到程序将 TF 改为 0 为止。

(4) 关于中断的嵌套,NMI 总是可以响应的,若在中断处理子程序中设立了开中断指令,INTR 的请求也能响应。

(5) 弹出 IP、CS,返回断点的动作由 IRET 指令完成。

(6) 有些情况下,即使条件满足,CPU 也不能马上响应中断,必须执行完下一条指令(而不是当前指令)才行。比如:

① 正好执行 LOCK 指令;

② 执行往 SS 寄存器赋值的传送指令,因为一般要求连续用两条指令对 SS 和 SP 寄存器赋值,以保证堆栈指针的正确性。

(7) 当遇到等待指令或串操作指令时,允许在指令执行的过程中进入中断。这时需注意在中断处理子程序中保护现场,以保证中断返回后能继续正确地执行这些指令。

2. 硬件中断的时序

8086 中断响应的总线周期如图 7-3 所示。

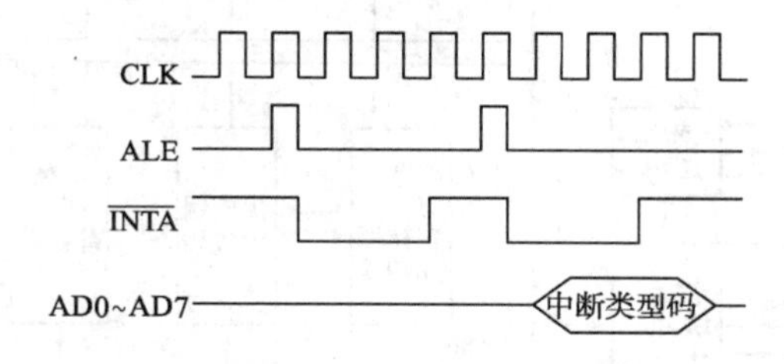

图 7-3 8086 中断响应的总线周期

(1) 要求中断请求 INTR 信号是一个高电平信号,并且维持 2 个时钟周期,因为 CPU 是在一条指令的最后一个时钟周期采样 INTR,进入中断响应后,它在第一个总线周期 T1 仍需采样 INTR。

(2) 当 8086 工作在最小模式时,由 CPU 直接发出中断响应信号$\overline{\text{INTA}}$,而在最大工作模式时,则通过$\overline{\text{S2}}$、$\overline{\text{S1}}$、$\overline{\text{S0}}$的组合完成(见第二章)。

(3) 第一个总线周期用来通知外设 CPU 准备响应中断,第二个总线周期时接收外设发回的中断类型码。该类型码必须通过 16 位数据总线的低 8 位传送。

(4) 在中断响应总线周期,M/$\overline{\text{IO}}$为低,数据/地址线浮空,$\overline{\text{BHE}}$/S7 和地址/状态线均浮空,中间的三个空闲周期也可为两个(信号含义见第二章)。

3. 软件中断

即通过中断指令来使 CPU 执行中断处理子程序的方法,特点如下:

(1) 中断类型码由指令提供,不需执行中断响应总线周期,也不受 IF 标志的影响。

(2) 正在执行软件中断时,若有来自 NMI 的中断,则立即响应;若有可屏蔽中断,只要条件允许(如 IF=1,当前指令执行完)也可响应。

(3) 由于软件中断的处理程序是定位装配的(中断向量表),又可方便地用"INT n"指令调用，因此在使用中和一般的子程序一样，并且原则上是 0～255 种类型均可使用。

7.3 中断控制器 Intel 8259A

Intel 8259A 是 8086 微机系统的中断控制器件，它具有对外设中断源进行管理，并向 CPU 转达中断请求的能力。8259A 的性能如下：

(1) 具有 8 级中断优先控制，通过级联可以扩展至 64 级优先权控制。

(2) 每一级中断都可以通过初始化设置为允许或屏蔽状态。

(3) 8259A 的工作方式可以通过编程进行设置，因此使用非常灵活。

(4) 8259A 采用 NMOS 制造工艺，只需要单一的＋5 V 电源。

7.3.1 8259A 的内部结构和工作原理

下面我们来讨论 8259A 的内部结构，并进而分析它的工作原理。8259A 的内部结构如图 7-4 所示。

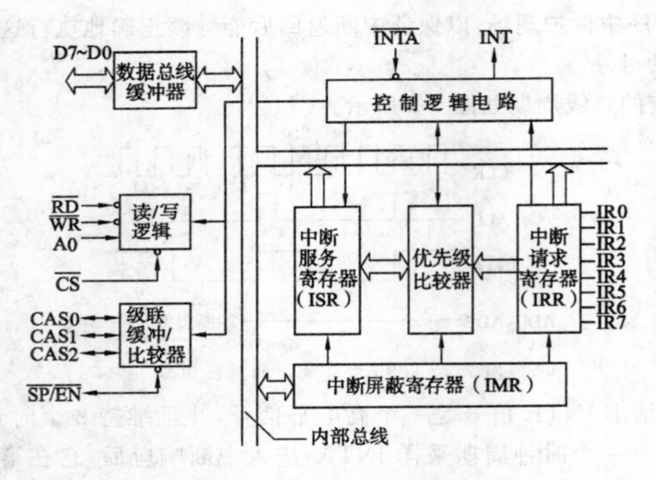

图 7-4 8259A 的内部结构

8259A 的主要组成部分：

1. 数据总线缓冲器

它是 8259A 与系统数据总线的接口，是 8 位双向三态缓冲器。CPU 与 8259A 之间的控制命令信息、状态信息以及中断类型信息，都是通过该缓冲器传送的。

2. 读/写控制逻辑

CPU 通过它实现对 8259A 的读/写操作。

3. 级联缓冲/比较器

用以实现 8259A 芯片之间的级联，使中断源可以由 8 级扩展至 64 级。

4. 控制逻辑电路

对整个芯片内部各部件的工作进行协调和控制。

5. 中断请求寄存器 IRR (8 位)

用以分别保存 8 个中断请求信号。当相应的中断请求输入引脚有中断请求时，该寄存器的相应位置1。

6. 中断屏蔽寄存器IMR(8位)

相应位用以对8个中断源的中断请求信号进行屏蔽控制。当其中某位置0时,则相应的中断请求可以向CPU提出;否则,相应的中断请求被屏蔽,即不允许向CPU提出中断请求。该寄存器的内容为8259A的操作命令字OCW1,可以由程序设置或改变。

7. 中断服务寄存器ISR(8位)

当CPU正在处理某个中断源的中断请求时,ISR寄存器中的相应位置1。

8. 优先级比较器

用以比较正在处理的中断和刚刚进入的中断请求之间的优先级别,以决定是否产生多重中断或中断嵌套。

7.3.2 8259A的外部引脚

8259A是具有28个引脚的集成电路芯片,如图7-5所示,其引脚分别是:

信号	引脚	引脚	信号
$\overline{CS}$	1	28	V_{CC}
$\overline{WR}$	2	27	A0
$\overline{RD}$	3	26	$\overline{INTA}$
D7	4	25	IR7
D6	5	24	IR6
D5	6	23	IR5
D4	7	22	IR4
D3	8	21	IR3
D2	9	20	IR2
D1	10	19	IR1
D0	11	18	IR0
CAS0	12	17	INT
CAS1	13	16	$\overline{SP}/\overline{EN}$
GND	14	15	CAS2

图7-5 8259A管脚图

(1) D7~D0:双向数据输入/输出引脚,用以与CPU进行信息交换。

(2) IR7~IR0:8级中断请求信号输入引脚,默认的优先级为IR0>IR1>…>IR7。当有多片8259A形成级联时,从片的INT与主片的IRi相连。

(3) INT:中断请求信号输出引脚,高电平有效,用以向CPU发中断请求,应接在CPU的INTR输入端。

(4) $\overline{INTA}$:中断响应应答信号输入引脚,低电平有效。当CPU发出第二个$\overline{INTA}$时,8259A将其中最高级别的中断请求的中断类型码送出。应接在CPU的$\overline{INTA}$中断应答信号输出端。

(5) $\overline{RD}$:读控制信号输入引脚,低电平有效,实现对8259A内部有关寄存器内容的读操作。

(6) $\overline{WR}$:写控制信号输入引脚,低电平有效,实现对8259A内部有关寄存器的写操作。

(7) $\overline{CS}$:片选信号输入引脚,低电平有效,一般由系统地址总线的高位经译码后形成,决定了8259A的端口地址范围。

(8) A0:8259A两组内部寄存器的选择信号输入引脚,决定8259A的端口地址。

若A0=0,则ICW1、OCW2、OCW3;若A0=1,则ICW2~ICW4、OCW1。

(9) CAS2~CAS0:级联信号引脚,当8259A为主片时,为输出;否则为输入。与$\overline{SP}/\overline{EN}$信号配合,实现芯片的级联,这三个引脚信号的不同组合000~111对应于8个从片。

(10) $\overline{SP}/\overline{EN}$:$\overline{SP}$为级联管理信号输入引脚,在非缓冲方式下,若8259A在系统中作从片使用,则$\overline{SP}$=1,否则$\overline{SP}$=0。在缓冲方式下,$\overline{EN}$用作8259A外部数据总线缓冲器的启动信号。

(11) +5 V、GND:电源和接地引脚。

7.3.3 8259A 的工作过程

(1) 当有一条或若干条中断请求输入(IR7～IR0)有效时,则使中断请求寄存器 IRR 的相应位置位。

(2) 若 CPU 处于开中断状态,则在当前指令执行完后响应中断,并且从$\overline{INTA}$发应答信号(两个连续的$\overline{INTA}$负脉冲)。

(3) 第一个$\overline{INTA}$负脉冲到达时,IRR 的锁存功能失效,对于 IR7～IR0 上发来的中断请求信号不予理睬。

(4) 使中断服务寄存器 ISR 的相应位置 1,以便为中断优先级比较器的工作做好准备。

(5) 使中断寄存器的相应位复位,即清除中断请求。

(6) 第二个$\overline{INTA}$负脉冲到达时,将中断类型寄存器中的内容 ICW2 送到数据总线的 D7～D0 上,CPU 以此作为相应中断的类型码。

(7) 若 ICW4 中的中断结束位为 1,那么第二个$\overline{INTA}$负脉冲结束时,8259A 将 ISR 寄存器的相应位清零;否则直至中断服务程序执行完毕,才能通过输出操作命令字 EOI 使该位复位。

7.3.4 8259A 的工作方式

8259A 有多种工作方式,这些工作方式可以通过编程设置或改变。

1. 优先级的管理方式

1) 全嵌套方式

这是 8259A 默认的优先级设置方式。在全嵌套方式下,8259A 所管理的 8 级中断优先级是固定不变的,其中 IR0 的中断优先级最高,IR7 的中断优先级最低。

CPU 响应中断后,请求中断的中断源中优先级最高的中断源在中断服务寄存器 ISR 中的相应位置位,而且把它的中断向量送至系统数据总线。在此中断源的中断服务完成之前,与它同级或优先级低的中断源的中断请求被屏蔽,只有优先级比它高的中断源的中断请求才是有效的,从而出现中断嵌套。

2) 特殊全嵌套方式

特殊全嵌套方式与全嵌套方式基本相同,所不同的是,当 CPU 处理某一级中断时,如果有同级中断请求,那么 CPU 也会作出响应,从而形成了对同一级中断的特殊嵌套。

特殊全嵌套方式通常应用在有 8259A 级联的系统中,在这种情况下对主 8259A 编程时,通常使它工作在特殊全嵌套方式下。这样,一方面 CPU 对于优先级别较高的主片的中断输入是允许的;另一方面 CPU 对于来自同一从片的优先级别较高(但对于主片来讲,优先级别是相同的)的中断也是允许且能够响应的。

3) 优先级自动循环方式

在实际应用中,中断源优先级的情况是比较复杂的,要求 8 级中断的优先级在系统工作过程中可以动态改变。即一个中断源的中断请求被响应之后,其优先级自动降为最低。系统启动时,8 级中断优先级默认为 IR0～IR7,这时刚好 IR4 发出了中断请求,CPU 响应之后,若 8259A 工作在优先级自动循环方式下,则中断优先级自动变为 IR5、IR6、IR7、IR0、IR1、IR2、IR3、IR4。

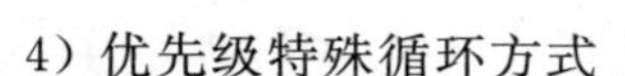

4）优先级特殊循环方式

优先级特殊循环方式与自动循环方式相比，只有一点不同，即初始化的优先级是由程序控制的，而不是默认的 IR0～IR7。

2. 中断源的屏蔽方式

CPU 对于 8259A 提出的中断请求都可以加以屏蔽控制。屏蔽控制有下列几种方式。

1）普通屏蔽方式

8259A 的每个中断请求输入都要受到屏蔽寄存器中相应位的控制。若相应位为“1”，则中断请求不能送 CPU。屏蔽是通过对屏蔽寄存器 IMR 的编程（操作命令字 OCW1）来加以设置和改变的。

2）特殊屏蔽方式

有些场合下希望一个中断服务程序的运行过程中能动态地改变系统中的中断优先级结构，即在中断处理的一部分禁止低级中断，而在中断处理的另一部分又能够允许低级中断，于是引入了对中断的特殊屏蔽方式。

设置了特殊屏蔽方式后，用 OCW1 对屏蔽寄存器中的某一位复位时，同时也会使中断服务寄存器 ISR 中的相应位复位，这样就不只屏蔽了正在处理的等级中断，而且真正开放了其他优先级别较低的中断请求。

特殊屏蔽是在中断处理程序中使用的，用了这种方式之后，尽管系统正在处理高级中断，但对外界来讲，只有同级中断被屏蔽，才允许其他任何级别的中断请求。

3. 结束中断处理的方式

按照对中断结束（复位中断响应寄存器 ISR 中的相应位）的不同处理，8259A 有两种工作方式，即自动结束方式（AEI）和非自动结束方式，而非自动结束方式又可进一步分为一般的中断结束方式和特殊的中断结束方式。

1）中断自动结束方式

这种方式仅适用于只有单片 8259A 的场合。在这种方式下，系统一旦响应中断，那么 CPU 在发第二个 $\overline{\text{INTA}}$ 脉冲时，就会使中断响应寄存器 ISR 中的相应位复位，因此虽然系统在进行中断处理，但对于 8259A 来讲，ISR 没有相应的指示，就像中断处理结束而返回主程序之后一样。CPU 可以再次响应任何级别的中断请求。

2）一般的中断结束方式

一般的中断结束方式适用于全嵌套的情况下，当 CPU 用输出指令向 8259A 发一般中断结束命令 OCW2 时，8259A 才会使中断响应寄存器 ISR 中优先级别最高的位复位。

3）特殊的中断结束方式

在特殊全嵌套模式下，系统无法确定哪一级中断为最后响应和处理的中断。也就是说，CPU 无法确定当前所处理的是哪级中断，这时就要采用特殊的中断结束方式。

特殊的中断结束方式是指在 CPU 结束中断处理之后向 8259A 发送一个特殊的 EOI 中断结束命令。这个特殊的 EOI 中断结束命令明确指出了中断响应寄存器 ISR 中需要复位的位。

这里我们还要指出一点，在级联方式下一般不用自动中断结束方式，而需要用非自动结束中断方式。一个中断处理程序结束时，都必须发两个中断结束 EOI 命令，一个发往主片，一个发往从片。

4. 系统总线的连接方式

按照 8259A 与系统总线的连接方式来分，有下列两种方式。

1）缓冲方式

在多片 8259A 级联的大系统中，8259A 通过外部总线驱动器和数据总线相连，这就是缓冲方式。在缓冲方式下，8259 的 $\overline{SP}/\overline{EN}$ 输出信号作为缓冲器的启动信号，用来启动总线驱动器，在 8259A 与 CPU 之间进行信息交换。

2）非缓冲方式

当系统中只有一片或几片 8259A 芯片时，可以将数据总线直接与系统数据总线相连，这时 8259A 处于非缓冲方式下。

在这种方式下，8259A 的 $\overline{SP}/\overline{EN}$ 作为输入端设置，主片应接高电平，从片应接低电平。

5. 引入中断请求的方式

按照引入中断请求的方式，8259A 有下列几种工作方式。

1）边沿触发方式

8259A 将中断请求输入端出现的上升沿作为中断请求信号，上升沿后相应引脚可以一直保持高电平。

2）电平触发方式

8259A 将中断请求输入端出现的高电平作为中断请求信号。在这种方式下必须注意：中断响应之后，高电平必须及时撤除，否则在 CPU 响应中断且开中断之后，会引起第二次不应该有的中断。

3）中断查询方式

当系统中的中断源很多，超过 64 个时，就可以使 8259A 工作在查询方式。中断查询方式的特点是：

(1) 中断源仍往 8259A 发送中断请求，但 8259A 却不使用 INT 信号向 CPU 发中断请求信号。

(2) CPU 内部的中断允许标志复位，所以 CPU 对 INT 引脚上出现的中断请求呈禁止状态。

(3) CPU 用软件查询的方法来确定中断源，从而实现对设备的中断服务。可见，中断查询方式既有中断的特点，又有查询的特点。从外设的角度来看，是靠中断的方式来请求服务，但从 CPU 的角度来看，是用查询的方式来确定发中断请求的中断源。

查询是通过 CPU 向 8259A 发送查询命令来实现的，查询命令字由 OCW3 构成，其格式如图 7-6 所示。

D7	D6	D5	D4	D3	D2	D1	D0
×	0	0	0	1	1	0	0

图 7-6 查询命令字格式

其中 D2＝1，是查询命令的特征位。

8259A 在接到 CPU 发来的上述格式的查询命令之后，立即组成状态字，等待 CPU 来读取，状态字的格式如图 7-7 所示。

D7	D6	D5	D4	D3	D2	D1	D0
I	×	×	×	×	W2	W1	W0

图 7-7 状态字格式

若 I=0，则表示该 8259A 芯片没有中断请求；若 I=1，则表示有中断请求。W2、W1、W0 即为本片中断请求优先级别最高的中断源的编码。

7.3.5 8259A 的编程

8259A 是可编程的集成电路芯片，这大大增加了其使用的灵活性。

1. 8259A 的端口地址

由 8259A 的外部结构可知，与寻址 8259A 内部寄存器组有关的信号包括：$\overline{CS}$、A0、$\overline{RD}$、$\overline{WR}$等。其中，$\overline{CS}$是由地址译码器形成的芯片选择信号，只有该引脚为低电平时，相应的 8259A 芯片才能工作。

若 8259A 与 8088 CPU 配合使用，可直接将 A0 与 CPU 的地址信号输出引脚 A0 相连，8259A 的两个端口地址是连续的；若 8259A 与 8086 CPU 配合使用，如将 8259A 的 D7～D0 接到 16 位数据总线的高 8 位，则 A0 应与 CPU 的地址信号输出引脚 A1 相连，此时地址码 A0 应取 0。8259A 的两个端口地址都是偶地址，若除以 2 之后仍为偶数，则为偶地址；若除以 2 之后为奇数，则为奇地址。即：若 A1A0＝00，则 ICW1、OCW2、OCW3；若 A1A0＝10，则 ICW2～ICW4、OCW1。

A0 用以区分 8259A 芯片中的不同寄存器组。由于 8259A 内部寄存器的寻址只用到一位地址信号，所以一片 8259A 芯片占用系统中的两个端口地址，即偶地址和奇地址，并且规定偶地址小于奇地址。

需要注意的是：8259A 内部并不只有两个寄存器，为了区别不同的寄存器，需采用在有关信息中加特征位或规定有关操作顺序的方法来区分不同的输入/输出信息。

2. 8259A 的初始化编程

在使用 8259A 之前，必须对其进行初始化编程，以规定它的各种工作方式，并明确其所处的硬件环境。

若 CPU 用一条输出指令向 8259A 的偶地址端口写入一个命令字，而且 D4＝1，则被解释为初始化命令字 ICW1，输出 ICW1 启动了 8259A 的初始化操作。8259A 的内、外部自动产生下列操作：

(1) 边沿敏感电路复位，中断请求的上升沿有效。

(2) 中断屏蔽寄存器 IMR 清零，即对所有的中断呈现允许状态。

(3) 中断优先级自动按 IR0～IR7 排列。

(4) 清除特殊屏蔽方式。

8259A 的初始化编程需要 CPU 向它输出一个 2～4 字节的初始化命令字，输出初始化命令字的流程如图 7-8 所示，其中 ICW1 和 ICW2 是必须的，而 ICW3 和 ICW4 需根据具体的情况来选择。各初始化命令字的安排与作用分述如下。

1) ICW1

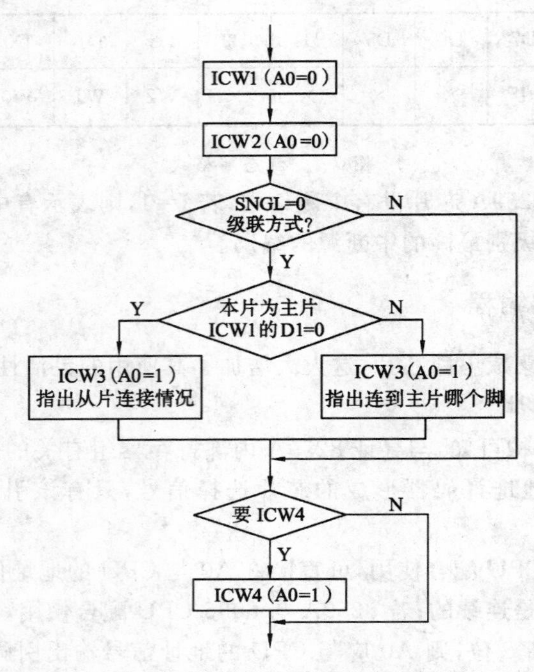

图 7-8　8259A 初始化的流程图

ICW1 初始化命令字 1，写入 8259A 偶地址端口，其各位的功能及含义如图 7-9 所示。

A0	D7	D6	D5	D4	D3	D2	D1	D0
0	×	×	×	1	LTIM	×	SNGL	IC4

图 7-9　ICW1

(1) D0：IC4 位，用以决定是否跟 ICW4。若 D0＝1，则说明必须输出 ICW4；若 D0＝0，则说明不需输出 ICW4。若 ICW4 的各位都为 0，则说明不需要输出 ICW4。

(2) D1：SNGL 位，取决于 8259A 芯片是单片工作，还是多片级联工作。若 8259A 为单片工作，则 D1＝1；若 8259A 为多片级联工作，则 D1＝0。

(3) D2：ADI 位，只用于 MCS-80/85 系统中，规定 CALL 地址的间隔。在 8088/8086 系统中，该位无意义。

(4) D3：LTIM 位，规定中断请求信号的引入方式。若 D3＝1，则表示中断请求信号为高电平有效；若 D3＝0，则表示中断请求信号为上升沿有效。

(5) D4：恒定为 1，为 ICW1 的特征位。

(6) D5～D7：应用于 MCS-80/85 系统，为入口地址中的编程位，在 8088/8086 系统中无意义。

2）ICW2

ICW2 初始化命令字 2，写入 8259A 奇地址端口，其格式如图 7-10 所示。

A0	D7	D6	D5	D4	D3	D2	D1	D0
1	T7	T6	T5	T4	T3	×	×	×

图 7-10　ICW2

当8259A用于MCS-80/85系统中时，用于确定中断入口地址的高8位(A15～A8)；当8259A用于8086系统中时，ICW2的D7～D3为编程设置位，作为本芯片所管理的8级中断类型码的高5位。D2～D0位为8级中断源所对应的编码(其中：000—IR0，111—IR7)，编程设置对其无影响。

例如：若ICW2＝40H，则8级中断源的中断类型码分别为IR0为40H，…，IR7为47H。

3) ICW3

ICW3初始化命令字3，写入相应8259A的奇地址端口。

ICW3用于8259A的级联。8259A最多允许有一片主片和8片从片级联，使能够管理的中断源可以扩充至64个。若系统中只有一片8259A，则不用ICW3；若有多片8259A级联，则主、从8259A芯片都必须使用ICW3。主、从8259A芯片中的ICW3的使用方式不同。

对于主8259A芯片，ICW3的格式如图7-11所示。

A0	D7	D6	D5	D4	D3	D2	D1	D0
1	IR7	IR6	IR5	IR4	IR3	IR2	IR1	IR0

图7-11 主片ICW3

其中，每一位对应一片从8259A芯片，若相应引脚上接有从8259A芯片，则相应位为1；若相应引脚上未接从8259A芯片，则相应位为0。

例如：ICW3＝11100010，则说明IR7、IR6、IR5、IR1上连有从片。

对于从8259A芯片，ICW3的格式如图7-12所示。

A0	D7	D6	D5	D4	D3	D2	D1	D0
1	0	0	0	0	0	ID2	ID1	ID0

图7-12 从片ICW3

从8259A芯片中的ICW3只用其中的低3位来设置该芯片的标识符，高5位全为0。在中断响应时，主8259A通过级联线CAS2～CAS0依次向各个从8259A芯片输送中断请求源中优先级最高的源所对应的标识符；每个从8259A得到这个标识符之后，与自己在初始化编程时由ICW3设置的标识符进行比较，当两者相符合时，则该从8259A芯片在第二个中断响应周期向CPU提供由ICW2设置的8位中断类型码。

例如：若本从片的INT接在主片的IR1引脚上，则ICW3＝00000001。

4) ICW4

ICW4初始化命令字4，写入8259A奇地址端口。只有当ICW1中的D0＝1时才需要设置。其各位的功能及含义如图7-13所示。

A0	D7	D6	D5	D4	D3	D2	D1	D0
1	0	0	0	SFNM	BUF	M/S	AEOI	μPM

图7-13 ICW4

(1) D0：μPM位，取决于系统中所采用的微处理器的类型。若系统中的微处理器为MCS80/85，则D0＝0；若系统中的微处理器为8086，则D0＝1。

(2) D1：AEOI位，规定结束中断的方式。若D1＝1，则为自动中断结束方式；若D1＝0，则需要用中断结束命令来结束中断。

(3) D2:M/S位,缓冲方式下使用。若D2=1,则表示为主8259A;若D2=0,则表示为从8259A。

(4) D3:BUF位,若8259A工作于缓冲方式,则D3=1;否则,D3=0。

(5) D4:SFNM位。若D4=1,则规定为特殊的全嵌套模式;否则,若D3=0,则规定为普通的全嵌套模式。

(6) D5～D7:恒定为000。

3. 8259A的操作编程

对8259A按照上述流程进行初始化编程之后,相应芯片就做好了接收中断的准备。若中断源发生了中断请求,则8259A按照初始化编程所规定的各种方式来处理这种请求。在8259A的工作期间,CPU也可以通过操作命令字来实现对8259A的操作控制,或者改变工作方式,或者实时读取8259A中某些寄存器的内容。8259A有三个操作命令字,分别讨论如下。

1) OCW1

中断屏蔽字,必须写入相应8259A芯片的奇地址端口,其格式如图7-14所示。

A0	D7	D6	D5	D4	D3	D2	D1	D0
1	M7	M6	M5	M4	M3	M2	M1	M0

图7-14　OCW1

每一位可以对相应的中断请求输入进行屏蔽。若OCW1的某一位为1,则相应的中断请求输入被屏蔽;反之,则相应的中断请求输入呈现允许状态。

即若Mi=1,则表示8259A对IRi的中断请求呈屏蔽状态;否则,若Mi=0,则表示8259A对IRi的中断请求呈允许状态。

2) OCW2

必须写入相应8259A芯片的偶地址端口,其格式如图7-15所示。

A0	D7	D6	D5	D4	D3	D2	D1	D0
0	R	SL	EOI	0	0	L2	L1	L0

图7-15　OCW2

其中D4、D3位恒定为0,是OCW2的特征位;R、SL、EOI三位可以组成7种不同的操作命令,用于改变8259A的工作方式。其中,三种操作命令字要用到OCW2的低三位,这三位所形成的编码指出操作所涉及的中断源。

R——用于表示优先级是否采用循环方式;

SL——用于确定是否需要使用L2、L1、L0来明确中断源;

EOI——用于指示OCW2是否作为中断结束命令;

L2、L1、L0——当SL=1时,三位的编码用以指示8个中断源之一。

R、SL、EOI共有8种不同的组合形式,其中有7种是相应的控制命令,分别介绍如下。

(1) 000:取消自动EOI循环命令。

(2) 100:设置自动 EOI 循环命令。

(3) 001:普通的 EOI 命令,它适用于完全嵌套方式。在中断服务程序结束时,用于清除 ISR 中最后被置位的相应位。显然,只有在 ICW4 中的 AEOI=0 时,才需要在中断服务子程序中向 8259A 发普通的 EOI 命令。

(4) 011:为特殊的 EOI 命令,与普通的 EOI 命令的差别在于,它需要利用 L2、L1、L0 位明确指出 ISR 寄存器中需要被复位的位。

(5) 101:为普通循环的 EOI 命令,它在中断服务程序结束时使用。它使已置位的 ISR 寄存器中优先级最高的那一位复位,同时赋予刚刚结束中断处理的中断源的中断优先级最低。

(6) 111:为特殊的 EOI 循环命令。它一方面复位 ISR 寄存器中由 L2、L1、L0 位明确指出的那一位;另一方面使 L2、L1、L0 位明确指出的那一个中断源的中断优先级最低。

(7) 110:为置位优先权命令,它用以设置优先级特殊循环方式,即利用 L2、L1、L0 位明确指出中断优先级最低的中断源。

(8) 010:非操作命令,无实际意义。

3) OCW3

必须写入相应的 8259A 芯片的偶地址端口,其格式如图 7-16 所示。

A0	D7	D6	D5	D4	D3	D2	D1	D0
0	0	ESMM	SMM	0	1	P	RR	RIS

图 7-16 OCW3

(1) D0:RIS 位,用以决定下一个读操作所对应的寄存器。若 D0=1,则下一个读操作读取中断服务寄存器 ISR 的内容;否则,读取中断请求寄存器 IRR 的内容。

(2) D1:RR 位,决定下一个操作是否为读操作。若 D1=1,则下一个操作是读操作;否则,下一个操作不是读操作。

(3) D2:P 位,用于 8259A 的查询中断方式。若 D2=1,表示为查询命令;否则,表示不是查询命令。

(4) D4～D3:恒定为 01,是 OCW3 的特征位。

(5) D6～D5:决定 8259A 是否为设置特殊屏蔽模式命令。若 D6、D5 为 11,则为设置特殊屏蔽模式命令;若 D6、D5 为 01,则为撤销特殊屏蔽模式,返回普通屏蔽模式命令;若 D6=0,则 D5 无意义。

(6) D7:无关。

7.3.6 8259A 的级联

所谓级联,就是在微型计算机系统中,以 1 片 8259A 作为主片,其中断请求 INT 引脚与 CPU 的 INTR 引脚相连;再将最多 8 片从片 8259A 的中断请求 INT 引脚分别与主片 8259A 的 IR0～IR7 相连,如图 7-17 所示。显然,在主-从式 8259 级联的微机系统中,系统能够管理的中断源可由 8 级扩展至 64 级。

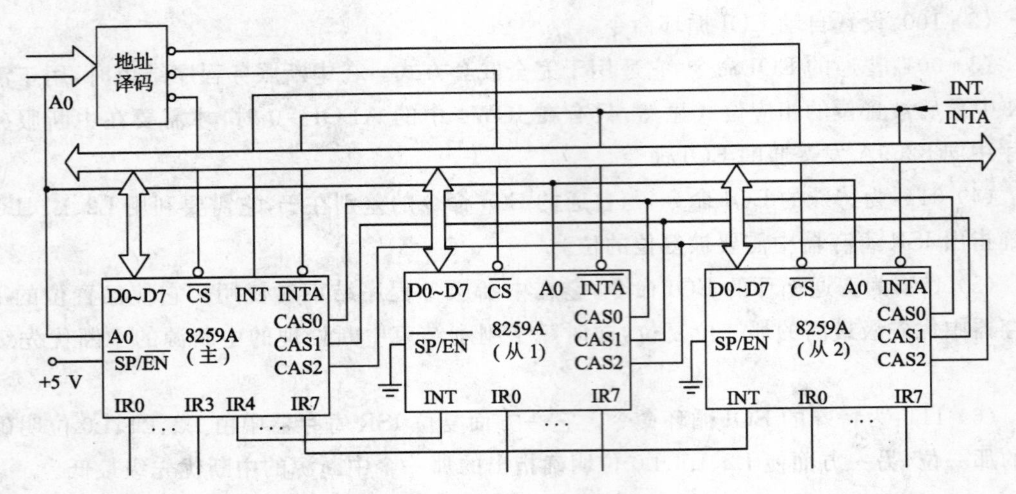

图 7-17 8259A 的级联

主-从式 8259 级联系统的连接，需要注意的要点如下：

(1) 主片的 INT 引脚接 CPU 的 INTR 引脚，从片的 INT 引脚分别接主片的 IRi 引脚，使得由从片输入的中断请求能够通过主片向 CPU 发出。

(2) 主片的 3 条级联线与各从片的同名级联线引脚对接，主片为输出，从片为输入。主片用以向各从片发出优先级别最高的中断请求的从片代码，各从片用该代码与本片的代码进行比较，符合则将本片 ICW2 中预先设定的中断类型码送数据总线。

(3) 主片的 $\overline{SP}/\overline{EN}$ 接＋5 V，从片的 $\overline{SP}/\overline{EN}$ 接地。

级联系统中的所有 8259A 都必须进行各自独立的编程，作为主片的 8259A 必须设置为特殊的全嵌套方式，可以避免相同从片中优先级较高的中断请求被屏蔽的情况发生。与一般的全嵌套方式相比，有两点需要注意：

(1) 当来自某个从设备的中断请求被响应之后，主片的优先权逻辑不封锁这个从片，从而可以使来自从设备的较高优先级的中断请求能被主片正常接受，并向 CPU 发出。

(2) 中断服务结束时，必须用软件来检查被服务的中断是否为该从片中唯一的中断请求。为此，须先向从片发一个一般的中断结束命令，清除已完成服务的 ISR 中的相应位，然后再读出 ISR 的内容，检查是否为全 0。若为全 0，则向主片发一个中断结束命令来清除从设备相应的 ISR 中的位；反之，则不向主片发中断结束命令，因为同一从片中还有其他中断请求正在处理。

7.3.7 8259A 的应用举例

例 7.3 PC 机中只有一片 8259A，可接受外部 8 级中断。在 I/O 地址中，分配 8259A 的端口地址为 20H 和 21H，初始化为：边沿触发、缓冲连接、中断结束采用 EOI 命令、中断优先级采用完全嵌套方式，8 级中断源的中断类型分别为 08H～0FH。

解：其初始化程序为：

```
MOV   DX,20H
MOV   AL,00010011B
OUT   DX,AL                ;写入 ICW1
MOV   DX,21H
```

```
MOV   AL,08H
OUT   DX,AL              ;写入ICW2
MOV   AL,00001101B
OUT   DX,AL              ;写入ICW4
XOR   AL,AL
OUT   DX,AL              ;写入OCW1
……
STI
……
```

例 7.4 进入和退出特殊屏蔽方式。

解:假定初始化之后8259A工作于完全嵌套方式,要求对IR3的中断级能够允许任何级别的中断来中断其中断服务程序,即8259A按特殊屏蔽方式工作。因而在响应IR3而执行IR3的中断服务程序时,在A处写入OCW1以屏蔽IR3,然后写入OCW3使ESMM=SMM=1,于是从A处开始,8259A进入特殊屏蔽方式,此后继续执行IR3的中断服务程序。在中断服务结束之前,再向8259A写入OCW3使ESMM=1,SMM=0,结束特殊屏蔽方式,返回到完全嵌套方式;接着写入OCW1,撤销对IR3的屏蔽;最后写入OCW2,向8259A发出EOI命令。其程序如下:

在IR3的中断服务程序的A处至B处,允许任何级别的中断源中断IR3的服务程序(除本身之外)。

```
……                                ;IR3中断服务程序入口,保护现场
STI                               ;STI开中断
A:MOV       AL,00001000B
  OUT       21H,AL                ;写入OCW1,使M3=1
  MOV       AL,01101000B
  OUT       20H,AL                ;写入OCW3,使ESMM=SMM=1
  ……
B:MOV       AL,01001000B
  OUT       20H,AL                ;写入OCW3,使ESMM=1,SMM=0
  MOV       AL,00H
  OUT       21H,AL                ;写入OCW1,使IM3=0
  MOV       AL,00100111B
  OUT       20H,AL                ;写入OCW2,普通的EOI命令
  ……                              ;中断返回
```

例 7.5 读8259A相关寄存器的内容。

解:设8259A的端口地址为20H、21H,请读入IRR、ISR、IMR寄存器的内容,并相继保存在数据段2000H开始的内存单元中。若该8259A为主片,请用查询方式查询哪个从片有中断请求。其程序如下:

```
MOV         AL, XXX01010B         ;发OCW3,欲读取IRR的内容
OUT         20H, AL
IN          AL, 20H               ;读入并保存IRR的内容
MOV         (2000H),AL
```

```
MOV     AL,XXX01011B      ;发 OCW3,欲读取 ISR 的内容
OUT     20H,AL
IN      AL,20H            ;读入并保存 ISR 的内容
MOV     (2001H),AL
IN      AL,21H            ;读入并保存 ISR 的内容
MOV     (2002H),AL
MOV     AL,XXX0110XB      ;发 OCW3,欲查询是否有中断请求
OUT     20H
IN      AL,20H            ;读入相应状态,并判断最高位是否为 1
TEST    AL,80H
JZ      DONE
AND     AL,07H            ;判断中断源的编码
……
DONE:   HLT
```

复习思考题

1. 何谓中断优先级?它对于实时控制有什么意义?8086 CPU 系统中 NMI 与 INTR 哪个优先级高?

2. 试结合 8086 的 INTR 中断响应过程说明中断向量的基本概念和处理方法。

3. 在中断响应总线周期中,第一个$\overline{\text{INTA}}$脉冲向外部电路说明什么?第二个脉冲呢?

4. 中断向量表的功能是什么?已知中断类型码分别是 84H 和 FAH,它们的中断向量应放在中断向量表的什么位置?

5. 如果 8259A 按如下配置:不需要 ICW4,单片以及边缘触发,则 ICW1 的值为多少?如要求产生的中断类型码在 70H~77H 之间,则 ICW2 的值是多少?

6. 如果 8259A 用在 80386DX 系统中的配置为一般的 EOI,缓冲模式主片,特殊全嵌套方式,则ICW4的值是什么?

7. 如果 OCW2 等于 67H,则允许何种优先级策略?为什么?

8. 某系统有五个中断源,它们分别从中断控制器 8259A 的 IR0~IR4 以脉冲方式引入系统,中断类型码分别为 48H~4CH,中断入口的偏移地址分别为 2500H、4080H、4C05H、5540H 和 6FFFH,段地址均是 2000H,允许它们以全嵌套方式工作。编写相应的初始化程序,使 CPU 响应任一级中断时都能进入各自的中断服务子程序。

9. 某系统中设置三片 8259A 级联使用,两片从片分别接至主片的 IR2 和 IR6,同时三片芯片的 IR3 上还分别连接一个中断源。已知中断源的中断入口均在同一段,段基址为 4000H,偏移地址分别为 1100H、40B0H、A000H,要求电平触发,普通 EOI 结束。画出硬件连接图,编写全部的初始化程序。

第八章 定时与计数技术

本章要点：掌握定时与计数技术；学会可编程定时器/计数器 Intel 8253 的使用方法，关键是掌握其初始化方法和六种工作方式。

8.1 基本概念

在计算机系统中用到的定时信号一般可以用三种方法获得，即软件定时、不可编程的硬件定时、可编程的硬件定时。

如用软件方法来进行定时，那么一般都是根据所需要的时间常数来设计一个延时子程序。延时子程序中包含一定的指令，设计者要对这些指令的执行时间进行严格的计算或者精确的测试，以便确定延时时间是否符合要求。当时间常数比较大时，常常将延时子程序设计为一个循环程序，通过循环常数和循环体内的指令来确定延时时间。这样，每当延时子程序结束以后，可以直接转入下面的操作（比如实时采样），也可以用输出指令输出一个信号作为定时输出。这种方法的优点是不需添加硬件设备，只需编制有关的延时程序即可；缺点是 CPU 执行延时程序将增加 CPU 的时间开销，延时时间越长，这种等待开销就越大，浪费了 CPU 的资源。

不可编程的硬件定时主要指用单稳延时电路或计数电路来实现延时和定时。在单稳延时电路中，用一个脉冲输入去触发一个单稳态电路产生一个持续时间间隔恒定的单脉冲。单稳延时电路存在的问题是，一旦单稳态电路的时间常数由外接的电阻电容 *RC* 值决定后就不便加以改变。另外，时间一长，电阻电容器件老化，电阻电容值不稳定，导致单稳电路延时脉冲宽度随之改变。

因此在实际中很少采用单独的软件定时和硬件定时，而是采用软件硬件结合的方法，并且将它们做成一个通用的器件供人们使用。这种通用器件就是可编程定时器/计数器。这种方法的主要思路是：定时器/计数器开始工作，此时 CPU 不必过问它的工作，而可以去做别的工作。定时器/计数器的计数或定时达到确定值时，可以自动产生一个定时输出。这种方法的优点是计数或定时时不占用 CPU，并且还可以利用定时器/计数器产生的中断信号建立多作业环境，从而大大地提高了 CPU 的利用率。

可编程定时器/计数器具有两种功能：一是作为计数器，设置好计数初值后，计数器被启动，便开始减 1 计数，当减为 0 时输出一个信号；二是作为定时器，在设置计数初值后，启动减 1 计数，并按定时常数不断地输出时钟周期整数倍的定时间隔。两者的差别是：作为计数器时，在减到 0 之后，输出一个信号便结束；而作为定时器时，则不断产生信号。实际上，两种工作方式都基于计数器的减 1 操作。

8253/8254就是一种常用的可编程定时器/计数器，它们是Intel公司生产的可编程间隔定时器PIT(Programmable Interval Timer，简称PIT)。两者均由单一+5 V供电，采用DIP封装，管脚兼容，但是最高工作频率有所不同，8253-5为2.6 MHz，8254-2为10 MHz。

8.2 8253芯片结构及引脚

8.2.1 内部结构与引脚

8253的内部结构如图8-1所示，其外部引脚如图8-2所示，每个通道就是一个独立的定时器/计数器。

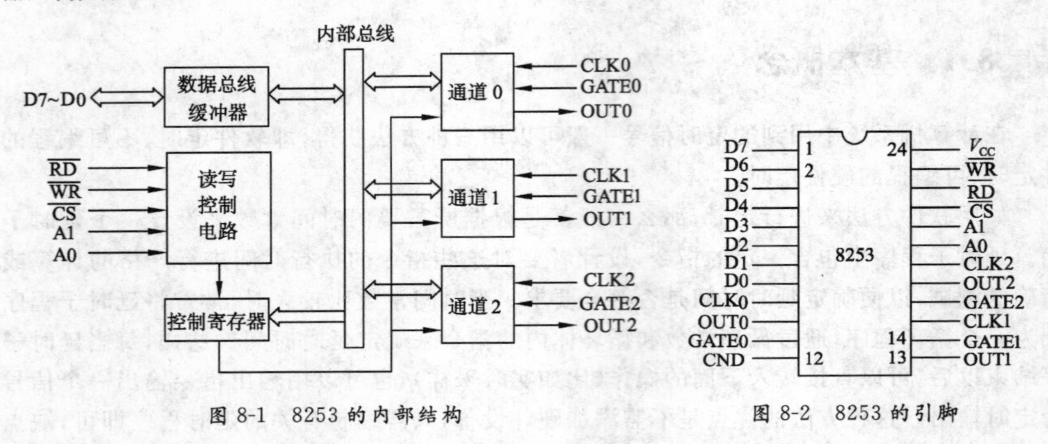

图8-1 8253的内部结构　　　　图8-2 8253的引脚

1. 数据总线缓冲器

数据总线缓冲器是8位双向三态缓冲存储器，是8253与CPU进行信息交换的通道。

2. 读写逻辑

读写逻辑用来接收CPU的控制信号，完成对8253各计数寄存器的读写操作。这些控制信号包括读信号、写信号、片选信号以及片内寄存器寻址信号A1、A0。

3. 3个独立的16位计数器

可编程定时器/计数器8253具有3个功能相同的独立通道，分别称为计数器0、计数器1、计数器2。最高计数速度为2.6 MHz，每个通道均为16位减1计数器，可进行二进制或者十进制定时/计数操作，工作方式以及计数长度可由软件编程来实现。

每个计数器有3个信号：一是时钟信号CLK，若CLK的频率由精确的时钟脉冲提供，则计数器可以作为定时器使用。计数器的初值应根据要求的定时时间得到，即“定时初值=要求定时时间/时钟脉冲周期”。若CLK是由外部事件提供的输入脉冲，则作为计数器使用。二是门控信号GATE用来控制8253定时的启停。三是输出信号OUT。当定时/计数到时，在此引脚输出规定的波形信号。

4. 控制寄存器

此寄存器用来保存CPU送入8253的控制字。每一个计数器都有一个控制命令寄存器，用来控制该计数器的工作方式。8253具有3个控制寄存器，但是只占有一个地址，通过最高两位来区分当前的控制字是给哪个计数器。控制寄存器只写不读。

如图 8-2 所示，8253 是一个双列直插式 24 引脚的芯片，其各引脚的意义如下。

(1) 数据总线 D7～D0：三态输入/输出线，用于将 8253 与系统数据总线相连，是 8253 与 CPU 的接口数据线，供 CPU 向 8253 进行读写数据、命令和状态信息。

(2) $\overline{RD}$读信号：输入，低电平有效。该信号有效时，表示 CPU 正在对 8253 的一个计数器进行读计数当前值的操作。

(3) $\overline{WR}$写信号：输入，低电平有效。该信号有效时，表示 CPU 正在向 8253 的控制寄存器写入控制字或向一个计数器置计数初值。

(4) $\overline{CS}$片选信号：输入，低电平有效。只有该信号有效，才说明系统选中该芯片，此时，才能对被选中的 8253 进行读/写操作。

(5) 地址码 A1、A0：输入，与 CPU 的地址总线相连。当片选信号有效时，地址码用来对 3 个计数器和控制寄存器寻址，由 A1 和 A0 的四种编码来选择四个端口之一，3 个计数器的控制寄存器共用一个公共端口。8253 内部寄存器与地址码 A1、A0 的关系如表 8-1 所示。

(6) 时钟信号 CLK0、CLK1、CLK2：是计数器 0、1、2 的时钟输入，系统要求输入的时钟周期应大于 380 ns。时钟信号的作用是在 8253 进行定时或计数工作时，每输入一个时钟脉冲信号，便使定时或计数值减 1。

(7) 门控信号 GATE0 、GATE1、GATE2：是计数器 0、1、2 的门控输入，控制启动定时或计数工作的开始。对于 8253 的六种工作方式，GATE 信号的有效方式不同，有用电平控制的，也有用上升沿控制的。

(8) 计数器输出信号 OUT0、OUT1、OUT2：是计数器 0、1、2 的输出信号，其输出波形取决于工作方式。这个信号既可用于定时、计数控制，也可用作定时、计数到的状态信号供 CPU 检测，还可以作为中断请求信号使用。

表 8-1 给出了地址线、控制信号线的不同组合对 8253 的操作。

表 8-1　A1、A0、$\overline{RD}$、$\overline{WR}$和$\overline{CS}$各种组合对 8253 的操作表

$\overline{CS}$	$\overline{RD}$	$\overline{WR}$	A1	A0	操　作
0	1	0	0	0	对计数器 0 设置计数初值
0	1	0	0	1	对计数器 1 设置计数初值
0	1	0	1	0	对计数器 2 设置计数初值
0	1	0	1	1	设置控制字或者给一个命令
0	0	1	0	0	从计数器 0 中读出当前计数值
0	0	1	0	1	从计数器 1 中读出当前计数值
0	0	1	1	0	从计数器 2 中读出当前计数值
0	0	1	1	1	无操作三态
1	×	×	×	×	禁止三态
0	1	1	×	×	无操作三态

8.2.2　8253 的读写及初始化操作

1. 8253 的控制字格式

CPU 是通过对 8253 控制寄存器的写操作来完成对 8253 初始化编程的，以此来决定 8253 工作方式的设定以及对相应计数器的操作。8253 控制字的格式如图 8-3 所示。

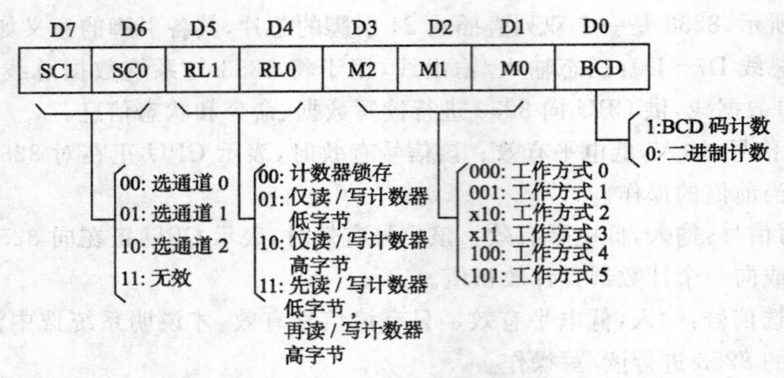

图 8-3 8253 工作方式控制字格式

(1) 最高两位 SC1 和 SC0 决定对 8253 三个通道中哪一个进行初始化设置。

(2) RL1 和 RL0 两位决定对选中的计数器进行读或者写操作。

(3) M2、M1、M0 决定所选中的计数器工作方式的设置。

(4) BCD 决定进位制式。8253 可以选用二进制或十进制计数。若为二进制计数，其范围为 0000H～FFFFH，最大值为 0000H，即 10000H；若选用十进制计数，则范围为 0～9 999，最大值 0，即 10000。

2. 8253 的读写操作

1) 读操作

所谓读操作即读出所选中计数器的计数值。设置控制器的 RL1 和 RL0 位，再发出一条或两条 IN 指令，即可把该计数器的计数值读出来。但是这种操作有个问题，即发出 IN 命令时的计数值与最终读出的值可能不一致，因为在读取计数值时，该计数器还在计数，也就是内部的计数值一直在改变。可以有两种方法避免出现这种现象：一是先使计数器停止计数，然后读取；另一种是读取之前先把计数值保存，然后读取。此时只要对 8253 控制寄存器的 RL1、RL0 位置 00 即可，然后把计数值存到计数锁存器中，但通道通过计数寄存器继续计数，锁存器的值却不变。

2) 写操作

所谓写操作就是向 8253 的控制寄存器写入控制字或者向计数寄存器写入计数初值。每个通道的控制寄存器可根据 SC1、SC0 区分，而计数初值则向对应的计数器地址写入即可。

3. 8253 的初始化设置

在 8253 工作之前必须对其进行初始化设置，步骤为：

(1) 向控制寄存器写入控制字，确定工作方式以及相应的操作。

(2) 写入计数初值。计数初值是 8 位还是 16 位由第一步向控制寄存器所写控制字的 RL1 和 RL0 决定。若 RL1RL0＝01，则所写单字节数据放到计数寄存器的低 8 位，而高 8 位自动添 0；若 RL1RL0＝10，则所写单字节数据放到计数寄存器的高 8 位，而低 8 位自动添 0；若 RL1RL0＝11，则所写第一个单字节数据放到计数寄存器的低 8 位，第二个单字节数据放到计数寄存器的高 8 位。由于计数寄存器采用减 1 计数，所以写入 0 即为最大值。

8.2.3 8253 的工作方式及时序

根据控制寄存器的设置，8253 的 3 个通道均有六种工作方式。在利用 8253 之前，CPU

要对 8253 进行初始化设置，即通过输出指令向控制寄存器写入控制字，然后再向计数寄存器预置定时/计数初值。计数器在 CLK 脉冲的下降沿开始减 1 计数，计数/定时到，则在 OUT 端输出电平、脉冲或者相应的波形，具体要根据不同的工作方式决定。另外，门控信号 GATE 的有效方式也随着不同的工作方式而不同。

1. 方式 0——计数结束中断方式

当某一通道设置为方式 0，则该计数器的输出 OUT 立即变为低电平，在计数初值写入该计数器后，输出仍保持低电平。若门控信号 GATE 为高电平，计数器在 CLK 的每一个下降沿开始进行减 1 计数。当计数器从初值减到 0 时，输出 OUT 变为高电平，且一直保持高电平到重新写入控制字或者重新写入新的计数值为止。这种方式下计数初值一次有效，若要重新计数，则需要重新写入计数值。在计数过程中，门控信号 GATE 控制是否暂停计数，在 GATE 变为低电平时暂停计数，当 GATE 重新变为高电平后计数器继续计数。在计数过程中改变计数值，若新的计数值为 8 位，则在写入新的计数值后，计数器将按照新的计数值重新计数；若是 16 位计数值，则在写入第一个字节之后计数器停止计数，在写入第二个字节之后计数器按照新的计数值开始计数。OUT 输出的信号可以作为计数结束的状态信号向 CPU 发出中断请求或供 CPU 查询。其具体的时序如图 8-4 所示。

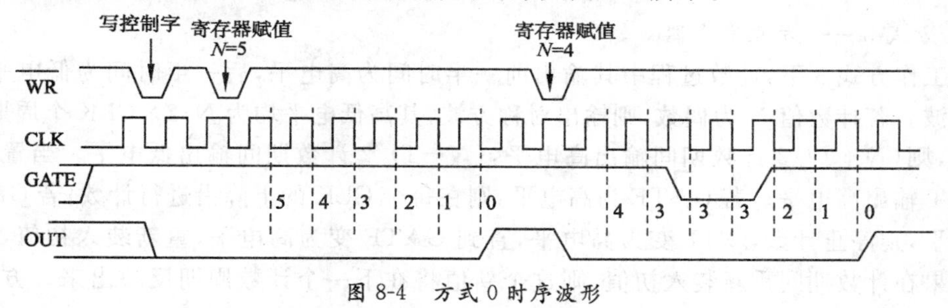

图 8-4 方式 0 时序波形

2. 方式 1——可编程单脉冲方式

在控制字设为方式 1 时，OUT 输出为高电平。计数初值写入该计数器后，计数并不开始，只有在门控 GATE 来一个上升沿之后的下一个 CLK 的下降沿，才开始计数，同时 OUT 由高电平变为低电平，直到计数值变为 0 时，OUT 才变为高电平。所以，OUT 输出负脉冲的宽度为“计数初值×CLK 脉冲周期数”。如果在输出 OUT 保持低电平期间写入一个新的计数值，则不会影响正在进行的计数，只有当 GATE 来一个新的正跳变时才开始使用新的计数值。如果计数没有结束，而 GATE 端来一个新的正跳变，则从新的跳变的下一个 CLK 的下降沿开始重新计数，因此 OUT 输出负脉冲的宽度会增加。CPU 可在任何时候读出计数器的内容，对单脉冲的宽度没有任何影响。方式 1 下的时序波形如图 8-5 所示。

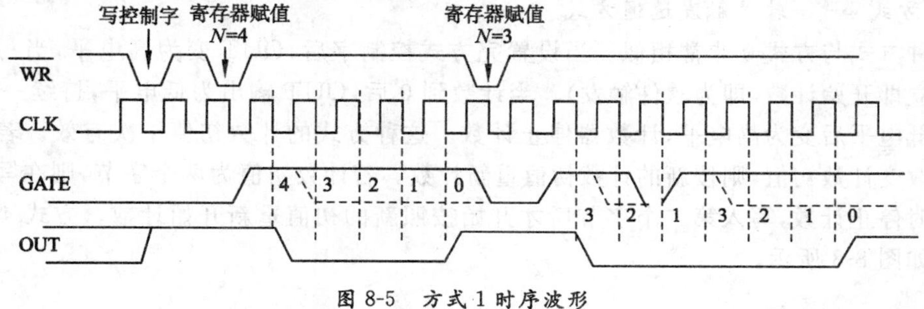

图 8-5 方式 1 时序波形

3. 方式2——分频工作方式

该方式写入控制字之后，OUT输出高电平，如果GATE为高电平，在写入计数初值后，计数器开始计数。当计数器计到1时，OUT输出低电平，经过一个CLK周期后OUT变为高电平，计数器从初值重新开始计数。计数器的计数过程受GATE的控制，GATE为高电平则开始计数，若GATE为低电平则停止计数，在GATE变为高电平的下一个CLK的下降沿恢复计数器初值，重新开始计数。在计数过程中改变初值对本次计数没有影响，等本次计数结束后，计数器将按照新的计数值开始新的计数。方式2下的时序波形如图8-6所示。

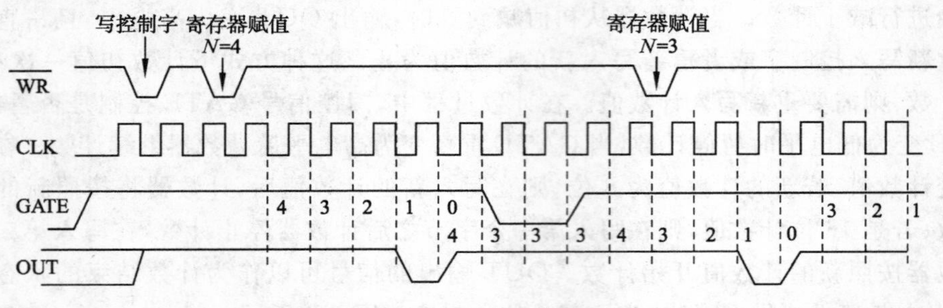

图8-6 方式2时序波形

4. 方式3——方波发生器

在工作方式3下，计数过程中其输出前一半时间为高电平，后一半时间为低电平，故输出为方波。若计数值N为偶数，则输出对称方波，其高低电平均为$N/2\times$CLK个周期；若N为奇数，则$(N+1)/2$计数期间输出高电平，$(N-1)/2$计数期间输出低电平。当置入初值后，OUT输出高电平。若GATE为高电平，则在每个CLK的下降沿进行计数；若GATE变为低电平，则停止计数，OUT变为高电平，直到GATE变为高电平，重新装入初值，重新计数。如果在计数期间重新装入初值，则这个新值将在下一个计数周期反映出来。方式3下的时序波形如图8-7所示。

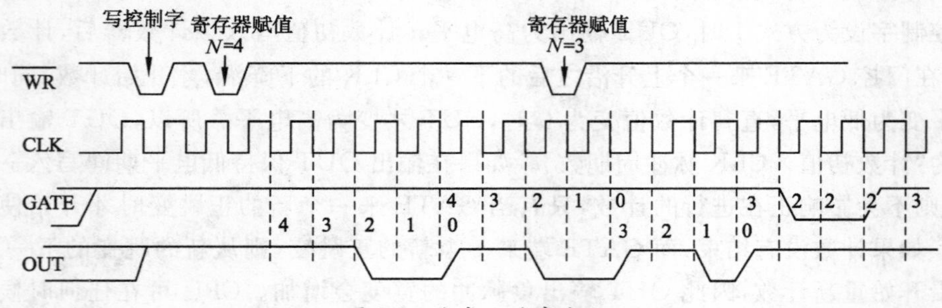

图8-7 方式3时序波形

5. 方式4——软件触发选通方式

这种方式与方式0非常相似。当设置完方式控制字后，OUT变为高电平，当写入计数初值后立即开始计数(即为软件触发)。当计数到0后，OUT输出为低电平，持续一个CLK周期的低电平后变为高电平，计数器停止计数。这种方式的计数初值一次有效。若在计数过程中改变计数初值，则按新的计数初值重新计数。若计数初值为两个字节，则在写入第一个字节时停止计数，写入第二个字节后才开始按照新的初值重新开始计数。方式4下的时序波形如图8-8所示。

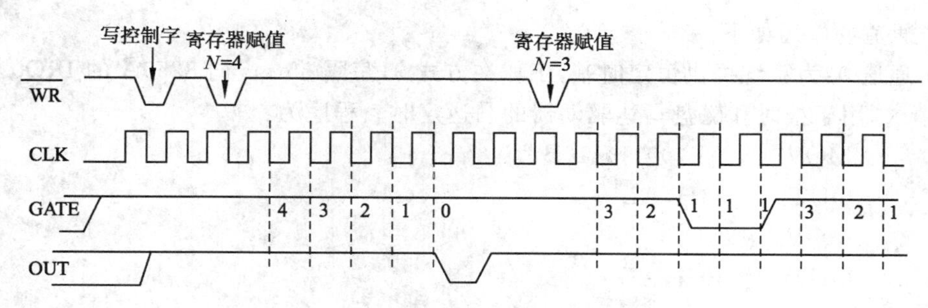

图 8-8 方式 4 时序波形

6. 方式 5——硬件触发选通方式

这种方式与方式 1 非常相似。当设置为方式 5 后，OUT 输出高电平，写入初值后，OUT 仍保持高电平不变。当 GATE 端来一个上升沿后启动计数，计数到 0 后，OUT 端输出一个宽度为 CLK 周期的负脉冲，然后变为高电平，并停止计数。在任何时候写入新的初值都不影响当前的计数，仅在 GATE 端来一个新的正跳变，计数器才开始按照新的初值开始计数。方式 5 下的时序波形如图 8-9 所示。

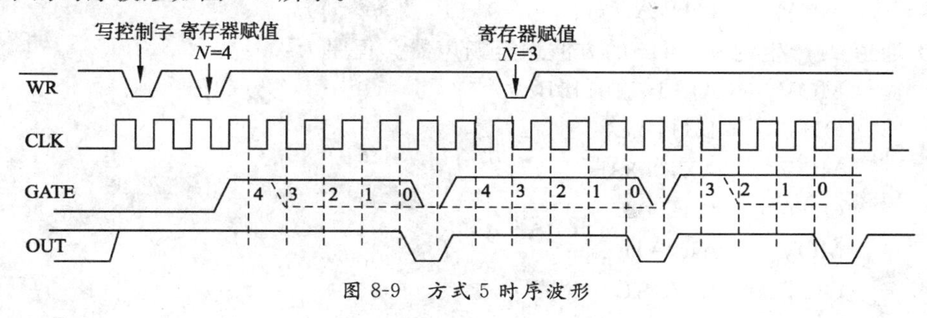

图 8-9 方式 5 时序波形

8.3 8253 应用举例

8.3.1 IBM-PC/XT 机的应用

IBM-PC/XT 机系统主板上使用了一片 8253，其硬件电路原理图如图 8-10 所示。通过 74LS138 译码可以得到 8253 的地址为 40H～5FH，BIOS 中分配给 8253 的地址为 40H～43H。3 个计数通道的 CLK 均由 8284 的输出分频得到，频率为 1.19 MHz。

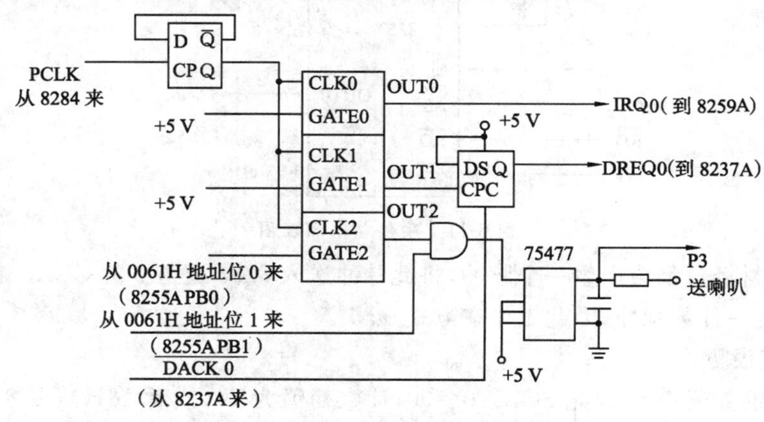

图 8-10 在 IBM-PC/XT 机中 8253 的使用

3 个通道的作用如下：

(1) 通道 0：为系统提供恒定时基，工作在方式 3，每隔 55 ms 向 8259A 的 IRQ0 发出一次中断请求，用于报时和磁盘马达驱动器的马达定时。程序为：

```
MOV     AL,00110110B
OUT     43H,AL
MOV     AL,0
OUT     40H,AL
OUT     40H,AL
```

(2) 通道 1：用作动态 RAM 的刷新定时，每隔 15.12 μs 对动态 RAM 刷新一次。程序为：

```
MOV     AL,01010100B
OUT     43H,AL
MOV     AL,12H
MOV     41H,AL
```

(3) 通道 2：产生约 900 Hz 的方波送至扬声器。程序为：

```
MOV     AL,10110110B
OUT     43H,AL
MOV     AX,0533H
OUT     42H,AL
MOV     AL,AH
OUT     42H,AL
```

8.3.2 应用举例

现有一饮料生产线要对一定数量的饮料打包处理。利用 8253 对饮料进行计数，计到 24 时，开始发出一信号给执行机构进行打包处理。硬件电路原理图如图 8-11 所示。

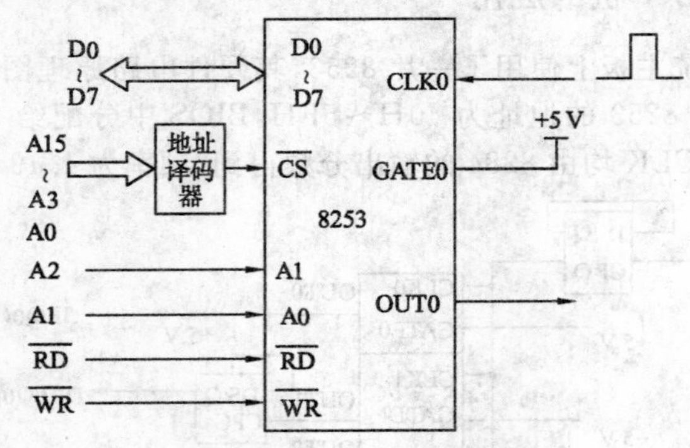

图 8-11 硬件电路原理图

每一瓶饮料经过都会产生一个脉冲，将此脉冲送入 8253 通道 0 的 CLK0 端。由于 8253 每计数 24 就发一计数脉冲，因此工作在方式 0。

1) 控制字设置

由于选用的是通道 0，因此 SC1SC0＝00；计数初值为 24(或者 18H)，用 8 位即可表示，

所以 RL1RL0＝00；选择工作方式 0，所以 M2M1M0＝000；若选 BCD 计数，则 BCD＝1，且初值为 24；若选二进制计数，BCD＝0，初值为 18H；因此控制字为 00H（或者 01H）。

2）初始化

假设图 8-11 中 8253 通道 0 的地址为 2000H，控制口地址为 2006H，则初始化程序为：

```
MOV    AL,00H       ;设置控制字
MOV    DX,2006H     ;控制口地址
OUT    DX,AL
MOV    AL,18H       ;计数初值
MOV    DX,2000H     ;通道 0 地址
OUT    DX,AL
```

复习思考题

1. 8253 每个计数通道与外设接口有哪些信号线，每个信号的用途是什么？

2. 8253 初始化编程包含哪些内容？

3. 分别列出门控信号 GATE 在 8253 六种工作方式中所起的作用。

4. 设 8253 计数器 0～2 和控制寄存器的 I/O 地址依次为 0F8H～0FBH，说明如下程序的作用。

```
MOV    AL,33H
OUT    0FBH,AL
MOV    AL,80H
OUT    0F8H,AL
MOV    AL,50H
OUT    0F8H,AL
```

5. 设 8253 计数通道 0、1、2 的端口地址分别为 0040H、0042H、0044H，控制端口地址为 0046H。如将通道 0 设置成方式 3（方波），通道 1 为方式 2（分频），通道 0 的输出脉冲作为通道 1 的时钟输入；CLK0 连接总线时钟为 4.77 MHz，通道 1 的输出 OUT1 约为 40 Hz。编写实现上述功能的初始化程序片段。

第九章 并行接口技术

本章要点：了解并行通信、并行接口的特点；重点学习可编程并行接口芯片 8255A 的工作方式，初始化方法，8255A 在实际系统中的应用。

9.1 并行接口概述

9.1.1 并行通信

并行通信就是把一个字符的各位同时用几根线进行传输，传输速度快，信息率高，需求电缆多。随着传输距离的增加，电缆的开销会成为突出的问题，所以并行通信常用于传输速率要求较高，而传输距离较短的场合。

例如，微机与并行接口打印机、磁盘驱动器之间采用并行通信，系统板上各部件之间、接口电路板上各部件之间大部分采用并行通信。

9.1.2 并行接口的特点

并行接口最基本的特点是在多根数据线上以数据字节为单位与 I/O 设备或被控对象传送信息。并行接口的“并行”是指接口与 I/O 设备一侧的并行数据线。并行接口适用于近距离传送的场合。由于各种 I/O 设备多为并行数据线连接，所以 CPU 用并行接口来组成应用系统很方便，故使用十分普遍。

在并行接口中除了少数场合外，一般都要求在接口与外设之间设置并行数据线的同时，至少还要设置两根握手信号线，即在输入接口中为“数据输入准备好”和“数据输入回答”信号，在输出接口中为“数据输出准备好”和“数据输出回答”信号，以便互锁异步握手方式的通信。

在并行接口中 8 位或 16 位是一起传送的，因此当采用并行接口与外设交换数据时，即使是只用到其中的一位，也是一次输入/输出 8 位或 16 位。

并行传送的信息，不要求固定的格式，这与串行传送的信息有数据格式的要求不同。

9.2 并行接口芯片 8255A

9.2.1 8255A 的功能

Intel 8255A 是一个通用的可编程并行接口芯片，它有三个并行 I/O 口，又可通过编程设置多种工作方式，价格低廉，使用方便，可以直接与 Intel 系列的芯片连接使用，在中小系统中有着广泛的应用。8255A 的内部结构如图 9-1 所示。

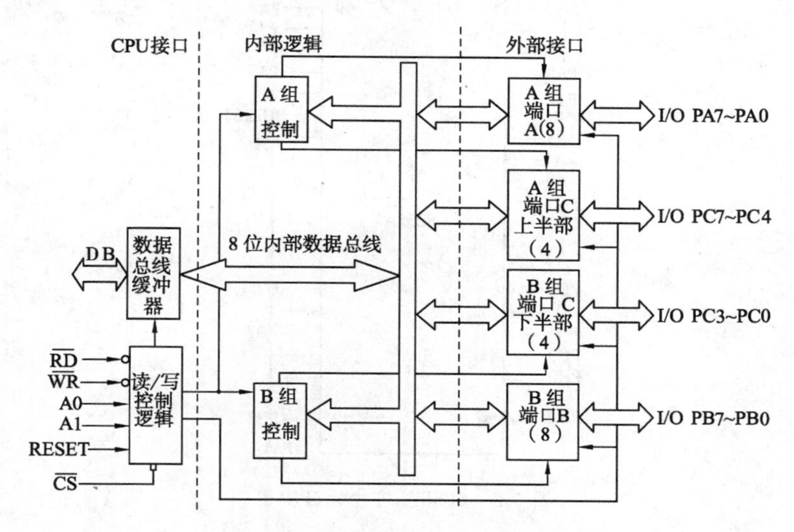

图 9-1 8255A 的内部结构

8255A 由以下几部分组成：

1）三个数据端口 A、B、C

这三个端口均可视为 I/O 口，但它们的结构和功能也稍有不同。

(1) A 口：是一个独立的 8 位 I/O 口，它的内部有对数据输入/输出的锁存功能。

(2) B 口：也是一个独立的 8 位 I/O 口，仅对输出数据有锁存功能。

(3) C 口：可以看成是一个独立的 8 位 I/O 口，也可以看成是两个独立的 4 位 I/O 口，仅对输出数据进行锁存。

2）A 组和 B 组的控制电路

这是两组根据 CPU 命令控制 8255A 工作方式的电路。这些控制电路内部设有控制寄存器，可以根据 CPU 送来的编程命令来控制 8255A 的工作方式，也可以根据编程命令来对 C 口的指定位进行置/复位的操作。A 组控制电路用来控制 A 口及 C 口的高 4 位；B 组控制电路用来控制 B 口及 C 口的低 4 位。

3）数据总线缓冲器

数据总线缓冲器是 8 位的双向三态缓冲器。作为 8255A 与系统总线连接的界面，输入/输出的数据、CPU 的编程命令以及外设通过 8255A 传送的工作状态等信息，都是通过它来传输的。

4）读/写控制逻辑

读/写控制逻辑电路负责管理 8255A 的数据传输过程，它接收片选信号 $\overline{CS}$ 及系统读信号 $\overline{RD}$、写信号 $\overline{WR}$、复位信号 RESET，还有来自系统地址总线的口地址选择信号 A0 和 A1。

9.2.2 8255A 的引脚功能

8255A 的引脚信号可以分为两组：一组是面向 CPU 的信号，一组是面向外设的信号。

8255A 芯片的引脚图如图 9-2 所示。

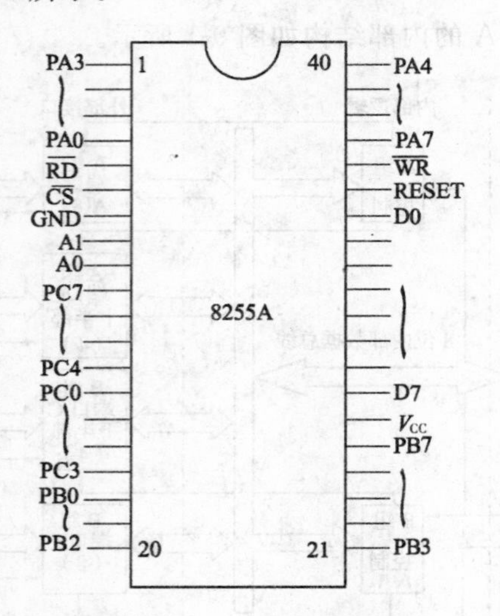

图 9-2　8255A 芯片的引脚图

1. 面向 CPU 的引脚信号及功能

(1) D0～D7:8 位,双向,三态数据线,用来与系统数据总线相连。

(2) RESET:复位信号,高电平有效,输入,用来清除 8255A 的内部寄存器,并置 A 口、B 口、C 口均为输入方式。

(3) $\overline{CS}$:片选,输入,用来决定芯片是否被选中。

(4) $\overline{RD}$:读信号,输入,控制 8255A 将数据或状态信息送给 CPU。

(5) $\overline{WR}$:写信号,输入,控制 CPU 将数据或控制信息送到 8255A。

(6) A1、A0:内部口地址的选择,输入。这两个引脚上的信号组合决定对 8255A 内部的哪一个口或寄存器进行操作。8255A 内部共有 4 个端口:A 口、B 口、C 口和控制口。

$\overline{CS}$、$\overline{RD}$、$\overline{WR}$、A1、A0 几个信号的组合决定了 8255A 的所有具体操作,如表 9-1 所示。

表 9-1　8255A 的操作功能表

$\overline{CS}$	$\overline{RD}$	$\overline{WR}$	A1	A0	操　作	数据传送方式
0	0	1	0	0	读 A 口	A 口数据→数据总线
0	0	1	0	1	读 B 口	B 口数据→数据总线
0	0	1	1	0	读 C 口	C 口数据→数据总线
0	1	0	0	0	写 A 口	数据总线数据→A 口
0	1	0	0	1	写 B 口	数据总线数据→B 口
0	1	0	1	0	写 C 口	数据总线数据→C 口
0	1	0	1	1	写控制口	数据总线数据→控制口

2. 面向外设的引脚信号及功能

(1) PA0～ PA7:A 组数据信号,用来连接外设。

(2) PB0～ PB7:B 组数据信号,用来连接外设。

(3) PC0～ PC7:C 组数据信号,用来连接外设或者作为控制信号。

9.2.3 8255A 的工作方式

8255A 有三种工作方式,用户可以通过编程来设置。

(1) 方式 0:简单输入/输出——查询方式,A、B、C 三个端口均可。

(2) 方式 1:选通输入/输出——中断方式,A、B 两个端口均可。

(3) 方式 2:双向选通输入/输出——中断方式,只有 A 端口才有。

工作方式的选择可通过向控制端口写入控制字来实现。

1. 方式 0

方式 0 是一种简单的输入/输出方式,没有规定固定的应答联络信号,可用 A、B、C 三个口的任一位充当查询信号,其余 I/O 口仍可作为独立的端口和外设相连。

方式 0 的应用场合有两种:一种是同步传送;一种是查询传送。

2. 方式 1

方式 1 是一种选通输入/输出方式,A 口和 B 口仍作为两个独立的 8 位 I/O 数据通道,可单独连接外设,通过编程分别设置它们为输入或输出。C 口则要有 6 位(分成两个 3 位)分别作为 A 口和 B 口的应答联络线,其余 2 位仍可工作在方式 0,可通过编程设置为输入或输出。

1) 方式 1 的输入组态和应答信号的功能

图 9-3 给出了 8255A 的 A 口和 B 口方式 1 的输入组态。

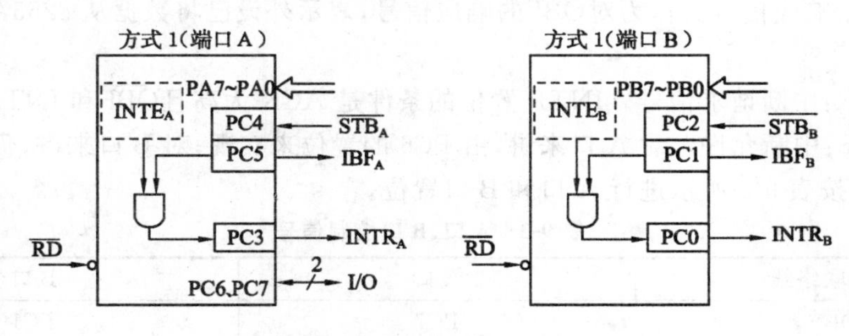

图 9-3 方式 1 的输入组态

C 口的 PC3～PC5 用作 A 口的应答联络线,PC0～PC2 则用作 B 口的应答联络线,余下的 PC6 和 PC7 则可作为方式 0 使用。

应答联络线的功能如下:

(1) $\overline{STB}$:选通输入,用来将外设输入的数据存入 8255A 的输入缓冲器。

(2) IBF:输入缓冲器满,作为$\overline{STB}$的回答信号。

(3) INTR:中断请求信号。INTR 置位的条件是$\overline{STB}$为高且 IBF 和 INTE 均为高。

(4) INTE:中断允许。对 A 口来讲,由 PC4 置位来实现;对 B 口来讲,则由 PC2 置位来实现，事先按表 9-2 将其置位。

表 9-2 A 口、B 口控制信号

应答联络线	A 口	B 口
$\overline{STB}$	PC4	PC2
IBF	PC5	PC1
INTR	PC3	PC0
INTE	PC4 置 1	PC2 置 1

2）方式 1 的输出组态和应答信号功能

8255A 的 A 口和 B 口方式 1 的输出组态如图 9-4 所示。

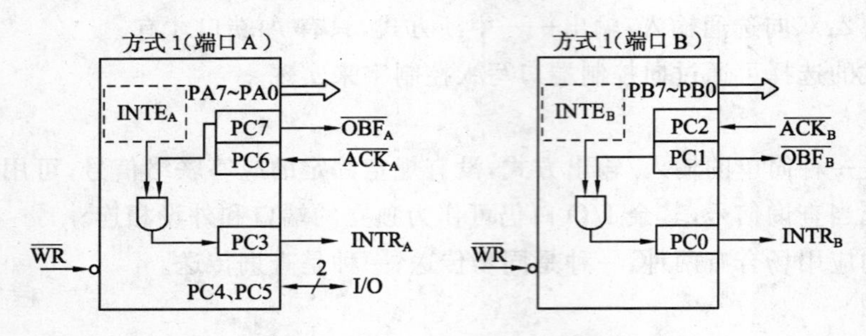

图 9-4 方式 1 时输出端口对应的控制信号

C 口的 PC3、PC6、PC7 用作 A 口的应答联络线，PC0～PC2 则用作 B 口的应答联络线，余下的 PC4、PC5 则可作为方式 0 使用。

应答联络线的功能如下：

(1) $\overline{OBF}$：输出缓冲器满。当 CPU 已将要输出的数据送入 8255A 时，$\overline{OBF}$有效，用来通知外设可以从 8255A 取数。

(2) $\overline{ACK}$：响应信号。作为对$\overline{OBF}$的响应信号，表示外设已将数据从 8255A 的输出缓冲器中取走。

(3) INTR：中断请求信号。INTR 置位的条件是 ACK 为高且$\overline{OBF}$和 INTE 均为高。

(4) INTE：中断允许。对 A 口来讲，由 PC6 的置位来实现；对 B 口来讲，仍是由 PC2 的置位来实现。按表 9-3 所示进行 A 口和 B 口置位。

表 9-3 A 口、B 口控制信号

应答联络线	A 口	B 口
$\overline{OBF}$	PC7	PC1
$\overline{ACK}$	PC6	PC2
INTR	PC3	PC0
INTE	PC6 置 1	PC2 置 1

3. 方式 2

方式 2 为双向选通输入/输出方式，只有 A 口才有此方式。这时，C 口有 5 根线用作 A 口的应答联络信号，其余 3 根线可用作方式 0，也可用作 B 口方式 1 的应答联络线，如图 9-5 所示。

方式 2 就是方式 1 的输入与输出方式的组合，各应答信号的功能也相同。C 口余下的

PC0～PC2 正好可以充当 B 口方式 1 的应答线，若 B 口不用或工作于方式 0，则这三条线也可工作于方式 0。

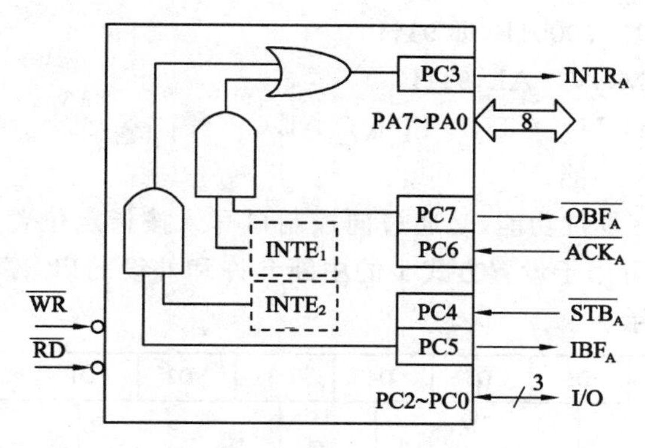

图 9-5　方式 2 的组态

1）方式 2 的应用场合

方式 2 是一种双向工作方式，一个并行外部设备既可以作为输入设备，又可以作为输出设备，并且输入输出动作不会同时进行。

2）方式 2 和其他方式的组合

(1) 方式 2 和方式 0 输入的组合：控制字 11XXX01TB。

(2) 方式 2 和方式 0 输出的组合：控制字 11XXX00TB。

(3) 方式 2 和方式 1 输入的组合：控制字 11XXX11XB。

(4) 方式 2 和方式 1 输出的组合：控制字 11XXX10XB。

其中 X 表示与其取值无关，而 T 表示视情况可取 1 或 0。

9.2.4　8255A 的编程及应用

1. 8255A 的编程

对 8255A 的编程涉及两方面的内容：写控制字设置工作方式等信息；使 C 口的指定位置位/复位的功能。均写入控制端口。

1）控制字格式

控制字要写入 8255A 的控制口，写入控制字后 8255A 才能按指定的方式工作。

8255A 的控制字格式与各位的功能如图 9-6 所示。

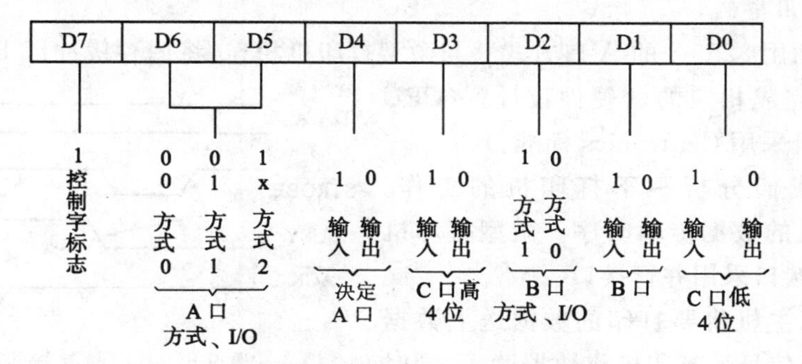

图 9-6　8255A 的控制字格式

例 9.1 某系统要求使用 8255A 的 A 口方式 0 输入，B 口方式 0 输出，C 口高 4 位方式 0 输出，C 口低 4 位方式 0 输入。

解：控制字为： 10010001B，即 91H

初始化程序为：

```
MOV   AL,91H
OUT   CTRL_PORT,AL
```

2) C 口的置位/复位功能

只有 C 口才有置位/复位功能，是通过向控制口写入按指定位置位/复位的控制字来实现的。C 口的这个功能可用于设置方式 1 的中断允许和外设的启/停等。按位置位/复位的控制字格式如图 9-7 所示。

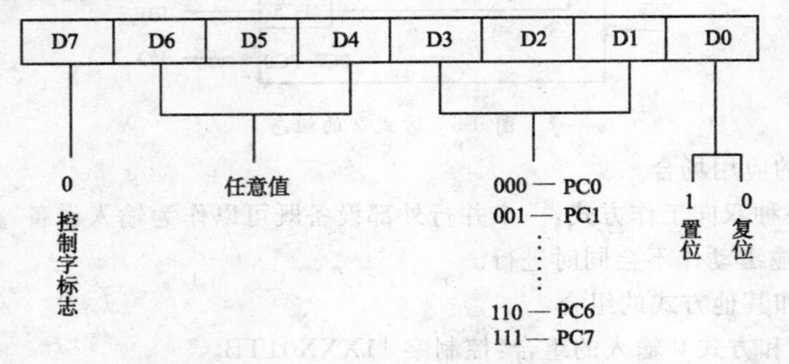

图 9-7 8255A 的复位/置位控制字格式

例 9.2 A 口方式 2，要求发两个中断允许，即 PC4 和 PC6 均需置位。B 口方式 1，要求使 PC2 置位来开放中断。

解：初始化程序可补充完整如下：

```
MOV     AL,0C4H
OUT     CTRL_PORT,AL      ;设置工作方式
MOV     AL,09H
OUT     CTRL_PORT,AL      ;PC4 置位，A 口输入允许中断
MOV     AL,0DH
OUT     CTRL_PORT,AL      ;PC6 置位，A 口输出允许中断
MOV     AL,05H
OUT     CTRL_PORT,AL      ;PC2 置位，B 口输出允许中断
```

2. 接口应用举例

例 9.3 利用 8255A 的 A 口方式 0 与微型打印机相连，将内存缓冲区 BUFF 中的字符打印输出。试完成相应的软硬件设计。（CPU 为 8088，打印机采用 Centronics 标准。）

解：首先我们分析一下打印机的工作。图 9-8为打印机的数据传输时序。微型打印机和主机之间的接口采用并行接口。

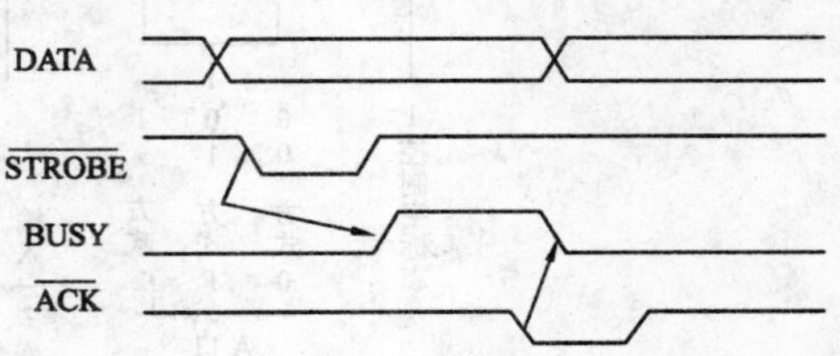

图 9-8 打印机数据传输时序

工作流程：主机将要打印的数据送上数据线，然后发选通信号。打印机将数据读入，同时

使 BUSY 线为高，通知主机停止送数。这时打印机内部对读入的数据进行处理。处理完以后使$\overline{\text{ACK}}$有效，同时使 BUSY 失效，通知主机可以发下一个数据。硬件连线如图 9-9 所示。Centronics 标准引脚信号及功能如表 9-4 所示。

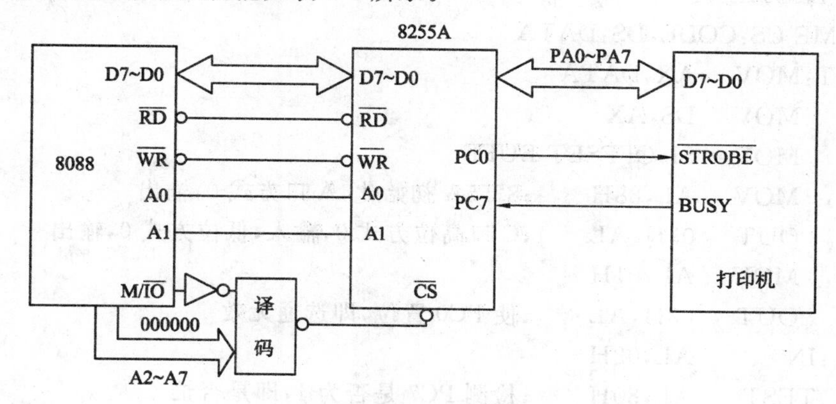

图 9-9 硬件连接图

表 9-4 Centronics 标准引脚信号

引 脚	名 称	方向	功 能
1	$\overline{\text{STROBE}}$	入	数据选通，有效时接收数据
2～9	DATA1～DATA8	入	数据线
10	ACKNLG	出	响应信号，有效时准备接收数据
11	BUSY	出	忙信号，有效时不能接收数据
12	PE	出	纸用完
13	SLCT	出	选择联机，指出打印机不能工作
14	AUTOLF	入	自动换行
31	INIT	入	打印机复位
32	ERROR	出	出错
36	SLCTIN	入	有效时打印机不能工作

说明：

由 PC0 充当打印机的选通信号，通过对 PC0 的置位/复位来产生选通信号；由 PC7 来接收打印机发出的 BUSY 信号作为能否输出的查询。

8255A 的控制字为 10001000B，即 88H。A 口方式 0，输出；C 口高位方式 0，输入，低位方式 0 输出。PC0 置位：00000001B，即 01H。PC0 复位：00000000B，即 00H。8255A 的 4 个口地址分别为 00H，01H，02H，03H。

编制程序如下：

DADA SEGMENT

```
BUFF DB 'This is a print program!','$'
DATA ENDS
CODE SEGMENT
ASSUME CS:CODE,DS:DATA
START:MOV   AX,DATA
      MOV   DS,AX
      MOV   SI,OFFSET BUFF
      MOV   AL,88H        ;8255A初始化,A口方式0,输出
      OUT   03H,AL        ;C口高位方式0,输入,低位方式0,输出
      MOV   AL,01H
      OUT   03H,AL        ;使PC0置位,即选通无效
WAIT:IN     AL,02H
      TEST  AL,80H        ;检测PC7是否为1,即是否忙
      JNZ   WAIT          ;若为忙,则等待
      MOV   AL,[SI]
      CMP   AL,'$'        ;是否结束符
      JZ    DONE          ;若是结束符,则输出回车
      OUT   00H,AL        ;若不是结束符,则从A口输出
      MOV   AL,00H
      OUT   03H,AL
      MOV   AL,01H
      OUT   03H,AL        ;产生选通信号
      INC   SI            ;修改指针,指向下一个字符
      JMP   WAIT
DONE: MOV   AL,0DH
      OUT   00H,AL        ;输出回车符
      MOV   AL,00H
      OUT   03H,AL
      MOV   AL,01H
      OUT   03H,AL        ;产生选通
WAIT1:IN    AL,02H
      TEST  AL,80H        ;检测PC7是否为1,即是否忙
      JNZ   WAIT1         ;为忙则等待
      MOV   AL,0AH
      OUT   00H,AL        ;输出换行符
      MOV   AL,00H
      OUT   03H,AL
      MOV   AL,01H
      OUT   03H,AL        ;产生选通信号
```

```
        MOV   AH,4CH
        INT   21H
CODE ENDS
END START
```

例 9.4 将例 9.3 中 8255A 的工作方式改为方式 1，采用中断方式将 BUFF 开始的缓冲区中的 100 个字符从打印机输出。（假设打印机接口仍采用 Centronics 标准。）

解：仍用 PC0 作为打印机的选通，打印机的 $\overline{ACK}$ 作为 8255A 的 A 口，8255A 的中断请求信号（PC3）接至系统中断控制器 8259A 的 IR3，其硬件连线如图 9-10 所示。

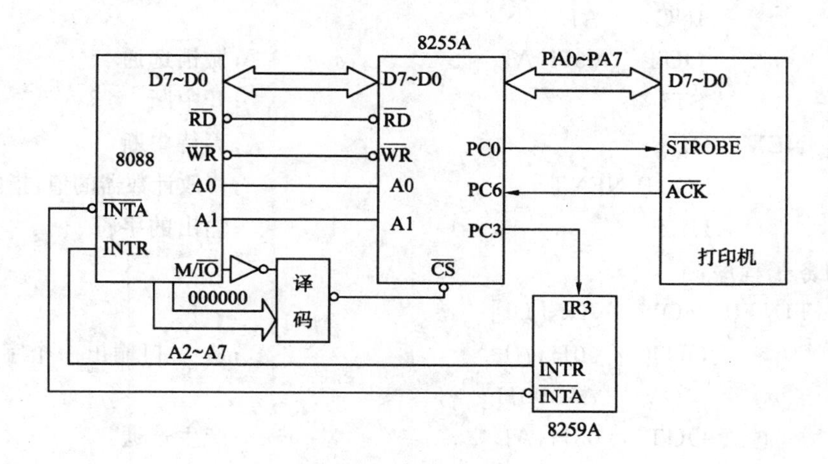

图 9-10 中断方式硬件连线

8255A 的控制字为 1010XXX0B；PC0 置位：00000001B，即 01H；PC0 复位：00000000B，即 00H；PC6 置位：00001101B，即 0DH，允许 8255A 的 A 口输出中断。

由硬件连线可以分析出，8255A 的 4 个口地址分别为 00H，01H，02H，03H。假设 8259A 初始化时送 ICW2 为 08H，则 8255A A 口的中断类型码是 0BH，此中断类型码对应的中断向量应放到中断向量表从 2CH 开始的 4 个单元中。

主程序：

```
MAIN: MOV   AL,0A0H
      OUT   03H,AL                      ;设置 8255A 的控制字
      MOV   AL,01H                      ;使选通无效
      OUT   03H,AL
      XOR   AX,AX
      MOV   DS,AX
      MOV   AX,OFFSET ROUTINTR
      MOV   WORD PTR [002CH],AX
      MOV   AX,SEG ROUTINTR
      MOV   WORD PTR [002EH],AX         ;送中断向量
      MOV   AL,0DH
```

```
        OUT    03H,AL                  ;使 8255A A 口输出允许中断
        MOV    DI,OFFSET BUFF          ;设置地址指针
        MOV    CX,99                   ;设置计数器初值
        MOV    AL,[DI]
        OUT    00H,AL                  ;输出一个字符
        INC    DI
        MOV    AL,00H
        OUT    03H,AL                  ;产生选通
        INC    AL
        OUT    03H,AL                  ;撤销选通
        STI                            ;开中断
  NEXT: HLT                            ;等待中断
        LOOP NEXT                      ;修改计数器的值,指向下一个要
        HLT                            ;输出的字符
```

中断服务子程序:

```
 ROUTINTR:MOV   AL,[DI]
        OUT    00H,AL                  ;从 A 口输出一个字符
        MOV    AL,00H
        OUT    03H,AL                  ;产生选通
        INC    AL
        MOV    03H,AL                  ;撤销选通
        INC    DI                      ;修改地址指针
        IRET                           ;中断返回
```

9.3 8255A 用于键盘接口设计

为了识别键盘上的闭合键,通常采用两种方法:一种是行扫描法,另一种是行反转法。行扫描法是使键盘上某一行线为低电平,而其余行接高电平,然后读取列值。如果列值中某位为低电平,则表明行列交点处的键被按下;否则扫描下一行,直到扫完全部的行线为止。

行反转法识别闭合键时,要将行线接一个并行口,先让它工作在输出方式下,将列线也接一个并行口,让它工作在输入方式下。程序先使 CPU 通过输出端口往各行线上全部送低电平,然后读入列线的值。如果此时有某一键被按下,则必定会使某一列线值为 0。然后程序再对两个并行端口进行方式设置,使行线工作在输入方式,列线工作在输出方式,并且将刚才读得的列线值从列线所接的并行端口输出,再读取行线上的输入值,那么在闭合键所在的行线上的值必为 0。这样,当一个键被按下时,必定可以读取一对唯一的行值和列值。

16 个按键与 8255A 的接口逻辑电路图,如图 9-11 所示。

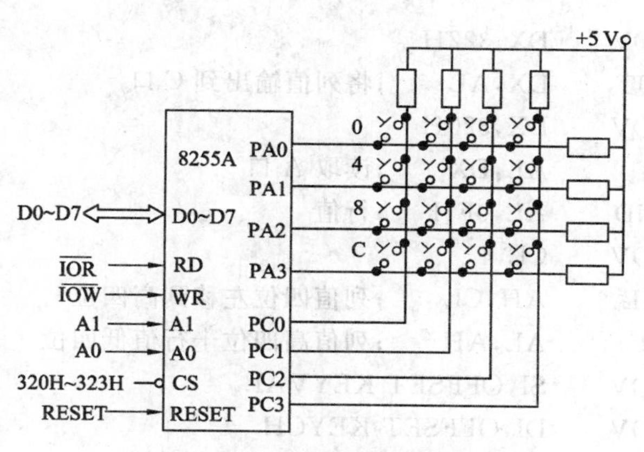

图 9-11 8255A 实现的键盘接口电路

以下是采用行反转法识别闭合键的实例程序，16 键编码为 0～F。

```
DATA      SEGMENT
KEYVAL    DB 0EEH,0DEH,0BEH,7EH,0EDH,0DDH,0BDH,7DH
          DB 0EBH,0DBH,0BBH,7BH,0E7H,0D7H,0B7H,77H
KEYCH     DB '0123456789ABCDEF'
DATA      ENDS
CODE      SEGMENT
          ASSUME    CS:CODE,DS:DATA
START:    MOV    AX,DATA
          MOV    DS,AX
LOP_T0:   MOV    AL,81H
          MOV    DX,323H
          OUT    DX,AL       ;A 口方式 0,输出,C 口低四位输入
LOP_T1:   MOV    AL,0
          MOV    DX,320H
          OUT    DX,AL       ;A 口输出 0
          MOV    DX,322H
          IN     AL,DX       ;读取 C 口
          AND    AL,0FH
          CMP    AL,0FH
          JZ     LOP_T1      ;没键按下,循环测试
          MOV    AH,AL       ;暂存列值
          MOV    CX,1000H
DELAY1:   LOOP   DELAY1      ;延时
          MOV    AL,90H
          MOV    DX,323H
          OUT    DX,AL       ;A 口方式 0,输入,C 口低四位输出
          MOV    AL,AH
```

```
        MOV     DX,322H
        OUT     DX,AL       ;将列值输出到C口
        MOV     DX,320H
        IN      AL,DX       ;读取A口
        AND     AL,0FH      ;行值
        MOV     CL,4
        SAL     AH,CL       ;列值四位左移到高四位
        OR      AL,AH       ;列值高四位+行值低四位
        MOV     SI,OFFSET KEYVAL
        MOV     DI,OFFSET KEYCH
        MOV     CX,16
LOP_T2: CMP     AL,[SI]
        JZ      LOP_T3
        INC     SI
        INC     DI
        LOOP    LOP_T2
        JMP     LOP_T0      ;未找到键值,继续下一次按键操作
LOP_T3: MOV     AL,[DI]     ;键符在AL中
        NOP
        NOP
        MOV     AL,81H
        MOV     DX,323H
        OUT     DX,AL       ;A口方式0,输出,C口低四位输入
LOP_T4: MOV     AL,0
        MOV     DX,320H
        OUT     DX,AL       ;A口输出0
        MOV     DX,322H
        IN      AL,DX       ;读取C口
        AND     AL,0FH
        CMP     AL,0FH
        JNZ     LOP_T4      ;键没释放,循环测试
        JMP     LOP_T0      ;继续下一次按键操作
        CODE    ENDS
        END     START
```

复习思考题

1. 试分析8255A方式0、方式1和方式2的主要区别,并分别说明它们适合于什么应用

场合。

2. 当8255A的A口工作在方式2时，其端口B适合于什么样的功能？写出此时各种不同组合情况的控制字。

3. 若8255A的端口A定义为方式0，输入；端口B定义为方式1，输出；端口C的上半部定义为方式0，输出。试编写初始化程序。（口地址为80H～83H。）

4. 假设一片8255A的使用情况为：A口为方式0，输入；B口为方式0，输出。此时连接的CPU为8086，地址线A1、A2分别接至8255A的A0、A1，而芯片的$\overline{\text{CS}}$来自A3A4A5A6A7＝00101。试写出8255A的端口地址，并完成初始化程序。

第十章 串行通信接口技术

本章要点：了解串行接口与通信的概念、通信规程和通信标准；重点掌握标准串行总线的使用方法，串行通信接口芯片 8251A 的使用方法。

10.1 串行接口与通信概述

10.1.1 并行通信与串行通信

数据通信的基本方式可分为两种：并行通信与串行通信。并行通信是指利用多条数据传输线将一个数据的各位同时传送，特点是传输速度快，适用于短距离通信。串行通信是指利用一到两条传输线将数据一位位地顺序传送，特点是通信线路简单，利用电话线或电报线就可实现通信，成本低，适用于远距离通信，但传输速度慢。

10.1.2 串行通信方式

串行通信按照数据格式分为两种方式：异步通信(ASYNC)与同步通信(SYNC)。

1. 异步通信及其协议

异步通信以一个字符为传输单位，通信中两个字符间的时间间隔是不固定的，然而在同一个字符中的两个相邻位代码间的时间间隔是固定的。通信协议（通信规程）是通信双方约定的一些规则。

传送一个字符的信息格式：规定有起始位、数据位、奇偶校验位、停止位等，其中各位的意义如图 10-1 所示。

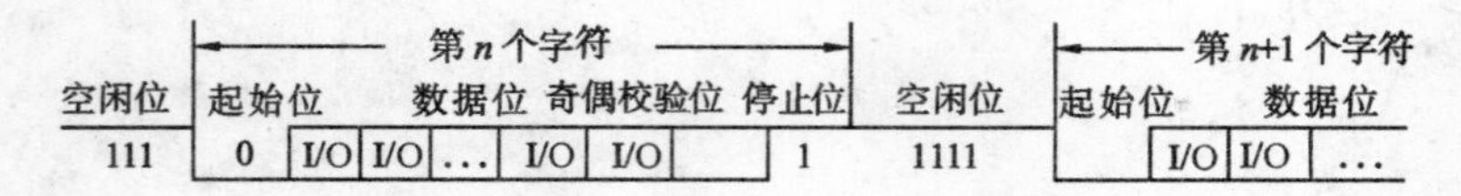

图 10-1　异步串行通信的数据格式

(1) 起始位：先发出一个逻辑“0”信号，表示传输字符的开始。

(2) 数据位：紧跟在起始位之后。数据位的个数可以是 5、6、7、8 等，构成一个字符，通常采用 ASCII 码。数据位从最低位开始传送，靠时钟定位。

(3) 奇偶校验位：数据位加上这一位后，使得“1”的位数应为偶数（偶校验）或奇数（奇校验），以此来校验数据传送的正确性。

(4) 停止位：它是一个字符数据的结束标志，可以是 1 位、1.5 位、2 位的高电平。

(5) 空闲位：处于逻辑“1”状态，表示当前线路上没有数据传送。

波特率是衡量数据传送速率的指标，表示每秒钟传送的二进制位数。例如，数据传送速率为120字符/秒，而每一个字符为10位，则其传送的波特率为10×120=1 200波特。

异步通信是按字符传输的，接收设备在收到起始信号之后只要在一个字符的传输时间内能和发送设备保持同步就能正确接收。下一个字符起始位的到来使同步重新校准。

2. 同步串行通信及其规程

同步串行通信以一个帧为传输单位，每个帧中包含有多个字符。在通信过程中，每个字符间的时间间隔是相等的，而且每个字符中各相邻位代码间的时间间隔也是固定的。同步串行通信的数据格式如图10-2所示。

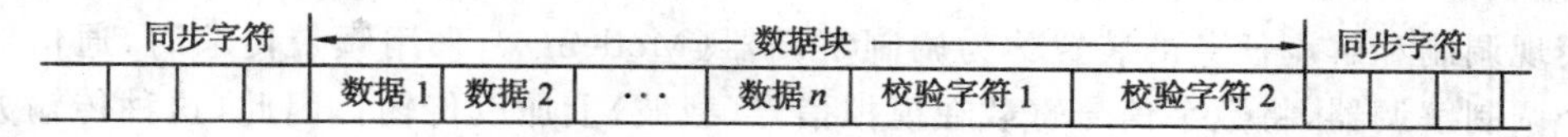

图10-2 同步串行通信的数据格式

同步串行通信的规程有以下两种：

(1) 面向比特(bit)型规程：以二进制位作为信息单位。现代计算机网络大多采用此类规程，最典型的是HDLC(高级数据链路控制)通信规程。

(2) 面向字符型规程：以字符作为信息单位，字符是EBCD码或ASCII码。最典型的是IBM公司的二进制同步控制规程(BSC规程)，在这种控制规程下，发送端与接收端采用交互应答方式进行通信。

10.1.3 数据传送方式

根据数据传送方向的不同有以下三种方式，如图10-3所示。

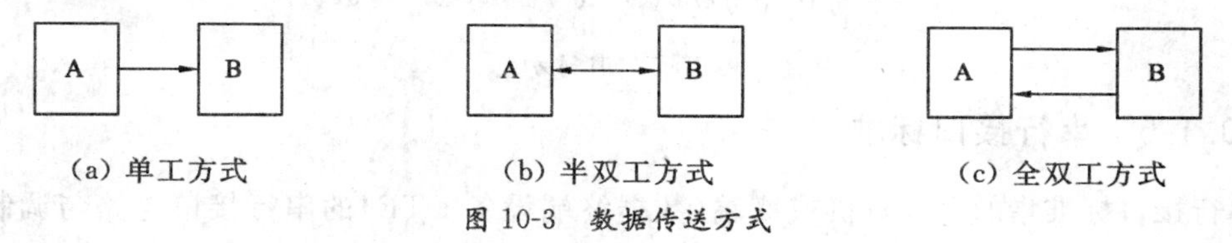

(a) 单工方式　(b) 半双工方式　(c) 全双工方式

图10-3 数据传送方式

1. 单工方式

只允许数据按照一个固定的方向传送，即一方只能作为发送站，另一方只能作为接收站。

2. 半双工方式

数据能从A站传送到B站，也能从B站传送到A站，但是不能同时在两个方向上传送，每次只能有一个站发送，另一个站接收。通信双方可以轮流地进行发送和接收。

3. 全双工方式

允许通信双方同时进行发送和接收。A站在发送的同时也可以接收，B站亦同。全双工方式相当于把两个方向相反的单工方式组合在一起，因此它需要两条传输线。

在计算机串行通信中主要使用半双工和全双工方式。

10.1.4 信号传输方式

1. 基带传输方式

基带传输方式是在传输线路上直接传输不加调制的二进制信号，如图10-4所示。它要求传送线的频带较宽，传输的数字信号是矩形波。基带传输方式仅适宜于近距离和速度较低的通信。

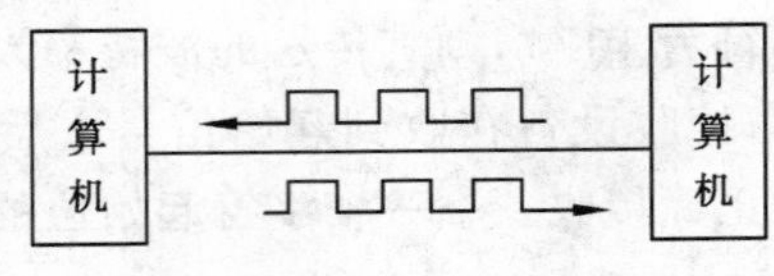

图 10-4 基带传输方式

2. 频带传输方式

传输经过调制的模拟信号，在长距离通信时，发送方要用调制器把数字信号转换成模拟信号，接收方则用解调器将接收到的模拟信号再转换成数字信号，这就是信号的调制解调。

实现调制和解调任务的装置称为调制解调器(Modem)。采用频带传输时，通信双方各接一个调制解调器，将数字信号寄载在模拟信号(载波)上加以传输。因此，这种传输方式也称为载波传输方式，此时的通信线路可以是电话交换网，也可以是专用线。

常用的调制方式有三种：调幅、调频和调相，如图 10-5 所示。

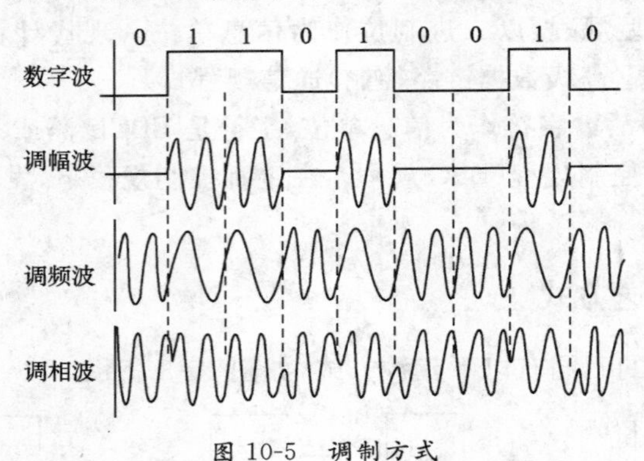

图 10-5 调制方式

10.1.5 串行接口标准

串行接口标准指的是计算机或终端(数据终端设备 DTE)的串行接口电路与调制解调器 Modem 等(数据通信设备 DCE)之间的连接标准。

1. RS-232C 标准

RS-232C 是一种标准接口，D 型插座，采用 25 芯引脚或 9 芯引脚，如图 10-6 所示。

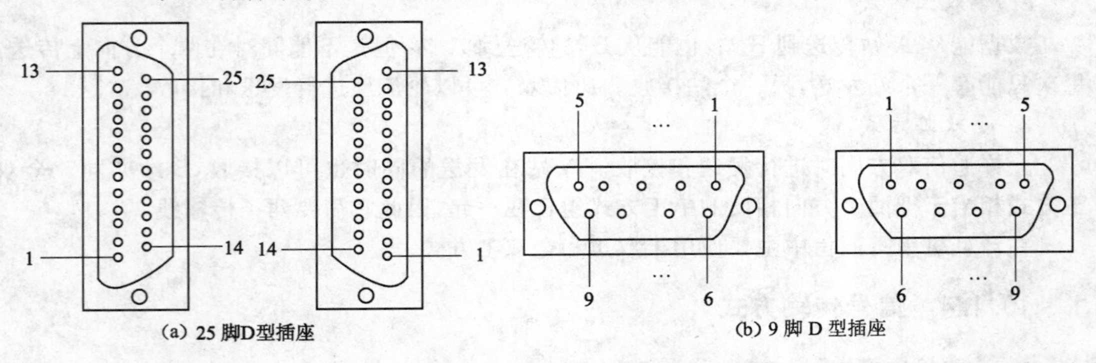

图 10-6 RS-232C

微型计算机之间的串行通信就是按照 RS-232C 标准设计的接口电路实现的。如果使用一根电话线进行通信，那么计算机和 Modem 之间的连线就是根据 RS-232C 标准连接的，其连接如图 10-7 所示。

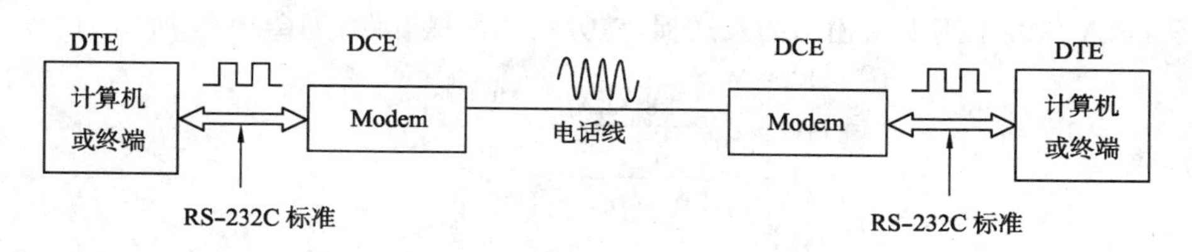

图 10-7　使用 Modem 的串行通信

1）信号线

RS-232C 标准规定接口有 25 根或 9 根连线。只有以下 9 个信号经常使用，引脚和功能分别为：

(1) TxD(第 2 脚)：发送数据线，输出，发送数据到 Modem。

(2) RxD(第 3 脚)：接收数据线，输入，接收数据到计算机或终端。

(3) $\overline{\text{RTS}}$(第 4 脚)：请求发送，输出。计算机通过此引脚通知 Modem，要求发送数据。

(4) $\overline{\text{CTS}}$(第 5 脚)：允许发送，输入。发出$\overline{\text{CTS}}$作为对$\overline{\text{RTS}}$的回答，计算机才可以进行发送数据。

(5) $\overline{\text{DSR}}$(第 6 脚)：数据装置就绪(即 Modem 准备好)，输入，表示调制解调器可以使用。该信号有时直接接到电源上，这样当设备连通时即有效。

(6) CD(第 8 脚)：载波检测(接收线信号测定器)，输入，表示 Modem 已与电话线路连接好。如果通信线路是交换电话线路的一部分，则至少还需 RI 和 $\overline{\text{DTR}}$ 两个信号。

① RI(第 22 脚)：振铃指示，输入。Modem 若接到交换台送来的振铃呼叫信号，就发出该信号来通知计算机或终端。

② $\overline{\text{DTR}}$(第 20 脚)：数据终端就绪，输出。计算机收到 RI 信号后就发出 $\overline{\text{DTR}}$ 信号到 Modem 作为回答，以控制它的转换设备，建立通信链路。

(7) GND (第 7 脚)：地。

2）逻辑电平

RS-232C 标准采用 EIA 电平，规定："1"的逻辑电平在－3 V～－15 V 之间，"0"的逻辑电平在＋3 V～＋15 V 之间。由于 EIA 电平与 TTL 电平完全不同，所以必须进行相应的电平转换。MC1488 可以完成 TTL 电平到 EIA 电平的转换，而 MC1489 可以完成 EIA 电平到 TTL 电平的转换。

2. RS-423A 总线

为了克服 RS-232C 的缺点，提高传送速率，增加通信距离，又考虑到与 RS-232C 的兼容性，美国电子工业协会在 1987 年提出了 RS-423A 总线标准。该标准的主要优点是在接收端采用了差分输入。RS-423A 的接口电路如图 10-8 所示。

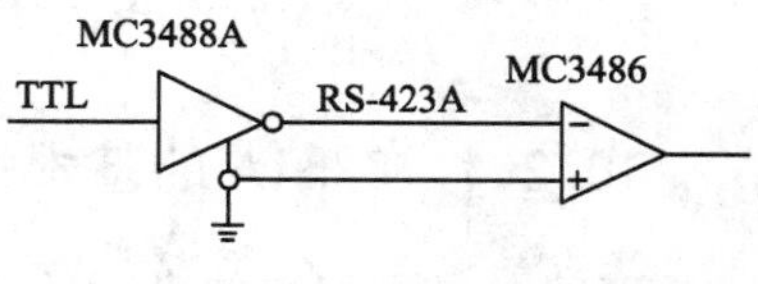

图 10-8　RS-423A 接口电路

差分输入对共模干扰信号有较高的抑制作用，从而提高了通信的可靠性。RS-423A 用－6 V 表示逻辑"1"，用＋6 V 表示逻辑"0"，可以直接与 RS-232C 相接。采用 RS-423A 标准可以获得比 RS-232C 更佳的通信效果。

3. RS-422A 总线

RS-422A 总线采用平衡输出的发送器，差分输入的接收器，如图 10-9 所示。

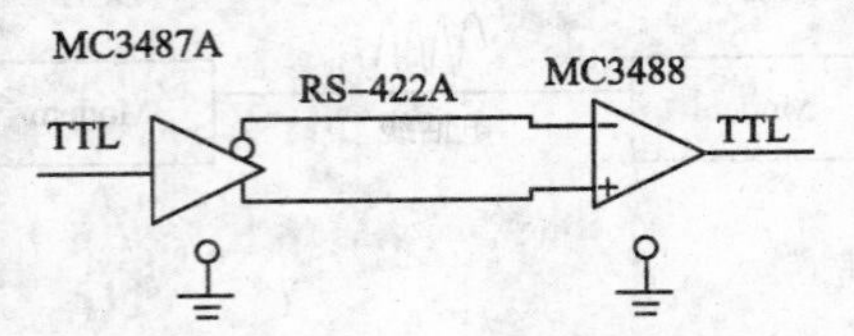

图 10-9 RS-422A 平衡输出差分输入

RS-422A 的输出信号线间的电压为±2 V，接收器的识别电压为±0.2 V，共模电压范围 −25 V～+25 V。在高速传送信号时，应该考虑通信线路的阻抗匹配，一般在接收端加终端电阻以吸收反射波，如图 10-10 所示。

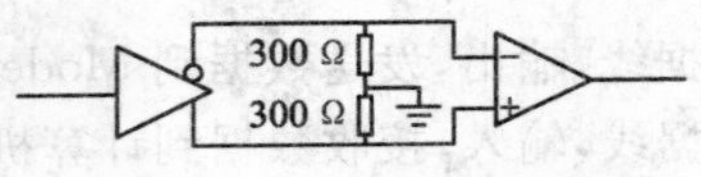

图 10-10 在接收端加终端电阻

4. RS-485 总线

RS-485 总线适用于收发双方共用一对线进行通信，也适用于多个点之间共用一对线路进行总线方式的联网。通信只能是半双工的，总线方式的联网线路如图 10-11 所示。

典型的 RS-232 到 RS-422/485 的转换芯片有：MAX481/483/485/487/488/489/490/491，SN75175/176/184 等，它们均只需+5 V 电源供电即可工作。具体使用方法可查阅有关技术手册。

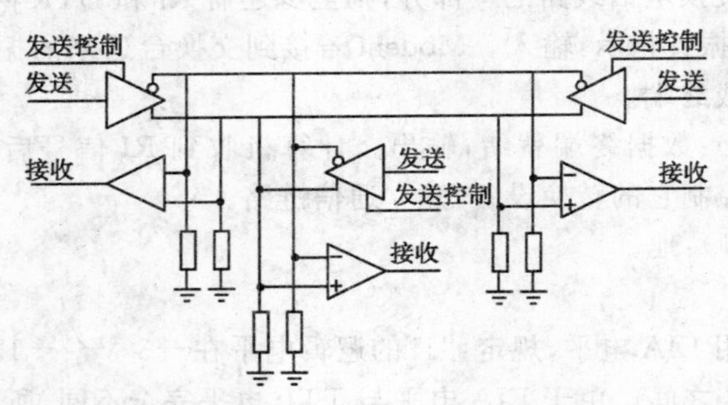

图 10-11 使用 RS-485 多个点之间共用一对线路进行总线方式的联网

10.2 可编程串行接口芯片 8251A

10.2.1 8251A 的基本性能

8251A 是可编程的串行通信接口芯片，具有同步和异步工作方式。同步方式下，波特率为 640 Kbps，异步方式下，波特率为 0～19.2 Kbps。

1. 同步方式下的格式

每个字符可以用 5、6、7 或 8 位来表示，并且内部能自动检测同步字符，从而实现同步。除此之外，8251A 也允许同步方式下增加奇/偶校验位进行校验。

2. 异步方式下的格式

每个字符也可以用5、6、7或8位来表示，时钟频率为传输波特率的1、16或64倍，用1位作为奇/偶校验；1个启动位；能根据编程为每个数据增加1个、1.5个或2个停止位；可以检查假启动位；自动检测和处理终止字符。

3. 全双工的工作方式

其内部提供具有双缓冲器的发送器和接收器。

4. 提供出错检测

具有奇偶、溢出和帧错误三种校验电路。

10.2.2 8251A的内部结构

8251A的内部结构图如图10-12所示。

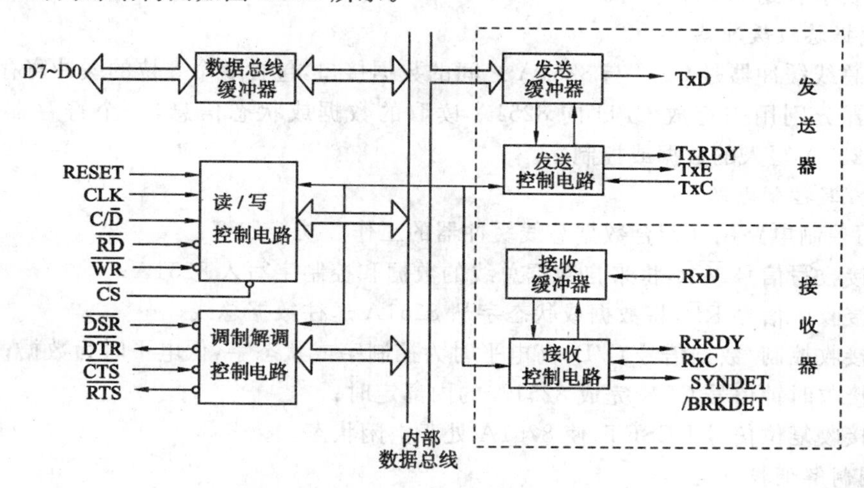

图10-12 8251A的内部结构图

1. 发送器

发送器由发送缓冲器和发送控制电路两部分组成。

采用异步方式，则由发送控制电路在其首尾加上起始位和停止位，然后从起始位开始，经移位寄存器从数据输出线TxD逐位串行输出。

采用同步方式，则在发送数据之前发送器将自动送出1个或2个同步字符，然后才逐位串行输出数据。

如果CPU与8251A之间采用中断方式交换信息，那么TxRDY可作为向CPU发出的中断请求信号。当发送器中的8位数据串行发送完毕时，由发送控制电路向CPU发出TxE有效信号，表示发送器中移位寄存器已空。

2. 接收器

接收器由接收缓冲器和接收控制电路两部分组成。接收移位寄存器从RxD引脚上接收串行数据，然后转换成并行数据存入接收缓冲器。

(1) 异步方式：在RxD线上检测低电平，将检测到的低电平作为起始位，8251A开始进行采样，完成字符装配，并进行奇偶校验和去掉停止位，变成并行数据后送到数据输入寄存器，同时发出RxRDY信号送CPU，表示已经收到一个可用的数据。

(2) 同步方式：首先搜索同步字符。8251A 监测 RxD 线，每当 RxD 线上出现一个数据位时，接收并送入移位寄存器移位，与同步字符寄存器的内容进行比较，如果两者不相等，则接收下一位数据，并且重复上述的比较过程。当两个寄存器的内容比较相等时，8251A 的 SYNDET 变为高电平，表示同步字符已经找到，同步已经实现。

采用双同步方式，就要在测得输入移位寄存器的内容与第一个同步字符寄存器的内容相同后，再继续检测此后输入移位寄存器的内容是否与第二个同步字符寄存器的内容相同。如果相同，则认为同步已经实现。

在外同步情况下，同步输入端 SYNDET 加一个高电位来实现同步。

实现同步之后，接收器和发送器间就开始进行数据的同步传输。这时，接收器利用时钟信号对 RxD 线进行采样，并把收到的数据位送到移位寄存器中，然后在 RxRDY 引脚上发出一个信号表示收到了一个字符。

3. 数据总线缓冲器

数据总线缓冲器是 CPU 与 8251A 之间的数据接口，包含 3 个 8 位的缓冲寄存器。其中两个寄存器分别用来存放 CPU 向 8251A 读取的数据或状态信息，一个寄存器用来存放 CPU 向 8251A 写入的数据或控制字。

4. 读/写控制电路

读/写控制电路用来配合数据总线缓冲器的工作。功能如下：

(1) 接收写信号 $\overline{WR}$，将来自数据总线的数据和控制字写入 8251A；

(2) 接收读信号 $\overline{RD}$，将数据或状态字从 8251A 送往数据总线；

(3) 接收控制/数据信号 $C/\overline{D}$，高电平时为控制字或状态字，低电平时为数据；

(4) 接收时钟信号 CLK 完成 8251A 的内部定时；

(5) 接收复位信号 RESET，使 8251A 处于空闲状态。

5. 调制解调控制电路

调制解调控制电路用来简化 8251A 和调制解调器的连接。

10.2.3 8251A 的引脚功能

1. 8251A 和 CPU 之间的连接信号

8251A 与 CPU 之间的连接如图 10-13 所示。

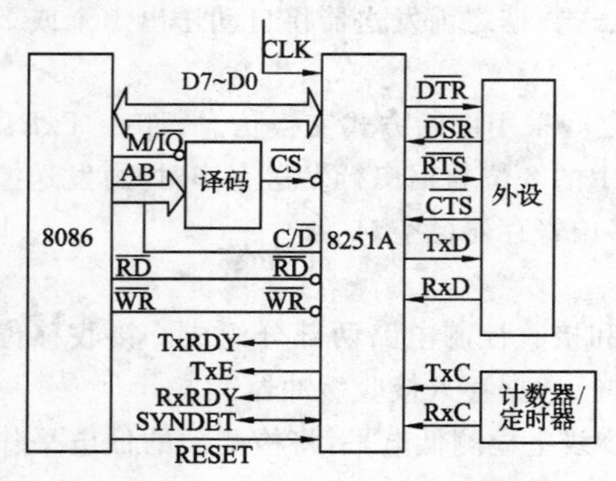

图 10-13 CPU 与 8251A 的连接

8251A 和 CPU 之间的连接信号可以分为以下四类。

(1) 片选信号 $\overline{\mathrm{CS}}$:它由 CPU 的地址信号通过译码后得到。

(2) 数据信号 D0～D7:8 位,三态,双向数据线,与系统的数据总线相连。传输 CPU 对 8251A 的编程命令字和 8251A 送往 CPU 的状态信息及数据。

(3) 读/写控制信号。

① $\overline{\mathrm{RD}}$:读信号,低电平时,CPU 当前正在从 8251A 读取数据或者状态信息。

② $\overline{\mathrm{WR}}$:写信号,低电平时,CPU 当前正在往 8251A 写入数据或者控制信息。

③ $\mathrm{C}/\overline{\mathrm{D}}$:控制/数据信号,用来区分当前读/写的是数据还是控制信息或状态信息。该信号也可看成是 8251A 数据口/控制口的选择信号。

由此可知,$\overline{\mathrm{RD}}$、$\overline{\mathrm{WR}}$、$\mathrm{C}/\overline{\mathrm{D}}$ 这 3 个信号的组合决定了 8251A 的具体操作。数据输入端口和数据输出端口合用同一个偶地址,而状态端口和控制端口合用同一个奇地址。

(4) 收发联络信号。

① TxRDY:发送器准备好信号,用来通知 CPU 8251A 已准备好发送一个字符。

② TxE:发送器空信号,TxE 为高电平时有效,用来表示此时 8251A 发送器中并行到串行转换器空,说明一个发送动作已完成。

③ RxRDY:接收器准备好信号,用来表示当前 8251A 已经从外部设备或调制解调器接收到一个字符,等待 CPU 取走。因此在中断方式时,RxRDY 可用来作为中断请求信号;在查询方式时,RxRDY 可用来作为查询信号。

④ SYNDET:同步检测信号,只用于同步方式。

2. 8251A 与外部设备之间的连接信号

8251A 与外部设备之间的连接信号分为以下两类。

(1) 收发联络信号。

① $\overline{\mathrm{DTR}}$:数据终端准备好信号,通知外部设备,CPU 当前已经准备就绪。

② $\overline{\mathrm{DSR}}$:数据设备准备好信号,表示当前外设已经准备好。

③ $\overline{\mathrm{RTS}}$:请求发送信号,表示 CPU 已经准备好发送。

④ $\overline{\mathrm{CTS}}$:允许发送信号,是对$\overline{\mathrm{RTS}}$的响应,由外设送往 8251A。

实际使用时,这 4 个信号中通常只有$\overline{\mathrm{CTS}}$必须为低电平,其他 3 个信号可以悬空。

(2) 数据信号。

① TxD:发送器数据输出信号。当 CPU 送往 8251A 的并行数据被转变为串行数据后,通过 TxD 送往外设。

② RxD:接收器数据输入信号。接收外设送来的串行数据,数据进入 8251A 后被转变为并行方式。

3. 时钟、电源和地

8251A 除了与 CPU 及外设的连接信号外,还有电源端、地端和 3 个时钟端。

① CLK:时钟输入,用来产生 8251A 器件的内部时序。

同步方式下,大于接收数据或发送数据的波特率的 30 倍;异步方式下,则要大于数据波特率的 4.5 倍。

② TxC:发送器时钟输入,用来控制发送字符的速度。

同步方式下,TxC 的频率等于字符传输的波特率;异步方式下,TxC 的频率可以为字符传输波特率的 1 倍、16 倍或者 64 倍。

③ RxC:接收器时钟输入,用来控制接收字符的速度,和 TxC 一样。

在实际使用时,RxC 和 TxC 往往连在一起,由同一个外部时钟来提供,CLK 则由另一个频率较高的外部时钟来提供。

④ V_{CC}:电源输入。

⑤ GND:地。

10.2.4 8251A 的编程

编程的内容包括两个方面:

(1) 由 CPU 发出的控制字,即方式选择控制字和操作命令控制字;

(2) 由 8251A 向 CPU 送出的状态字。

1. 方式选择控制字(模式字)

方式选择控制字的格式如图 10-14 所示。

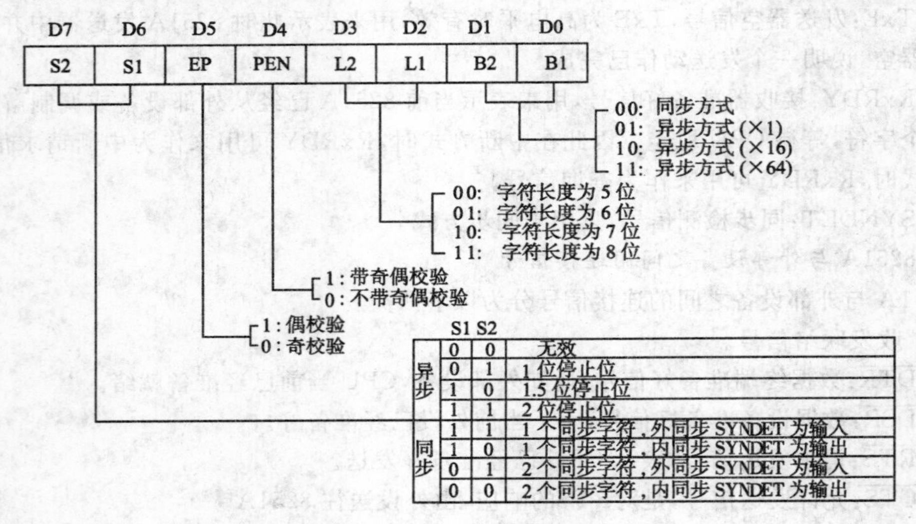

图 10-14 方式控制字

2. 操作命令控制字(控制字)

操作命令控制字的格式如图 10-15 所示。

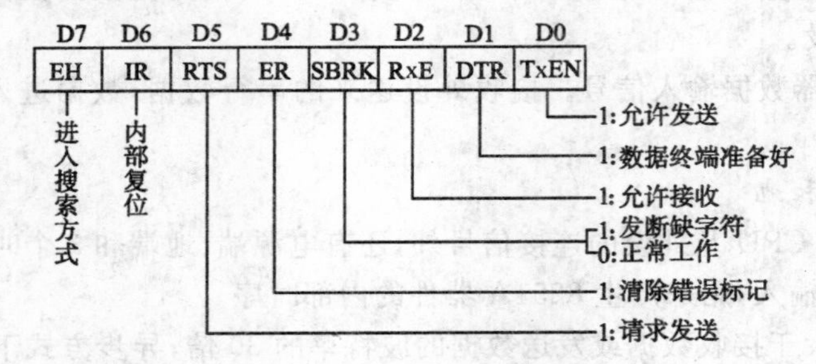

图 10-15 操作命令控制字

3. 状态字

状态字的格式如图 10-16 所示。

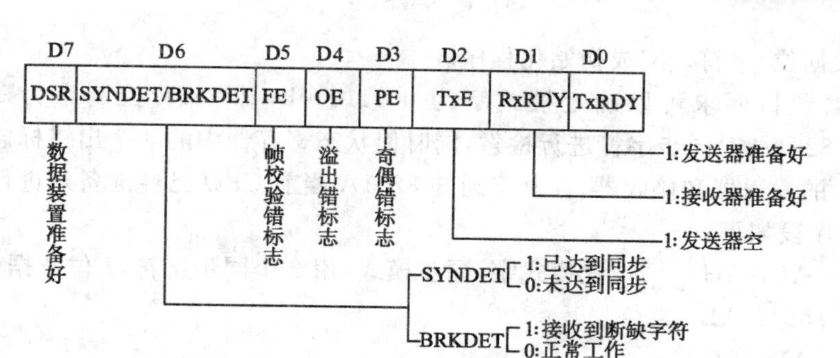

图 10-16　状态字

例 10.1　编程查询 8251A 接收器是否准备好。

解：

```
    MOV    DX,0FFF2H      ;状态口
L:  IN     AL,DX          ;读状态口
    AND    AL,02H         ;查 D1=1? 即准备好了吗?
    JZ     L              ;未准备好,则等待
    MOV    DX,0FFF0H      ;数据口
    IN     AL,DX          ;已准备好则输入数据
```

4. 8251A 的初始化

芯片复位以后，第一次用奇地址端口写入的值作为模式字进入模式寄存器。

如果模式字中规定了 8251A 工作在同步模式，由 CPU 用奇地址端口写入的值将作为控制字送到控制寄存器，而用偶地址端口写入的值将作为数据送到数据输出缓冲寄存器。

初始化的流程图如图 10-17 所示。

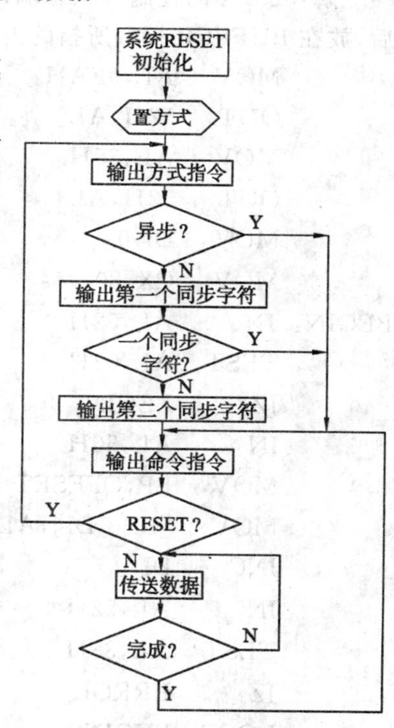

图 10-17　初始化流程图

10.2.5　8251A 应用举例

1. 异步模式下的初始化程序举例

例 10.2　设 8251A 工作在异步模式，波特率系数(因子)为 16，7 位数据位/字符，偶校验，2 个停止位，发送、接收允许，设端口地址为 00E2H 和 00E4H。完成初始化程序。

解：根据题目要求可以确定模式字为 11111010B，即 0FAH；而控制字为 00110111B，即 37H。初始化程序如下：

```
MOV   AL,0FAH   ;送模式字
MOV   DX,00E2H
OUT   DX,AL     ;异步方式,7 位数据位/字符,偶校验,2 个停止位
MOV   AL,37H    ;设置控制字,使发送、接收允许,清出错标志,使RTS、DTR有效
OUT   DX,AL
```

（注：原文中 RTS、DTR 上方带有上划线。）

2. 同步模式下初始化程序举例

例 10.3　设端口地址为 52H，采用内同步方式，2 个同步字符(设同步字符为 16H)，偶

校验,7位数据位/字符。完成初始化程序。

解:根据题目要求可以确定模式字为00111000B,即38H;控制字为10010111B,即97H。它使8251A对同步字符进行检索,同时使状态寄存器中的3个出错标志复位。此外,启动8251A的发送器和接收器,控制字通知8251A当前CPU已经准备好进行数据传输。

具体程序段如下:

```
MOV    AL,38H     ;设置模式字,同步模式,用2个同步字符,7位数据位,偶校验
OUT    52H,AL
MOV    AL,16H
OUT    52H,AL     ;送同步字符16H
OUT    52H,AL
MOV    AL,97H     ;设置控制字,使发送器和接收器启动
OUT    52H,AL
```

3. 利用状态字进行编程的举例

例10.4 对8251A进行初始化,然后对状态字进行测试,以便输入字符。编写程序段实现80个字符的输入。

解:8251A的控制和状态端口地址为52H,数据输入和输出端口地址为50H。字符输入后,放在BUFFER标号所指的内存缓冲区中。具体的程序段如下:

```
        MOV    AL,0FAH              ;设置模式字,异步方式,波特率因子为16
        OUT    52H,AL               ;用7位数据位,2位停止位,偶校验
        MOV    AL,35H               ;设置控制字,使发送器和接收器启动
        OUT    52H,AL               ;清除出错指示位
        MOV    DI,0                 ;变址寄存器初始化
        MOV    CX,80                ;计数器初始化,共收取80个字符
BEGIN:  IN     AL,52H               ;读取状态字,测试RxRDY位是否为1,如为0,
        TEST   AL,02H               ;表示未收到字符,故继续读取状态字并测试
        JZ     BEGIN
        IN     AL,50H               ;读取字符
        MOV    BP,OFFSET BUFFER
        MOV    [BP+DI],AL
        INC    DI                   ;修改缓冲区指针
        IN     AL,52H               ;读取状态字
        TEST   AL,38H               ;测试有无帧校验错,奇/偶校验错和
        JZ     ERROR                ;溢出错,如有,则转出错处理程序
        LOOP   BEGIN                ;如没错,则再收下一个字符
        JMP    EXIT                 ;如输入满足80个字符,则结束
ERROR:CALL     ERR-OUT              ;调出错处理
EXIT:……
```

4. 两台微型计算机通过8251A相互通信的举例

例10.5 通过8251A实现相距较远的两台微型计算机之间相互通信的系统连接,其简

化框图如图 10-18 所示。这时，利用两片 8251A 通过标准串行接口 RS-232C 实现两台 8086 微机之间的串行通信，可采用异步或同步工作方式。

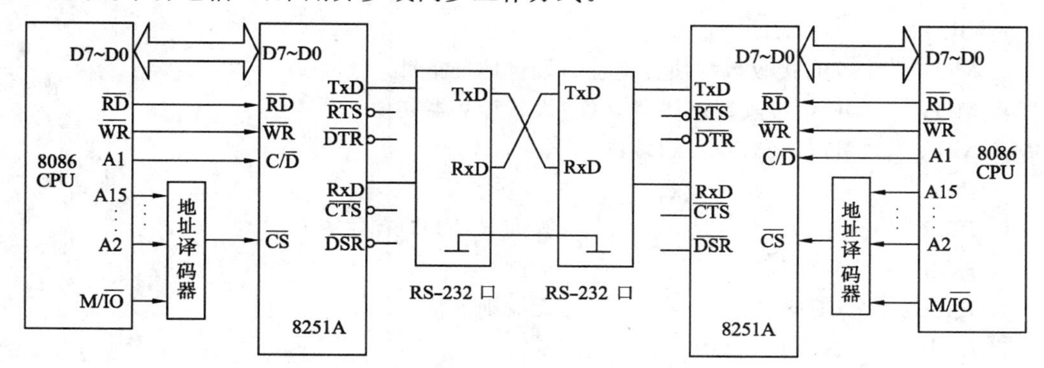

图 10-18 双机通信

解：设系统采用查询方式控制传输过程，异步传送。

初始化程序由两部分组成：

(1) 将一方定义为发送器。发送端 CPU 每查询到 TxRDY 有效，则向 8251A 输出一个字节的数据。

(2) 将对方定义为接收器。接收端 CPU 每查询到 RxRDY 有效，则从 8251A 输入一个字节的数据，一直进行到全部数据传送完毕为止。

发送端初始化程序与发送控制程序如下：

```
STT:  MOV    DX,8251A 控制端口
      MOV    AL,7FH
      OUT    DX,AL                  ;将 8251A 定义为异步方式,8 位数据,1 位停止位
      MOV    AL,11H                 ;偶校验,取波特率系数为 64,允许发送
      OUT    DX,AL
      MOV    DI,发送数据块首地址    ;设置地址指针
      MOV    CX,发送数据块字节数    ;设置计数器初值
NEXT: MOV    DX,8251A 控制端口
      IN     AL,DX
      AND    AL,01H                 ;查询 TxRDY 有效否
      JZ     NEXT                   ;无效则等待
      MOV    DX,8251A 数据端口
      MOV    AL,[DI]                ;向 8251A 输出一个字节数据
      OUT    DX,AL
      INC    DI                     ;修改地址指针
      LOOP   NEXT                   ;未传输完,则继续下一个
      HLT
```

接收端初始化程序和接收控制程序如下：

```
SRR:  MOV    DX,8251A 控制端口
      MOV    AL,7FH
```

```
       OUT    DX,AL                ;初始化8251A,异步方式,8位数据
       MOV    AL,14H               ;1位停止位,偶校验,波特率系数64,允许接收
       OUT    DX,AL
       MOV    DI,接收数据块首地址  ;设置地址指针
       MOV    CX,接收数据块字节数  ;设置计数器初值
COMT:  MOV    DX,8251A控制端口
       IN     AL,DX
       ROR    AL,1                 ;查询RxRDY有效否?
       ROR    AL,1
       JNC    COMT                 ;无效则等待
       ROR    AL,1
       ROR    AL,1                 ;有效时,进一步查询是否有奇偶校验错
       JC     ERR                  ;有错时,转出错处理
       MOV    DX,8251A数据端口
       IN     AL,DX                ;无错时,输入一个字节到接收数据块
       MOV    [DI],AL
       INC    DI                   ;修改地址指针
       LOOP   COMT                 ;未传输完,则继续下一个
       HLT
ERR:   CALL ERR-OUT
```

10.3 通用串行接口标准

10.3.1 通用串行接口USB

USB是外设总线标准,用于连接PC机外部设备,可以即插即用。USB消除了将卡安装在专用的计算机插槽并重新配置系统的需要,同时也节省了宝贵的系统资源,如中断IRQ。装备了USB的个人计算机一旦实现了计算机外设物理连接就能自动地进行配置,不必重新启动或运行设置程序。USB还允许多达127个设备同在一台计算机上运行。

USB接口有两种不同的连接器(A系列和B系列),如图10-19所示。A系列连接器是为要求电缆保留永久连接的设备而设计的,比如集线器、键盘和鼠标器。大多数主板上的USB端口通常是A系列连接器。B系列连接器是为需要可分离电缆的设备而设计的,如打印机、扫描仪、Modem、电话和扬声器等。物理的USB插头是小型的,与典型的串口或并口电缆不同,插头不通过螺丝和螺母连接。

USB的特点:与USB相连的所有设备都由USB总线供电;USB规范的另一个优点是自我识别外设,这个特性大大简化了安装;USB设备可以进行热插拔,即每次连接或断开一个外设时,不必关机或重新启动计算机;USB接口的最大好处是只需要PC机中的一个中断。

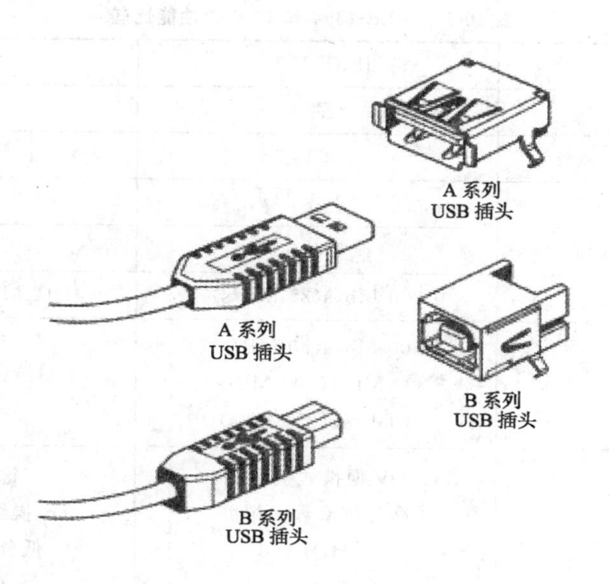

图 10-19 USB 连接器

10.3.2 IEEE-1394 接口

IEEE-1394 接口是苹果公司开发的串行标准，中文译名为火线接口（FireWire），如图 10-19 所示。同 USB 一样，IEEE-1394 也支持外设热插拔，可为外设提供电源，省去了外设自带的电源，能连接多个不同设备，支持同步数据传输。

IEEE-1394 分为两种传输方式：Backplane 模式和 Cable 模式。Backplane 模式最小的速率也比 USB1.1 最高速率高，分别为 12.5 Mbps、25 Mbps、50 Mbps，可以用于多数的高带宽应用。Cable 模式是速度非常快的模式，分为 100 Mbps、200 Mbps 和 400 Mbps 几种，在 200 Mbps 下可以传输不经压缩的高质量数据电影。IEEE-1394 包含 6 条导线：4 条线用作数据传输，两条线传送电源。

10.3.3 IEEE-1394 和 USB 的性能比较

USB 和 IEEE-1394 在形态和功能上有很大的相似性，它们的主要区别是在速度上。现在 IEEE-1394 提供的数据传输速率是 USB 的 16 倍，若将来 IEEE-1394 有更高速的版本推出，则速度差异将更大。

USB 是为低速外设而设计的，如键盘、鼠标器、Modem 和打印机。IEEE-1394 将用来连接高性能计算机和数字视频等电子产品。

IEEE-1394 的另一个重要优点是不再需要 PC 主机连接，它可以直接将数字视频（DV）便携式摄像机与 DV-VCR 连接在一起，进行语音和图像的编辑。为了将来 PC 机中多媒体的需要，IEEE-1394 是必须的。IEEE-1394 与 USB 的性能比较如表 10-1 所示。

表 10-1　IEEE-1394 和 USB 的性能比较

	IEEE-1394	USB
PC 主机请求	否	是
最多外设数	63	127
热可交换性	是	是
设备间最大电缆长度	4.5 m	5 m
现行传输速率	200 Mb/s(25 MB/s)	12 Mbps(1.5 Mbps)
未来传输速率	400 Mb/s(50 MB/s) 800 Mb/s(100 MB/s) 1 Gb/s(125 MB/s)	无
典型设备	DV 便携式摄像机 高分辨率数字相机 HDTV 机顶盒 高速驱动器 高分辨率扫描仪	键盘　鼠标器 操纵杆　Modem 低分辨率数字相机 低速驱动器 低分辨率扫描仪 打印机

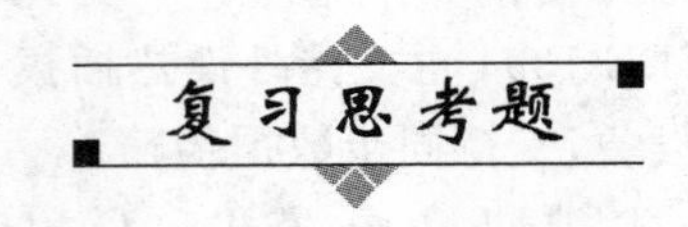

复习思考题

1. 串行通信和并行通信有什么异同？它们各自的优缺点是什么？

2. RS-232C 的最基本数据传送引脚是哪几根？

3. 为什么要在 RS-232C 与 TTL 之间加电平转换器件。一般采用哪些转换器件？请以图说明。

4. 调制解调器的功能是什么？如何利用 Modem 的控制信号进行通信的联络控制？

5. 8251A 内部有哪些寄存器？分别举例说明它们的作用和使用方法。

6. 8251A 内部有哪几个端口？它们的作用分别是什么？

7. 8251A 的引脚分为哪几类？分别说明它们的功能。

8. 已知 8251A 发送的数据格式为：数据位 7 位、偶校验、1 位停止位、波特率因子为 64。设 8251A 控制寄存器的地址码是 3FBH，发送/接收寄存器的地址码是 3F8H。试编写用查询法和中断法收发数据的通信程序。

9. 若 8251A 的收、发时钟的频率为 38.4 kHz，它的 $\overline{RTS}$ 和 $\overline{CTS}$ 引脚相连，试完成满足以下要求的初始化程序(8251A 的地址为 02C0H 和 02C1H)：

(1) 半双工异步通信，每个字符的数据位数是 7，停止位为 1 位，偶校验，波特率为 600 bps，发送允许。

(2) 半双工同步通信，每个字符的数据位数是 8，无校验，内同步方式，双同步字符，同步字符为 16H，接收允许。

第十一章 A/D、D/A 转换接口

本章要点：重点掌握 A/D、D/A 转换的工作原理及性能指标，CPU 与 A/D、D/A 转换的连接原理；熟悉 ADC0809、DAC0832 的使用方法。

11.1 概　述

在实时测控和智能化仪表等应用系统中常需将检测到的连续变化的模拟量如温度、压力、流量等转换成离散的数字量才能输入到计算机中处理。将计算机处理的数字量经 D/A 转换器转换成为模拟量输出，可以实现对被控对象——过程或仪器、仪表、机电设备、装置的控制。若输入的是非电的物理信号，还需经传感器转换成电信号。这里的模拟通道接口包含了 D/A 和 A/D 转换器，是计算机与外界联系的重要接口。

A/D 和 D/A 转换器在计算机检测或控制系统中占有很重要的地位。一个含有 A/D 和 D/A 转换的计算机控制系统如图 11-1 所示。图中传感器是一个能够把现场的各种物理量转换成电量模拟信号的转换装置，但一般传感器不能提供足够的模拟信号幅度，所以需经过运算放大器(图中简称为运放)进入 A/D 转换器。同样，D/A 转换器输出的模拟信号一般也不足以驱动执行部件，所以要在 D/A 转换器与执行部件之间加入功率放大器(图中简称为功放)。

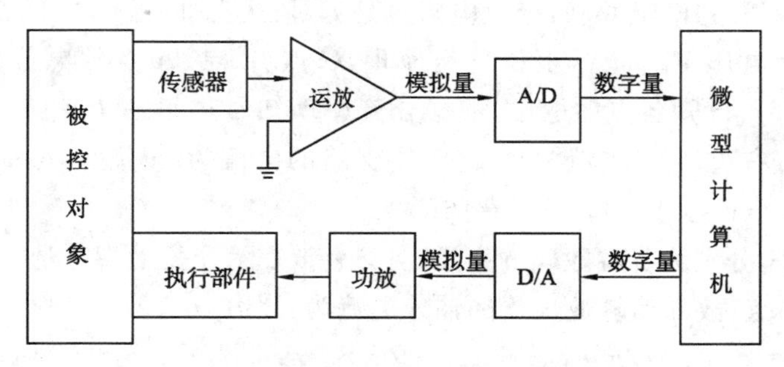

图 11-1　一个含有 A/D 和 D/A 转换的控制系统

11.2 数/模(D/A)转换器

11.2.1 D/A 转换器的工作原理

D/A 转换器的主要功能是将数字量转换为模拟量。数字量是由若干数位构成的，每个数位都有一定的权，如 8 位二进制数的最高位 D7 的权为 $2^7=128$，只要 D7=1 就表示具有了 128 这个值。我们说把一个数字量变为模拟量，就是把每一位上的代码按照权转换为对应的模拟量，再把各位所对应的模拟量相加，所得到的和便是数字量所对应的模拟量。

基于上述思路，在集成电路中通常采用 T 形网络实现将数字量转换为模拟电流，然后用运算放大器完成模拟电流到模拟电压的转换。把一个数字量转换为模拟电压，实际上需要两个环节：即先由 D/A 转换器把数字量转换为模拟电流，再由运算放大器将模拟电流转换为模拟电压。目前 D/A 转换集成电路芯片大都包含了这两个环节，对于只包含第一个环节的 D/A 芯片，需要外接运算放大器才能转换为模拟电压。

1. T 形电阻解码网络

在实用的集成电路中经常采用 T 形电阻解码网络。T 形电阻解码网络如图 11-2 所示，从图中可以很清楚地看到整个网络中只需要 R 和 $2R$ 两种阻值的电阻。

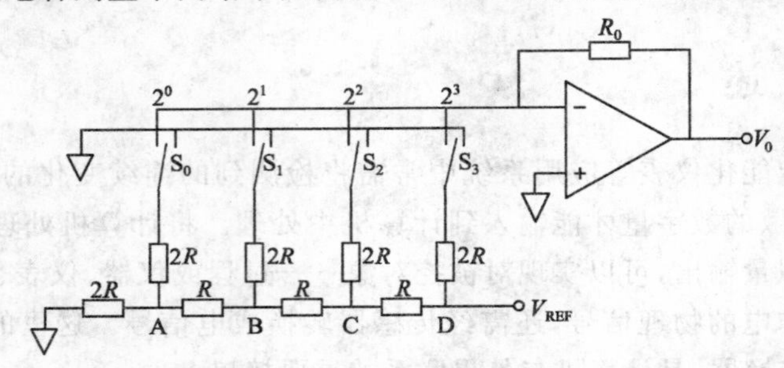

图 11-2 采用 T 形电阻解码网络的 D/A 转换器

从图 11-2 中可以看到，对每一个开关 $S_i(i=0,1,2,3)$ 来说，其动端不是接地，便是接运算放大器的虚地，可以认为它们的电位相同，都为“地”。因而开关动端的位置不影响参考电源 V_{REF} 的总电流和各支路的电流，但是只有动端和右边的结点相接时，才能给运算放大器的输入端提供电流。下面分析各支路的电流。

T 形电阻解码网络中，节点 A 的左边为两个 $2R$ 的电阻并联，它们的等效电阻为 R，节点 B 的左边也是两个 $2R$ 的电阻并联，等效电阻也是 R，依次类推，最后的 D 点等效于一个电阻 R 连接在标准参考电压 V_{REF} 上。根据分压原理，C 点、B 点、A 点的电位分别为 $-V_{REF}/2$、$-V_{REF}/4$、$-V_{REF}/8$。已知各点的电位，根据分流原理知右边第一个支路，即 S_3 定端支路的电流为 $-V_{REF}/2R$，右边第二个支路，即 S_2 定端支路的电流为 $-V_{REF}/4R$，同理，S_1 和 S_0 定端支路的电流分别为 $-V_{REF}/8R$ 和 $-V_{REF}/16R$。

设 S_0、S_1、S_2、S_3 分别为各位数码的变量，且 $S_i=1$ 表示开关动端接通右结点，$S_i=0$ 表示开关动端接通左结点，故知运算放大器的输入电流为：

$$\begin{aligned} I &= -V_{REF}/2R \cdot S_3 - V_{REF}/4R \cdot S_2 - V_{REF}/8R \cdot S_1 - V_{REF}/16R \cdot S_0 \\ &= -V_{REF}/2R \cdot (2^{-0} \cdot S_3 + 2^{-1} \cdot S_2 + 2^{-2} \cdot S_1 + 2^{-3} \cdot S_0) \\ &= -V_{REF}/2^4R \cdot (2^3 \cdot S_3 + 2^2 \cdot S_2 + 2^1 \cdot S_1 + 2^0 \cdot S_0) \end{aligned}$$

推广到有 n 位的情况，可得输出模拟量与输入数字量之间关系的一般表达式：

$$I = -V_{REF}/2^nR \cdot (S_{n-1} \cdot 2^{n-1} + S_{n-2} \cdot 2^{n-2} + \cdots + S_1 \cdot 2^1 + S_0 \cdot 2^0)$$

运算放大器的相应输出电压为：

$$V_0 = IR_0 = -V_{REF}R_0/2^nR \cdot (S_{n-1} \cdot 2^{n-1} + S_{n-2} \cdot 2^{n-2} + \cdots + S_1 \cdot 2^1 + S_0 \cdot 2^0)$$

上式表明，输入数字量被转换成模拟电压 V_0，输出电压 V_0 除了和输入的二进制数有关

外，还和运算放大器的反馈电阻 R_0 以及标准参考电压 V_{REF} 有关，它们之间存在一定的比例关系，其比例系数为 $V_{REF}R_0/2^nR$。通常，电阻 R 在设计 D/A 时已经确定，所以一般不可改变，而在应用时取不同的标准参考电压和反馈电阻 R_0 可以调节输出电压的范围和满刻度量程等。

2. D/A 转换器的主要技术指标

1）分辨率

分辨率是指最小输出电压（对应的输入数字量只有最低有效位为“1”）与最大输出电压（对应的输入数字量所有有效位都为“1”）之比，亦即 D/A 转换器所能分辨的最小量化信号的能力，这是对微小输入量变化的敏感程度的描述，一般用数字量的位数来表示，如 8 位、10 位、12 位等。对于一个分辨率为 n 位的 D/A 转换器，它能对满刻度的 2^{-n} 输入作出反应，即分辨率为 2^{-n}。

2）线性度

理想的输出电压应严格正比于输入的数字量，故理想的转换特性应是线性的，但开关内阻和网络电阻偏差等因素影响转换特性。通常用非线性误差的大小表示 D/A 转换器的线性度，并且把在满刻度范围内偏离理想的转换特性的最大值称为非线性误差，有时又将它与满刻度值之比称为线性度。

3）转换精度

转换精度以最大的静态转换误差的形式给出，该误差包括 D/A 的增益误差、零点误差、非线性误差和漂移误差等综合误差，但有的产品说明书中以相对精度和绝对精度来分。

绝对精度是指对应于给定的满刻度数字量，D/A 转换器实际输出值与理论值之间的误差。该误差一般应低于 $2^{-(n+1)}$ 或 1/2LSB。

相对精度（非线性度）是指在满刻度已经校准的情况下，在整个刻度范围内对应于任一数码的模拟量输出与它的理论值之差。该偏差通常用数字量最低有效位（LSB）的位数来表示或用该偏差相对满刻度的百分比表示。

4）建立时间

对于一个理想的 D/A 转换器，其数字输入信号从一个二进制数变到另一个二进制数时，其输出模拟信号电压应立即从原来的输出电压跳转到与新的数字信号相对应的新输出电压。但在实际的 D/A 转换器中，电路中的电容、电感和开关电路会引起电路的时间延迟。所谓建立时间是指数据变化量是满刻度时，达到终值±1/2LSB 时所需要的时间。对输出形式是电流的 D/A 转换器，其建立时间是很快的；对输出形式为电压的 D/A 转换器，其建立时间主要是其输出运算放大所需时间。

5）温度系数

在规定的范围内，温度系数对应于每变化 1 ℃时增益、线性度、零点及偏移（对双极性 D/A）等参数的变化量，它们分别是增益温度系数、线性温度系数、零点温度系数和偏移温度系数。在此要强调的是，温度系数直接影响着转换精度。

6）电源抑制比

对于高质量的 D/A 转换器，要求开关电路及运算放大器所用的电源电压发生变化时，对输出电压影响极小。通常把满量程电压变化的百分数与电源电压变化的百分数之比称为电源抑制比。

7）馈送误差

非输入信号通过器件内部电路耦合到 D/A 输出端造成的输出误差，用百分数或百万分之几来表示。

11.2.2 D/A 转换接口电路设计

当前使用的 D/A 转换器中，有分辨率较低、较廉价的 8 位芯片，也有速度和分辨率较高、价格较高的 12 位、16 位芯片，但是各种 D/A 芯片一般都有数据端、片选端以及写使能端。片选端可单线选中也可经译码选中，写使能端可与系统的写线 $\overline{WR}$ 相连，但 D/A 转换器是否直接和系统总线相连，取决于芯片内部有没有数据输入寄存器。例如 AD7520、DAC0808 芯片的内部结构简单、价格低廉，内部没有设计数据输入寄存器，不能和总线直接相连；AD7524、DAC0832 等芯片内部设计了数据输入寄存器，因此可以直接和总线相连。

1. 无数据输入寄存器的 D/A 芯片的使用

一个 D/A 转换芯片的输入端出现了待转换的数据后，经过转换，在输出端应该出现与待转换数据相对应的电流或电压。对于没有数据输入寄存器的 D/A 转换器而言，随着输入数据的变化，输出电流或输出电压也随之变化，当输入数据消失后，输出电流或电压也随之消失。CPU 的速度一般都远远高于外部设备的速度，因此在计算机输出中均要求锁存，然而不带数据输入寄存器的 D/A 芯片没有锁存，所以要求在 D/A 转换器的前面加上一个数据锁存器和系统总线相连。常用的输入锁存器有 74LS273、74LS373 以及 74LS244 等。图 11-3 给出的是以 74LS273 为锁存器的 D/A 转换器连接图。

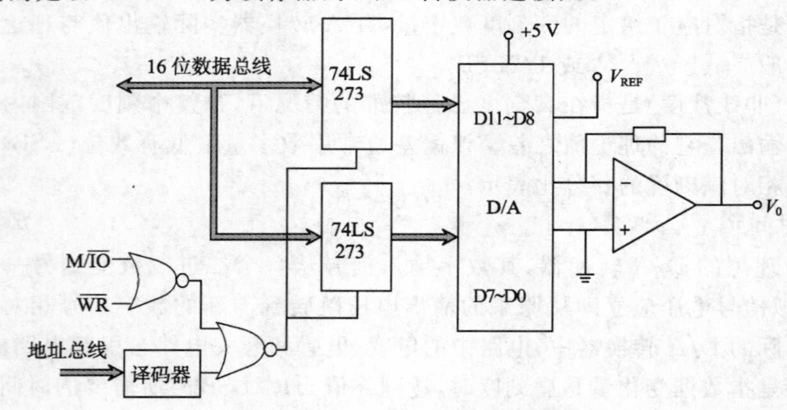

图 11-3 D/A 转换器的连接图

在图 11-3 中，74LS273 和 D/A 转换器组成一个带数据输入寄存器的 D/A 转换器。当 CPU 利用输出指令输出一个数据时，只要选通 74LS273 即可把数据送入锁存器，从而提供给 D/A 转换器，此时 D/A 转换器输出端得到相应的电压信号。

2. 带有数据输入寄存器的 D/A 芯片的使用

此类芯片可以直接和总线连接，下面我们以 DAC0832 为例说明该类芯片的应用。DAC0832 芯片是一种具有两个数据输入寄存器的 8 位 DAC，可以寄存来自数据总线的信息，所以其数据线可采用单缓冲、双缓冲或者直接输入的形式接在系统总线上。图 11-4 给出了 DAC0832 芯片的连接图，其中 $\overline{WR1}$ 和 $\overline{CS}$ 引脚在 CPU 执行输出指令时，CPU 发出的控制信号使之处于有效电平，控制 D/A 转换器锁存数据，进行 D/A 转换。

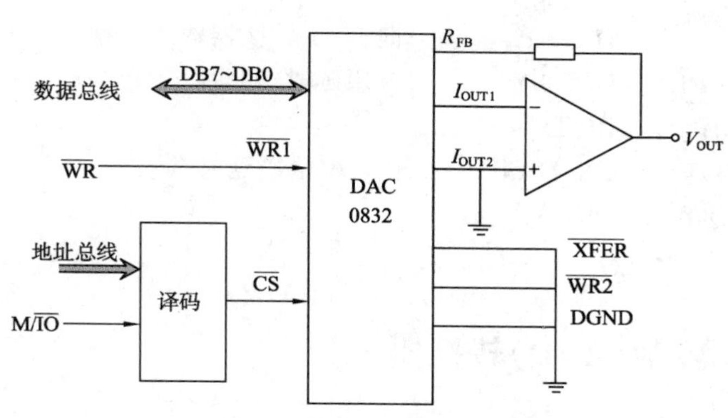

图 11-4 DAC0832 的外部连接图

由于 DAC0832 是电流输出型的转换芯片，必须外接运算放大器进行电压转换，又因 DAC0832 必须在满量程下调整其线性度，所以外接运算放大器必须具有零点和满量程的调节，如图 11-5 所示。调节时，当输入数字为全“0”时，调节 W_1，使其输出电压为 0；当输入数字为全“1”时，调节 W_2，使其达到满量程的输出电压。

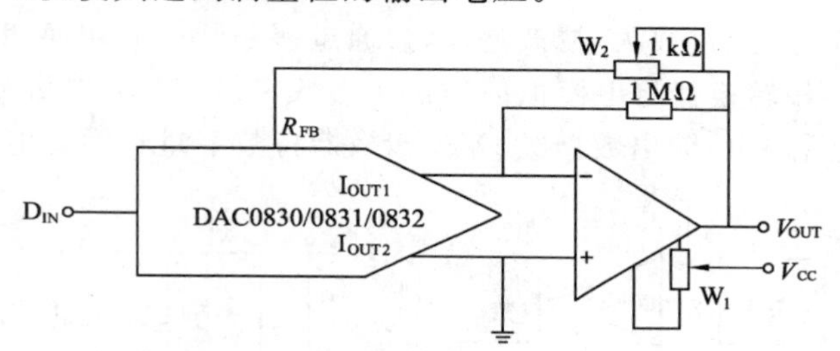

图 11-5 DAC0832 调零和调满量程的电路

D/A 转换器除通常将计算机处理结果的数字量转换成模拟量输出来实现对被控对象的控制外，在各种自动化测量仪表中也要用 D/A 转换器产生所需要的各种脉冲波形。例如，利用图 11-4 所示电路，执行如下程序段，就可以产生一个锯齿波。

```
        MOV     AL,0FFH         ;初值送 AL 寄存器
        MOV     DX,PORT         ;D/A 端口地址送 DX
ROTE:   INC     AL
        OUT     DX,AL           ;向 D/A 转换器输出数据
        JMP     ROTE
```

以上程序段执行时，从微观上看，每个锯齿波沿是由 256 个小台阶组成，由于 CPU 速度很快，所以宏观上看仍为连续上升的锯齿波。如果需要一个负向锯齿波，只要将“INC AL”指令改为“DEC AL”，上述程序段也能实施。

对于锯齿波的周期，可以利用延时进行调整。如果延时较短时，可在程序中插入几条 NOP 指令来实现；如果延时较长，则可用延时子程序或 8253 定时器予以实现。下面的程序段是利用延时子程序来控制锯齿波的周期。

```
        MOV     DX,PORT         ;D/A 端口地址送 DX
        MOV     AL,0FFH         ;初值送 AL
ROTE:   INC     AL
```

```
        OUT     DX,AL      ;向D/A转换器输出数据
        CALL    DELAY      ;调用延时子程序
        JMP     ROTE
DELAY:MOV       CX,DATA    ;向CX中送延时常数
DELA:   LOOP    DELA
        RET
```

11.3 模/数(A/D)转换器

11.3.1 A/D转换特性

所谓模/数转换器就是把电模拟量转换成为数字量的电路，图 11-6 给出了微机和控制系统接口的框图。一个实时控制系统要实现微机监控实时现场工作过程中发生的各种参数的变化，首先由传感器把实时现场的各种物理参数(如温度、流量、压力、pH 值、位移等)测出，并转为相应的电信号；经过放大、滤波处理，再通过多路开关的切换和采样/保持电路，送到 A/D 转换器；由 A/D 转换器将电模拟信号转换为数字量信号，之后被微型机采集，并按一定算法计算控制量后输出；输出数据经 D/A 转换器将数字量转换为电模拟量后控制执行机构。

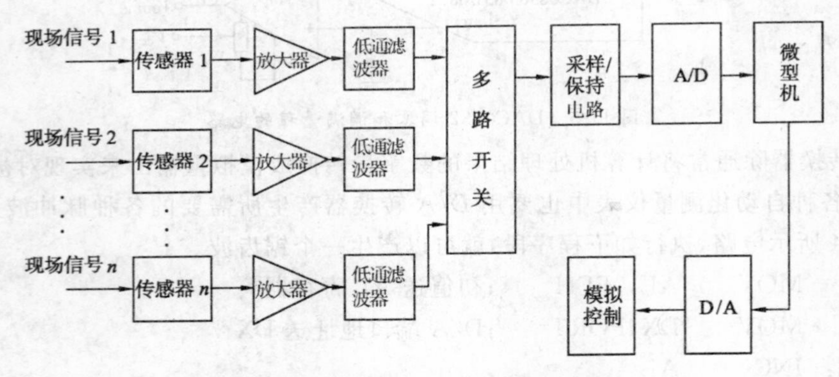

图 11-6 微机与控制系统的接口框图

图 11-6 中各部件的作用归纳如下。

(1) 传感器：亦称换能器，是把现场各种物理信号按一定规律转换成与其对应的电信号。它是实现测量和控制的首要环节，是测控系统的关键部件。

(2) 放大器：经传感器转换后的电量如电流、电压的信号幅度很小，很难进行 A/D 转换，因此必须有放大环节。放大器即把传感器输出的电信号放大到 A/D 转换所需要的量程范围。

(3) 低通滤波器：低通滤波器的作用是选出有用的频率信号，抑制无用的杂散高频干扰，提高信噪比。

(4) 多路开关：多路开关的作用是进行信号切换，即一次只能把一路信号传送到 A/D 转换器。当对多路实时现场采集信息时，多路开关可对多路信号进行切换处理，控制每次只送一路信息到 A/D 转换器，实现多路信号的分时处理，从而降低整个系统的成本。

(5) 采样/保持电路：从启动信号转换到转换结束，需经过一定的时间，而模拟量转换期间要求模拟信号保持不变，所以必用采样保持器。该电路具有两个功能：采样、跟踪输入信号；保持、暂停跟踪输入信号，保持已采集的输入信号，确保在 A/D 转换期间保持输入信号不变。

(6) A/D 转换器：把采样/保持电路锁存的模拟信号转换成数字信号，等待 CPU 用输入指令读到微型机内。

11.3.2 A/D 转换的方法和原理

实现 A/D 转换的方法很多，常用的方法有计数法、双积分法和逐次逼近法。

1. 计数式 A/D 转换法

计数式 A/D 转换的原理如图 11-7 所示。其中，V_i是模拟输入电压，V_0是 D/A 转换器的输出电压，C 是控制计数端。当 C=1 时，计数器开始计数，当 C=0 时，则停止计数。D7～D0 是数字量输出，数字输出量又同时驱动一个 D/A 转换器。

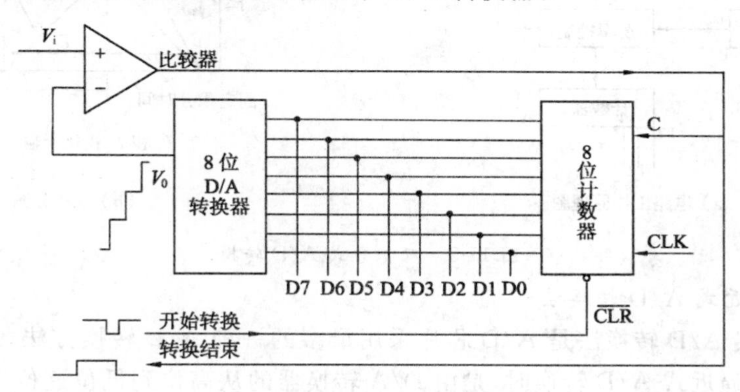

图 11-7 计数式 A/D 转换原理图

具体工作过程为：首先转换信号有效（由高变低），使计数器复位，当开始转换信号恢复高电平时，计数器准备计数。因为计数器已被复位，所以计数器输出数字为 0。这个零输出送至 D/A 转换器，使之也输出 0 V 模拟信号。此时，在比较器输入端上待转换的模拟输入电压 V_i大于 V_0(0 V)，比较器输出高电平，使计数控制信号 C 为 1，计数器开始计数。自此 D/A 转换器输入端得到的数字量不断增加，致使输出电压 V_0不断上升。当 $V_0 < V_i$时，比较器的输出总是保持高电平。当 V_0上升到某值时，第一次出现 $V_0 > V_i$的情况，此时比较器的输出为低电平，使计数控制信号 C 为 0，导致计数器停止计数。这时数字输出量 D7～D0 就是与模拟电压等效的数字量。计数控制信号由高变低的负跳变也是 A/D 转换的结束信号，它用来通知计算机已完成一次 A/D 转换。

计数式 A/D 转换的特点是简单，但速度比较慢，特别是模拟电压较高时，转换速度更慢。当 C=1 时，每输入一个时钟脉冲，计数器加 1。对一个 8 位 A/D 转换器，若输入模拟量为最大值，计数器从 0 开始计数到 255 时才转换完毕，相当于需要 255 个计数脉冲周期。对于一个 12 位 A/D 转换器而言，最长的转换周期达 4 095 个计数脉冲周期。

2. 双积分式 A/D 转换法

双积分式 A/D 转换的基本原理是对输入模拟电压和参考电压进行两次积分，变换成与输入电压均值成正比的时间间隔,然后利用时钟脉冲和计数器测出其时间间隔。因此,此类D/A转换器具有很强的抗工频干扰能力,转换精度高,但速度较慢,通常每秒转换频率小于10 Hz,主要用于数字式测试仪表、温度测量等方面。双积分式A/D转换的电路原理图如图11-8(a)所示。电路中的主要部件包括积分器、比较器、计数器和标准电压等。

具体工作过程为:首先电路对输入待测的模拟电压V_i进行固定时间的积分,然后对标准电压进行固定斜率的反向积分,如图11-8(b)所示。反向积分进行到一定时间,便返回起始值。从图11-8(b)中可以看出,对标准电压进行反向积分的时间正比于输入模拟电压,输入模拟电压越大,反向积分回到起始值的时间越长。因此,只要用标准的高频时钟脉冲测定反向积分花费的时间,就可以得到相应于输入模拟电压的数字量,即实现了A/D转换。

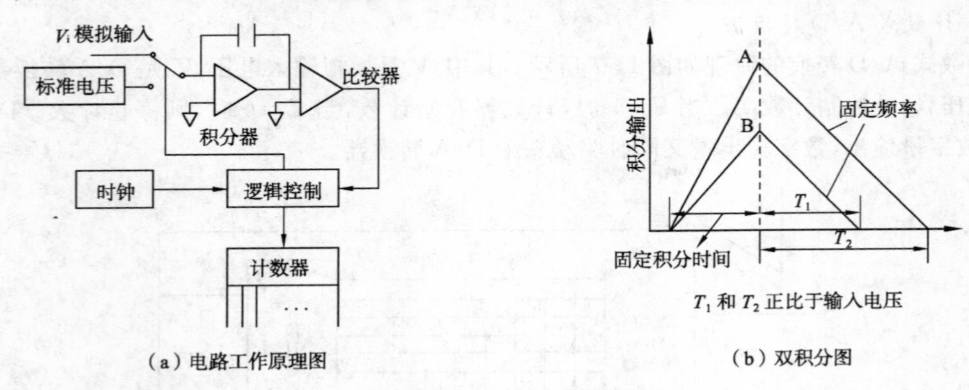

图11-8 双积分式A/D转换

3. 逐次逼近式A/D转换法

逐次逼近式A/D转换法是A/D芯片采用最多的一种A/D转换方法。与计数式A/D转换一样,逐次逼近式A/D转换时,是由D/A转换器的从高位到低位逐位增加转换位数而产生不同的输出电压,把输入电压与输出电压进行比较而实现的。不同之处是,用逐次逼近式进行转换时,要用一个逐次逼近寄存器存放转换出来的数字量,转换结束时将最终的数字量送到缓冲寄存器中,其逻辑电路如图11-9所示。输出为4位的逐次逼近式A/D转换的过程如图11-10所示。具体工作过程如下:

当t_0时刻启动信号由高电平变为低电平时,复位逐次逼近寄存器,使之清零,此时D/A转换器输出电压V_0也为0。当启动信号由低变为高电平时,转换开始,同时逐次逼近寄存器进行计数。

逐次逼近寄存器计数时和普通计数器不同,它不是从最低位向高位每次加1计数和进位,而是通过类似对分搜索的方式控制逐次比较寄存器进行计数。具体来讲,在启动信号后第一个时钟脉冲时控制电路使逐次逼近寄存器的最高位为1,使它的输出为1000B。1000B进入D/A转换器,则其输出电压V_0'为满量程的128/255。这时如果V_0'大于V_i,那么比较器输出低电平,控制电路根据此信号清除逐次逼近寄存器中的最高位;如果V_0'小于V_i,比较器输出高电平,则控制电路据此保留最高位的1。由图11-10可知,比较结果使比较器的输出状态为1,则输出寄存器的状态B_4为1,此时逐次逼近寄存器的内容为1000B;下一个时钟脉冲t_1时刻控制电路使次高位B_3为1,于是逐次逼近寄存器的内容为1100B,这个数字进入D/A转换器,则其输出电压值为满量程的192/255。此数值与输入电压V_i比较,结果V_0'

大于 V_i，则比较器的输出状态为 0，控制电路据此使 B_3 位复位，输出寄存器的状态 B_3 为 0；再下一个时钟脉冲 t_2 时刻，控制电路使 B_2 位为 1，重复上述过程，直到 B_1 位。经过 4 次比较后，逐次逼近寄存器中的数据 $B_4B_3B_2B_1$＝1001 就是 A/D 转换后与被测（输入）模拟量相应的数字量。

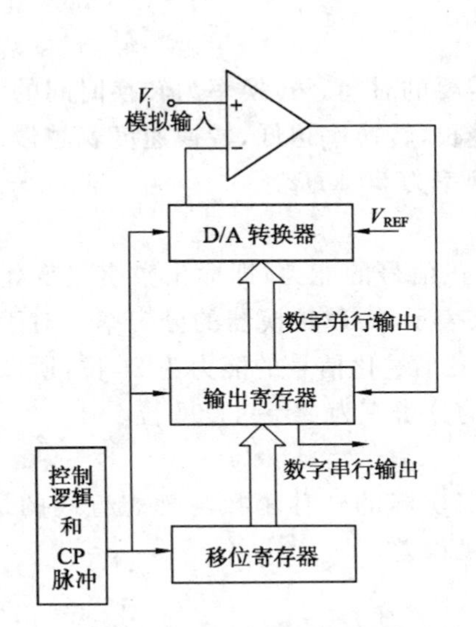

图 11-9 逐次逼近式 A/D 转换原理框图

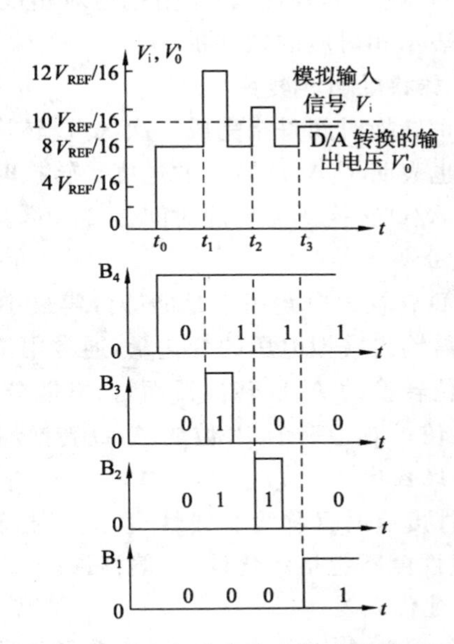

图 11-10 逐次逼近式 A/D 转换过程

转换结束后，控制电路送出一个低电平信号作为结束信号，同时将逐次逼近寄存器中的数字量送入缓冲寄存器，予以输出数字量。

从上面的过程我们可以得出，用逐次逼近法时，首先使最高位置 1，这相当于取出最大允许电压的 1/2 与输入电压比较。如果搜索值在最大允许电压的 1/2 范围内，那么最高位清零，否则最高位置 1。之后，次高位置 1，相当于在 1/2 的范围中再进行对分搜索。如果搜索值超过最大允许电压的 1/2 范围，那么最高位为 1，次高位也为 1，这相当于在另外的一个 1/2范围中再进行对分搜索。因此，逐次逼近法的计数实质就是对分搜索法。

逐次逼近式 A/D 转换法的特点是速度快，转换精度较高，对 n 位 A/D 转换只需 n 个时钟脉冲即可完成。逐次逼近式 A/D 转换一般可用于测量几十到几百微秒过渡过程的变化，是计算机 A/D 转换接口中应用最普遍的转换方法。

11.3.3 A/D 转换器的参数

在实现 A/D 转换时，主要涉及下面几个物理参数。

1. 转换精度

转换精度反映了 A/D 转换器的实际输出接近理论输出的精确程度。

由于模拟量是连续的，而数字量是离散的，所以一般是某个范围中的模拟量对应一个数字量。例如，有一个 A/D 转换器，从理论上计算，模拟量为 5 V，电压对应数字量为 800H，但是实际转换中发现 4.997 V 到 4.999 V 也对应数字量 800H。这就反映了一个转换精度的问题。

A/D 转换的精度通常用数字量的最低有效位(LSB)来表示，但有的产品说明书中以相对精度和绝对精度来分。

在一个转换器中,任何数码所对应的实际模拟电压与其理想电压值之差并不是一个常数,这个差值的最大值为绝对精度。

相对精度(非线性度)是指把绝对精度表示为满刻度模拟电压的百分数,或者用二进制分数来表示相对应的数字量。

2. 转换时间和转换率

所谓转换时间是指完成一次 A/D 转换所需要的时间。转换率为转换时间的倒数,因此转换率也表明了 A/D 转换的速度。转换时间越长,转换率越低,转换速度就越慢。例如,完成一次 A/D 转换所需要的时间是 20 μs,其转换率为 50 kHz。

3. 分辨率

A/D 转换的分辨率就是能够分辨最小的量化信号的能力,即输出数字量变化一个相邻数码所需输入模拟电压的变化量,通常用位数来表示 A/D 转换器的分辨率。对于一个能够实现 n 位转换的 A/D 转换器而言,它能分辨的最小量化信号的能力为 2^n 位,所以它的分辨率为 2^n 位。对于一个 12 位的 A/D 转换器,它的分辨率为 $2^{12}=4\ 096$ 位。

4. 线性度

线性度有时又称为非线性度,它是指转换器实际的转移函数与理想直线的最大偏移。注意:线性度不包括量化误差、偏移误差与满刻度误差。

5. 量化误差

量化误差是由 A/D 转换器的有限分辨率而引起的误差。

11.3.4 A/D 转换器与系统的连接

随着集成电路日新月异的发展,目前市场上出现了各种各样的集成 A/D 转换芯片,大多数芯片内部包含有 D/A 转换器、比较器、逐次逼近寄存器、控制电路和数据输出缓冲寄存器等。使用时只要连接供电电源,输入模拟信号,在控制端加一个启动信号,A/D 转换器就开始工作。A/D 转换结束时,芯片的一个引脚会给出转换结束信号,通知 CPU 此时可用输入指令读取数据。

A/D 转换芯片的型号很多,但是不管哪种型号的 A/D 转换芯片,对外引脚基本上是类似的。一般 A/D 转换芯片的引脚涉及的信号有:模拟输入信号、数据输出信号、启动转换信号和转换结束信号。A/D 芯片和系统连接时,就要考虑这些信号的连接问题。

1. 输入模拟电压的连接

A/D 转换芯片的模拟输入电压往往既可以是单端的,也可以是差动的,属于这种类型的 A/D 芯片常用 V_{IN}(－)、V_{IN}(＋)或 IN(－)、IN(＋)一类标号注出输入端。此时,如用单端输入正信号,则把 V_{IN}(－)接地,输入模拟信号加到 V_{IN}(＋)端;如用单端输入负信号,则把 V_{IN}(＋)接地,信号加到 V_{IN}(－)端;如果用差动输入,则模拟信号加在 V_{IN}(＋)和 V_{IN}(－)端之间。

2. 数据输出线和系统总线的连接

A/D 转换芯片一般有两种输出方式:一种是芯片输出端具有可控的三态输出门,例如 ADC0809,这种芯片的输出端可以直接和系统总线相连,由读信号控制三态门。当 A/D 转换结束后,CPU 通过执行一条输入指令,将数据从 A/D 转换器读出。另一种是 A/D 转换器

内部有三态门，但这种三态门不受外界信号的控制，而是由 A/D 转换电路在转换结束时自动接通，例如 ADC570。此外还有某些 A/D 转换器根本就没有三态输出门电路。在上述情况下，A/D 转换芯片的数据输出线不能直接和系统数据总线相连，而必须通过附加的三态门作为缓冲器连接系统的数据总线，实现数据传输。

8 位以上的 A/D 转换器和系统连接时，还要考虑 A/D 输出数位和总线数位的对应关系问题。第一种情况是系统总线数位多于 A/D 输出数位，这种情况连接很简单，即把 A/D 输出数据按位对应于数据总线连接。第二种情况是 A/D 输出数位多于系统总线数位，这种情况下要用读/写控制逻辑将数据按字节分时读出。这样，CPU 可以用两条输入指令分两次读出转换的数据。以上两种情况下均要考虑 A/D 转换芯片是否有三态输出功能，若没有可控的三态输出，则需外加三态门作为缓冲器和系统总线相接。

3. *启动信号的供给*

A/D 转换器要求的启动信号有两种形式：一种是电平启动信号；一种是脉冲启动信号。电平启动信号的芯片，如 AD570、AD572，要求在整个转换过程中启动信号均要有效，如果中途电平信号失效，将导致转换停止而得到错误的结果。因此，通常要通过并行接口或 D 触发器来提供有效的电平信号。对于一些需用脉冲启动的 A/D 芯片，如 ADC0804、ADC0809、ADC1210，通常用 CPU 执行输出指令时发出的片选信号和写信号产生一个选通脉冲来启动 A/D 转换。

4. *转换结束信号及 CPU 读取转换数据的方式*

A/D 转换结束时，A/D 芯片会输出一个转换结束的状态信号来通知 CPU 读取转换的数据。CPU 一般可以采用四种方式和 A/D 转换器进行联络，从而实现对转换数据的读取。

1）查询方式

查询方式时除 A/D 接口外，CPU 还要设置一个缓冲器作为输入状态端口，A/D 芯片的转换结束状态信号接到状态输入端口的一位上。A/D 转换启动后，CPU 不断用输入指令读取状态端口的信息，并不断查询对应接收转换结束状态信号的那一位是否有效，一旦发现有效，说明 A/D 已转换完毕，这时 CPU 用输入指令读取转换好的数据。

2）中断方式

用这种方式时，把转换结束状态信号连在 8259A 芯片中断请求的输入端，将其作为中断请求信号。CPU 可把读取转换数据的输入指令安排在中断服务程序中。这样，当 A/D 转换器转换完毕时使转换结束信号有效，并向中断控制器提出中断申请，CPU 响应后执行中断服务程序，读取转换好的数据。

3）CPU 等待方式

这种方式利用 CPU 的 READY 引脚的功能，设法在 A/D 转换期间使 READY 处于低电平，以使 CPU 停止工作。A/D 转换结束后，READY 处于高电平，CPU 工作，执行输入指令读取转换好的数据。

4）同步方式（固定程序延时方式）

根据预先掌握的 A/D 转换时间，CPU 用一条输出指令启动 A/D 转换后，执行一个与转换时间相同或稍大于转换时间的固定延时程序。此延时程序执行完，A/D 也已转换完毕，于是 CPU 可读取数据。

如果 A/D 转换的时间比较长或 CPU 还要处理其他问题，则采用中断方式效率较高。

因为启动 A/D 后，在 A/D 转换期间 CPU 可以处理其他问题，转换完数据后通过中断，CPU 方读取数据。如果 A/D 转换时间很短，中断方式就失去了优越性，因为响应中断、保护现场、恢复现场和退出中断等这一系列的处理所花费的时间和 A/D 转换时间相当，所以此时可用其余三种方式之一来实现转换数据的读取。

5. 地线的连接

A/D 转换器的地线分为两种类型，即数字地和模拟地。在一个系统中有数字量又有模拟量，就会有两类芯片：一类是数字电路芯片，例如 CPU、译码器、门电路等；另一类是模拟电路芯片，如 D/A 转换电阻网络电路、运算放大器等。这两类芯片要用两组独立的电源供电，在连线时把所有的模拟地连在一起，把所有数字地连在一起，最后用一个共地点把模拟地和数字地连接起来作为系统参考地，以免构成地线回路引起数字信号通过数字地线干扰模拟信号。

11.4 A/D 芯片应用举例

11.4.1 典型 8 位 A/D 转换器芯片——ADC0809

ADC0809 是 CMOS 的 8 位单片 A/D 转换器，带有锁存功能的 8 路模拟开关，可控制选择 8 个模拟量中的一个；具有多路开关的地址译码和锁存电路、比较器、256R 电阻 T 形网络、树状电子开关、逐次逼近寄存器 SAR、控制与时序电路等。A/D 转换采用逐次逼近技术。输出的数字信号有 TTL 三态缓冲器控制，故可以直接连至数据总线。

1. ADC0809 的应用特性和引脚功能

1）主要功能

（1）分辨率为 8 位。

（2）总的不可调误差在±1/2LSB 和±1LSB 范围内。

（3）转换速度取决于芯片的时钟频率，时钟频率范围 10～1 280 kHz，当 CLK＝500 kHz 时，转换时间为 128 μs；当 CLK＝750 kHz 时，转换时间为 100 μs。

（4）具有锁存控制的 8 路模拟开关。

（5）输出具有三态缓冲器控制。

（6）单一 5 V 电源供电，此时模拟电压输入范围为 0～5 V。

（7）不必进行零点和满度调节。

（8）输出与 TTL 兼容。

（9）工作温度范围在－40 ℃～85 ℃。

2）ADC0809 的结构和工作原理

ADC0809 芯片的结构如图 11-11 所示。

模拟输入部分有 8 路模拟开关，开关由三位地址输入 ADDA、ADDB、ADDC 的不同组合来选择。例如 ADDC、ADDB、ADDA 组合为 001 就选择 IN1 端输入的模拟量，使之进入芯片，并进行 A/D 转换。实际使用时，ADDA、ADDB、ADDC 可以分别连在系统数据总线上，利用启动 A/D 芯片的输出指令输出模拟量选择编码来实现对一路模拟量的选择。例如选择第 7 路，可用下面两条指令实现。

```
MOV     AL,7
OUT     PORT,AL
```

其中,PORT 是 ADC0809 的端口地址。第二条指令实现两个功能:一是启动 ADC0809 工作;另一功能是把数字 7 通过数据总线传给 ADDC、ADDB 和 ADDA。

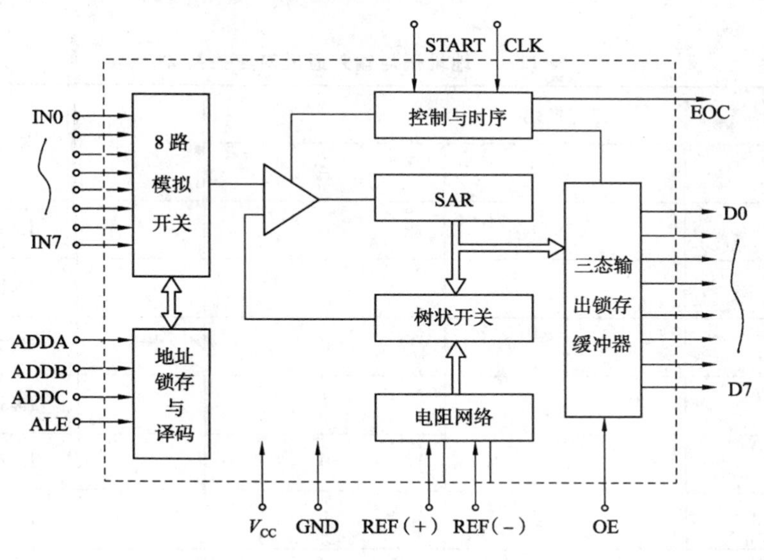

图 11-11 ADC0809 结构图

主体部分是采用逐次逼近式 A/D 转换电路,由 CLK 信号控制内部电路的工作,由 START 信号控制转换开始。转换后的数字信号在内部锁存,通过三态缓冲器传至输出端。

3) ADC0809 芯片的引脚

ADC0809 是一个具有 28 引脚的双列直插式芯片,图 11-12所示为各引脚的信号,其引脚信号介绍如下:

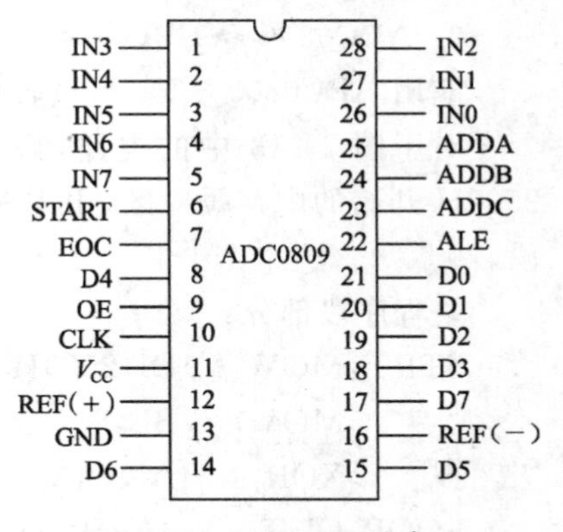

图 11-12 ADC0809 引脚图

IN0~IN7:8 路模拟电压输入端。

D0~D7:8 位数字输出端。

START、ALE:START 为启动 A/D 转换命令的控制输入端,高电平有效。ALE 为地址锁存控制信号输入端,该引脚有效时,ADDC、ADDB、ADDA 才能控制选择 8 路模拟量中的一路。这两个信号端可连在一起,通过软件输入一个正脉冲,便立即启动 A/D 转换器。

OE:输出允许信号输入端,高电平有效。只有该信号有效时才能打开输出三态缓冲器,转换好的数字量才能从 ADC0809 芯片送至系统数据总线。

EOC:转换结束信号脉冲输出端口,高电平有效。在中断方式下,此信号可以作为向 CPU 申请的中断请求信号;在查询方式下,此信号可以作为 A/D 转换完毕的状态信号。

CLK:时钟脉冲输入端。

V_{CC}:供电电压 5 V。

GND:地。

REF(+)：参考电压正输入端，电压 0～V_{CC}，通常此端与 V_{CC} 相连。

REF(-)：参考电压负输入端，通常此端与 GND 相连。

ADDC、ADDB、ADDA：控制选择 8 个模拟量中的一个编码输入端。要注意的是，只有在 ALE 引脚有效时，三个引脚才能控制选择，否则不能控制选择，其对应关系如表 11-1 所示。

表 11-1　地址码与输入通道对应关系

地址码			对应输入通道
C	B	A	
0	0	0	IN0
0	0	1	IN1
0	1	0	IN2
0	1	1	IN3
1	0	0	IN4
1	0	1	IN5
1	1	0	IN6
1	1	1	IN7

2. ADC0809 和 CPU 的接口设计

应用 ADC0809 实现 A/D 转换时，其与 CPU 总线相接的原理图如图 11-13 所示。

对于图 11-13 中的电路，假如我们在某一时间内把 8 路模拟量轮流输送至地址为 2500H 开始的内存缓冲区，用中断方式传输，ADC0809 的地址为 0A0H。参看下面的程序段。

主程序段部分：

```
STRT:MOV   DI,2500H      ;设定输入缓冲区指针
     MOV   BL,8          ;设定采集模拟量次数
     XOR   AX,AX         ;AX=0
LOOP:OUT   0A0H,AL       ;启动一路模拟量转换
     PUSH  AX            ;保存 AX 内容
     STI                 ;开放中断
     HLT                 ;暂停
     POP   AX
     INC   AX            ;改变选择模拟量的编码
     DEC   BL
     JNZ   LOOP          ;不够采集 8 次返回重新启动
     HALT                ;已完成 8 次顺序执行
```

中断服务程序部分：

```
INTE： IN     AL,0A0H
       MOV    [DI],AL
       INC    DI           ;修改内存单元地址
       ……
       IRET
```

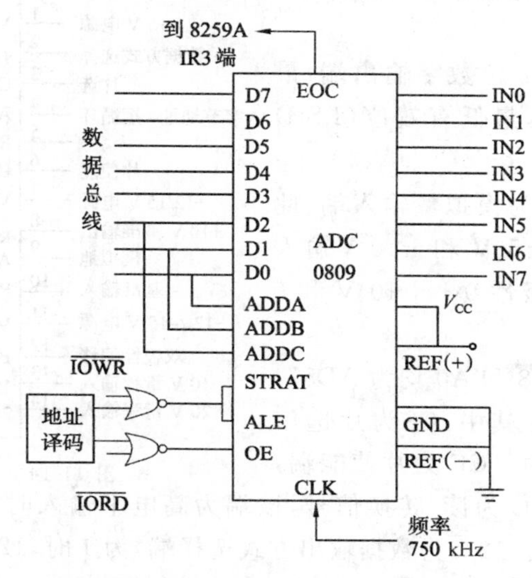

图 11-13 ADC0809 和 CPU 总线的连接图

11.4.2 典型 12 位 A/D 转换器芯片——AD574

AD574 是美国 AD 公司的产品，它是一个完整的 12 位逐次逼近式 A/D 转换器，内部装有可与 8 位或 16 位 CPU 总线直接连接的三态输出缓冲器，是一个高精度、高速度的 12 位 A/D 转换器。

1. AD574 的应用特性和引脚功能

1) AD574 的内部结构

AD574 是由模拟芯片和数字芯片二者混合集成的，其中模拟芯片为高性能的 AD565 型快速集成的 12 位 D/A 转换器和电源基准，数字芯片为低功耗的逐次比较寄存器以及转换控制电路、时钟、比较器和总线接口等。由于片内包含有高精度的参考电压源和时钟电路，这使它在不需要任何外部电路和时钟信号的情况下完成一切 A/D 转换功能，应用非常方便。

2) AD574 的主要特性

(1) 带有基准电源和时钟的完整的 12 位转换器，内设高精度的参考电压(10 V)，只需外接一个适当阻值的电阻，便可向 DAC 部分的解码网络提供 I_{REF}，转换操作所需的时钟信号由内部提供，不需外接任何元器件。

(2) 利用不同的控制信号，既可实现高精度的 12 位转换，又可做快速的 8 位转换。转换后的数据有两种读出方式：12 位一次读出，8 位、4 位分两次读出。带有三态缓冲器，可直接与 8 位或 16 位的微处理器接口相连。

(3) 快速逐次逼近式 A/D 转换，转换时间为 25 μs，属于中档速度。

(4) 分辨率：12 位；精度：±1 LSB。

(5) 需三组电源：+5 V、V_{CC}（+12 V～+15 V）和 V_{EE}（−15 V～−12 V）。由于转换精度高，所提供电源必须有良好的稳定性，并加以充分的滤波，以防止高频噪声的干扰。

3) AD574 的引脚

AD574 芯片为双列直插式 28 引脚封装，如图 11-14 所示。

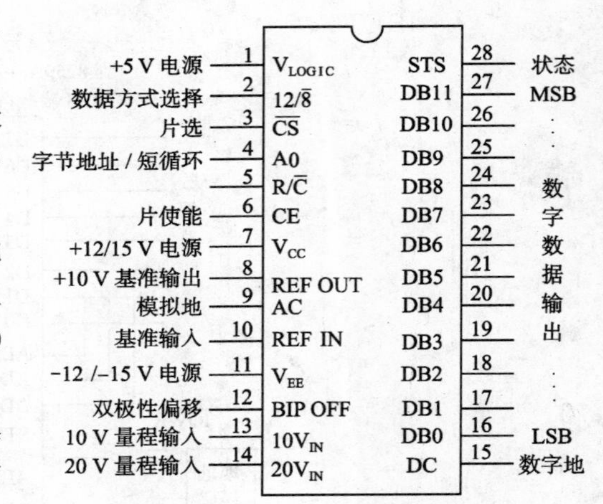

图 11-14 AD574 框图和引脚

(1) DB11～DB0 为 12 位数字输出端，最高有效位(MSB)为 DB11，最低有效位(LSB)为 DB0。

(2) $10V_{IN}$ 和 $20V_{IN}$ 均为模拟量输入端，此两端口分别可以双极性±5 V 和±10 V输入模拟量，也可以分别以单极性 0～+10 V 和 0～+20 V 输入模拟量。

(3) $\overline{CS}$、CE、R/$\overline{C}$、12/$\overline{8}$ 和 A0 均为 AD574 的逻辑控制信号输入端。其中，$\overline{CS}$为片选信号，低电平时该芯片被选中。CE 为片使能端，输入高电平芯片工作。R/$\overline{C}$ 为读/转换信号，该端为高电平输入时，属 CPU 读转换的数字量，为低电平时，启动转换。12/$\overline{8}$为数据输出方式选择端，为 1 时，12 位并行输出；为 0 时，分高 8 位、低 4 位两次输出。A0 具有双重功能。在启动 A/D 转换有效后，A0＝0 时，启动 12 位 A/D 转换；A0＝1 时，启动 8 位 A/D 转换。具体工作方式如 11-2 表所示。

(4) STS 为输出状态信号端，高电平有效。在转换过程中，STS 输出高电平，转换完成后，该引脚为低电平。

表 11-2 AD574 逻辑控制真值表

CE	$\overline{CS}$	R/$\overline{C}$	12/$\overline{8}$	A0	工作状态
1	0	0	×	0	启动 12 位 A/D 转换
1	0	0	×	1	启动 8 位 A/D 转换
1	0	1	1	×	允许 12 位并行输出
1	0	1	0	0	允许高 8 位并行输出
1	0	1	0	1	允许低 4 位加上尾随四个 0 输出
×	1	×	×	×	不工作
0	×	×	×	×	不工作

2. AD574 芯片的输入电路连接

AD574 的单极性输入连接图如图 11-15 所示，双极性输入连接图如图 11-16 所示。

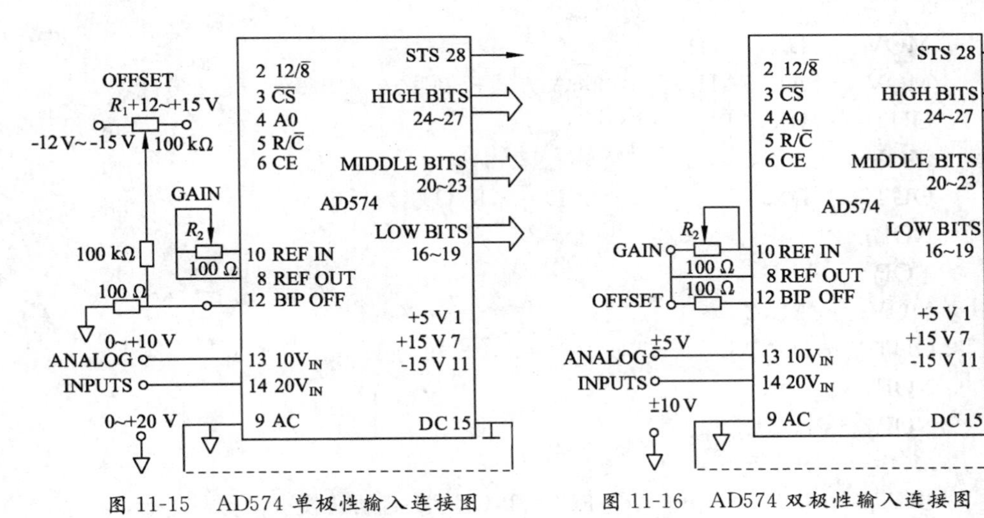

图 11-15　AD574 单极性输入连接图　　　图 11-16　AD574 双极性输入连接图

在单极性输入时，其模/数转换关系为：

$$V_i = V_{max}/2^n \times D$$

在双极性输入时，其模/数转换关系为：

$$V_i = 2V_{max}/2^n \times D$$

其中：V_i为模拟输入电压；V_{max}为最大输出电压；n 为转换的位数；D 为对应的数字量：8 位时，为 0～255；12 位时，为 0～4095。

3. AD574 与 CPU 的硬件接口设计

下面举一个 AD574 通过 8255A 与 8086 CPU 相接的接口电路，如图 11-17 所示。其中，12/$\overline{8}$ 引脚和 V_{LOGIC} 相连接，并接向＋5 V，A0 接地，使 AD574 置于 12 位转换读出方式。CE、$\overline{CS}$ 和 R/$\overline{C}$ 通过 8255A 端口 C 的 PC2～PC0 输出做适当控制，换言之，AD574 的控制均由 8255A 的 C 口的 PC2～PC0 的输出承担。8255A 端口 A 和端口 B 均工作在方式 0，端口 A、端口 B 和端口 C 的上半部均为输入，端口 C 的下半部规定为输出。设 8255A 的四个端口地址分别为 2C0H、2C2H、2C4H 和 2C6H，下列程序实现 AD574 对模拟量的转换。

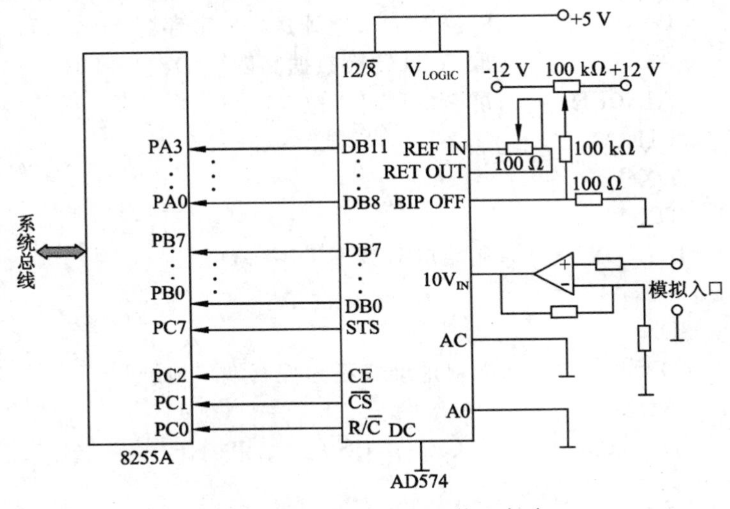

图 11-17　AD574 接口电路

```
        MOV   DX,2C6H
        MOV   AL,9AH      ;8255A 方式控制字送 AL
        OUT   DX,AL
        MOV   AL,0
        OUT   DX,AL       ;使 PC0=0,R/C̄ 端为低电平
        NOP
        NOP
        MOV   AL,2
        OUT   DX,AL       ;使 PC1=1,C̄S̄ 端为 1
        NOP
        NOP
        MOV   AL,5
        OUT   DX,AL       ;使 PC2=1,CE=1 启动转换
        MOV   AL,1
        OUT   DX,AL       ;使 PC0=1,R/C̄=1
        DEC   DX          ;使 AD574 处于允许 12 位并行输出状态
        DEC   DX
POLL:   IN    AL,DX       ;将端口 C 的内容输入 AL
        TEST  AL,80H      ;查 STS(PC7)是否有效
        JNZ   POLL        ;STS 为高电平,正在转换等待
        INC   DX
        INC   DX          ;改变地址为 8255A 控制口地址
        MOV   AL,2
        OUT   DX,AL       ;PC1=1,C̄S̄=1
        NOP
        MOV   AL,5
        OUT   DX,AL       ;PC2=1,CE=1 允许读
        MOV   DX,2C0H     ;8255A 端口地址送 DX 寄存器
        IN    AL,DX       ;取 A/D 转换数据高四位 DB11~DB8
        AND   AL,0FH      ;屏蔽 AL 高 4 位
        MOV   BH,AL
        INC   DX
        INC   DX
        IN    AL,DX       ;从端口 B 读回 DB7~DB0
        MOV   BL,AL
        INC   DX
        INC   DX          ;端口地址修正为控制端口地址
        MOV   AL,3
        OUT   DX,AL       ;使 CE=0,C̄S̄=1,结束操作
        ……
```

这个程序段用查询方式输入一个 12 位 A/D 转换数字量。运用了端口 C 的各位设置

AD574 芯片的控制信息，由端口 A 输入高 4 位数据，端口 B 输入低 8 位数据，最后把 12 位数据放在 BX 寄存器中。

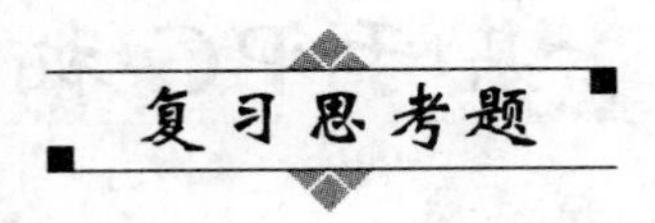

复习思考题

1. A/D 和 D/A 转换器的工作原理是什么？

2. A/D 和 D/A 转换器的性能指标有哪些？

3. 在要求 A/D 转换器的转换时间小于 1 μs、小于 100 μs 和小于 0.1 s 三种情况下，应各选择哪种类型的 A/D 转换器？

4. 设 ADC0809 的端口地址为 PORCT，现在要把 3 通道的模拟量转换成数字量送到 AL 寄存器中，试写出执行程序。

5. 在倒 T 形电阻网络 D/A 转换器中，用哪些方法能调节输出电压 V_o 的最大幅度？

6. 对于图 11-4 所示的 DAC0832 的外部连接，设计一段程序使其产生一个周期可控的锯齿波。

第十二章 基于PC机的系统总线

本章要点：了解总线的概念，总线的类型，总线的体系结构和通信方式，PC机常用的总线；关键理解为什么要制定标准总线，总线的信号线有哪些及其作用；掌握利用ISA、PCI等总线设计I/O接口卡的一般原理与方法。

12.1 总线概述

12.1.1 什么是总线

一个计算机系统，其各个部件的连接是通过总线来实现的。所谓总线就是若干信号线的组合，这些信号线从其发挥的作用来看，可分为地址线、数据线、控制线、电源线等。不同信号线的设计与组合，对应不同类型的总线。为了分析问题的方便，我们以PC机的主板(或称为母板、系统板)为界，主板连接外部各种板卡及其外设的总线称为外部总线(或扩展总线)；主板内各个功能模块之间连接的总线称为内部总线。内部总线是基础，外部总线是在内部总线的基础上组合设计而成的，二者相互联系，没有绝对的区别。如果将内外总线合在一起来分析，系统总线是基础，其他总线都挂接在系统总线上。PC机的系统总线是单总线结构，具有开放特性和较好的裁剪特性。总线已形成标准，一类是国际权威机构制定的，另一类是由某厂家设计而广泛流行的。每个总线标准都有详细的规范说明，包括机械结构规范、功能规范、电气规范、数据传输、优先中断、仲裁等。

12.1.2 外部总线

外部总线可分为如下几类：连接外部各种板卡的系统总线和局部总线；直接与外设相连接的设备总线，如RS-232、USB等串行总线。系统总线有ISA(Industry Standard Architecture)总线和EISA(Extended ISA)总线；局部总线有VESA(Video Electronics Standard Association)总线和PCI(Peripheral Component Interconnect)总线两种。表12-1给出了系统总线和局部总线的特性对照表。

(1) ISA总线：ISA总线是IBM公司在早期的PC/AT机中使用的总线，是一种标准工业总线。PC/AT机使用的是62根信号线，总线宽度8位，地址线20位，最大总线传输速率约为2 Mbps，称为PC总线；PC/AT机在上述总线的基础上又扩展出36线，称为AT扩展插槽，合起来总线宽度16位，地址线24位，最大总线传输率约为8 Mbps，称为AT总线，也称为ISA总线。目前为了保持兼容性，PⅡ高档机中仍保留ISA总线插槽，以便于连接为ISA总线设计的外设。

表 12-1 各种总线的特性对照

总线类型	ISA		EISA	VESA	PCI
	早期	现在			
总线宽度(位)	8	16	32	32	32、64
最大传输率(Mbps)	2	8	33	132、148、267	132、264、528
总线时钟(MHz)	8～10			33、40、50	25、33、66
挂接设备数量	12	12	12	2～4	3、10(PCI)桥

(2) EISA总线:随着CPU工作频率的提高,ISA总线的传输率已不能满足要求。20世纪80年代末,在80386、486 PC机中以Intel公司为主推出了EISA总线结构标准,数据宽度32位,总线传输率达33 Mbps。内部总线结构也发生了变化,将原来通过系统总线挂接的存储器总线独立出来,通过存储器总线控制器直接与CPU之间交换数据,其工作频率远远超过系统总线的工作频率。

(3) VESA总线:为了满足一些高传输率扩展卡的需要,从系统总线中又分离出了局部总线(此时系统总线也被称为"标准总线")。局部总线具有较高的时钟频率,并且有效地限制了系统总线槽数的进一步增加以及系统总线传输线的进一步延长,从而保证了系统总线的性能。20世纪90年代初期,许多制造商在486系统中采用了VESA局部总线,该总线的数据宽度为32位,传输率分别为132 Mbps、148 Mbps或267 Mbps,可挂接2～4台设备。

(4) PCI总线:随着Intel Pentium系列芯片的推出,Intel公司分别于1992年6月和1995年6月颁布了PCI外围部件互连局部总线的V1.2和V2.1规范。由于PCI提供了局部总线所具有的一系列优点,如性能高、兼容性好、自动配置等,因而目前扩展卡及系统制造商均已采用PCI局部总线,这样就迫使VESA局部总线不得不迅速结束其短暂的生命周期。PCI是一种同步且独立于处理器的32位局部总线,它允许外围部件与CPU进行智能对话,完全实现了即插即用(Plug and Play,简称PnP),不必设置开关或跳线,从而避免了IRQ(中断请求)、DMA和I/O通道之间的冲突。当其工作频率为25 MHz和33 MHz时,传输率为132 Mbps;工作频率为66 MHz时,传输率可达264 Mbps、528 Mbps。

(5) AGP总线:AGP(Accelerated Graphics Port,简称AGP)总线是新型视频接口总线,也属于局部总线,但专用性较强,用于显示卡的接口总线。

12.1.3 内部总线

由于微机技术的不断发展,不同机型的内部总线结构也不尽相同,但总线都成树形结构,树根是CPU,结点是总线驱动器,树叶是存储器、I/O芯片和适配器,其中系统总线驱动器是CPU操作的必经之路。内部总线一般分为三层:CPU总线、存储器总线、连接辅助芯片组的扩充总线。

12.1.4 总线的衡量指标

1. 总线定时协议

在总线上进行信息传送,必须遵守定时规则,以使源与目的同步。定时协议一般有下列几种方法。

(1) 同步总线定时:信息传送由公共时钟控制,公共时钟连接到所有模块,所有操作都是在公共时钟的固定时间内发生,不依赖于源或目的。

(2) 异步总线定时:每一操作由源或目的时钟控制。

(3) 半同步总线定时:控制信息传送的时钟是公共时钟周期的整数倍。ISA 总线就采用此种方法。

总线工作频率直接影响总线的传输率,也影响 CPU 的内部工作频率。CPU 的内部工作频率由外部总线频率与倍频系数相乘得到。在 Socket7 和 Slot1 主板结构中,总线工作频率已由 66 MHz 提高到 100 MHz。倍频系数可通过主板的跳线设置确定,智能型主板在 CMOS 配置中可实现设置,一般设置得到的 CPU 工作频率不能超过 CPU 的标定频率,若超过,则 CPU 在非标定值的频率下运行,称为 CPU 超频。倍频系数一般有 1.5、2、2.5、3、3.5、4 等,不同型号的 CPU 支持的倍频不同,可根据说明书及主板性能来确定。

2. 总线传输率

总线传输率是系统在一定的工作方式下,总线所能达到的数据传输率,即单位时间内通过总线传送的数据字节数,单位为兆字节/秒(MBps)。

3. 总线频宽

总线频宽是总线本身所能达到的最高传输率,它受限于总线驱动器及接收器的性能、总线布线长度、连接在总线上的模块等。

4. 总线宽度

总线宽度是指总线的数据总线宽度。

12.2 总线的体系结构

在计算机系统中,可以控制总线并启动数据传送的任何模式称为主控模块(Master)或主模块,能够响应总线主模块发出命令的任何模块称为受控模块(Slave)或从模块。微处理器技术的发展与普及使许多 I/O 接口设计都向智能化方向发展,实现以微处理器为核心的智能卡,能够独自占用和管理总线成为主控模块。这些主控模块不允许其他任何主控模块甚至 CPU 侵犯它对总线的控制权。通常 CPU 为主模块,存储器为从模块,I/O 模块可以为主模块或从模块。

在具有多主控模块的系统环境下,总线应成为一种被所有主控模块所共享的系统资源。在一个多处理机系统中,任何一个处理机都可以独立地对总线和其他资源进行锁定,以实现多处理机的互相访问。因此,要保证 CPU 的性能得到充分发挥,就必须有相应的总线体系结构。常见的总线体系结构有以下三种。

1. 单总线体系结构(Single Bus Architecture)

单总线体系结构是指微机中所有模块都连在单一总线上,如图 12-1 所示,在整个系统中只有一个数据通路,故名单总线。这类总线适用于慢速 CPU,早期的 PC 机属于单总线结构。但是慢速的 CPU(如工作频率为 4.77 MHz)与慢速的存储器(230 ns 左右)速度相当,因此 CPU 与存储器交换数据的速度和 CPU 与 I/O 交换数据的速度差异不大,矛盾并不突

出,采用这种单总线体系结构完全适用。目前一些简单的单片机和单板机中仍采用这类总线。

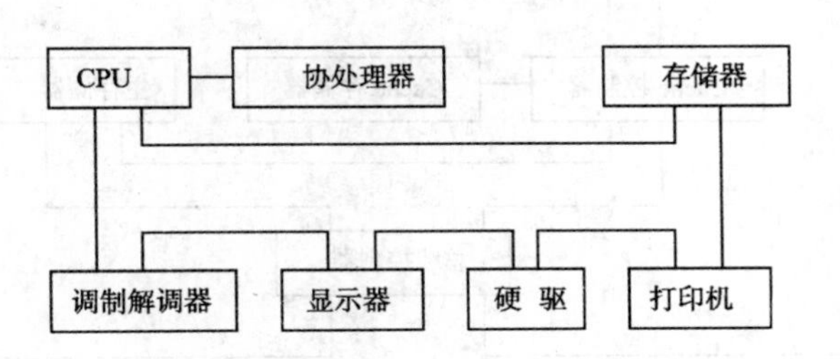

图 12-1　单总线体系结构

2. 并发总线体系结构(Concurrent Bus Architecture)

随着CPU和存储器速度的提高,在单总线体系结构中CPU与存储器之间的数据快速传输和CPU与I/O之间的数据慢速传输的矛盾越来越突出。慢速的I/O设备成为整个系统的瓶颈,极大地阻碍了系统整体性能的提高,为解决这个问题而出现了并发总线体系结构。

并发总线体系结构就是把存储器和I/O的数据通路分开。图12-2所示为这种总线结构的层次示意图,主要说明了CPU和总线控制器对总线的控制管理关系。这种总线结构中CPU对存储器的访问和对I/O的控制同时进行,即“并发”,故称之为并发总线。

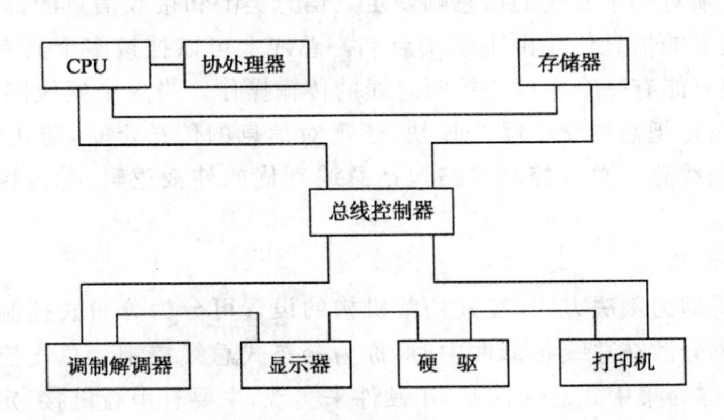

图 12-2　并发总线体系结构

在并发总线体系结构中,关键技术是总线控制器(Bus Controller),它使CPU脱离了对I/O的直接控制,使CPU能以较快的速度、较宽的数据通路与存储器进行信息交换,提高了系统的性能。总线控制器负责处理各种I/O请求,以8～32位的数据宽度与I/O设备进行数据交换,保证了系统的兼容性,成功地解决了瓶颈问题。

3. 带Cache的并发总线体系结构(Concurrent Architecture with Cache)

这种体系结构类似于并发总线的体系结构,只是在CPU和存储器的数据通路上多了一个高速缓冲存储器Cache以及高速缓冲存储器Cache控制器。图12-3所示为这种总线的层次结构。

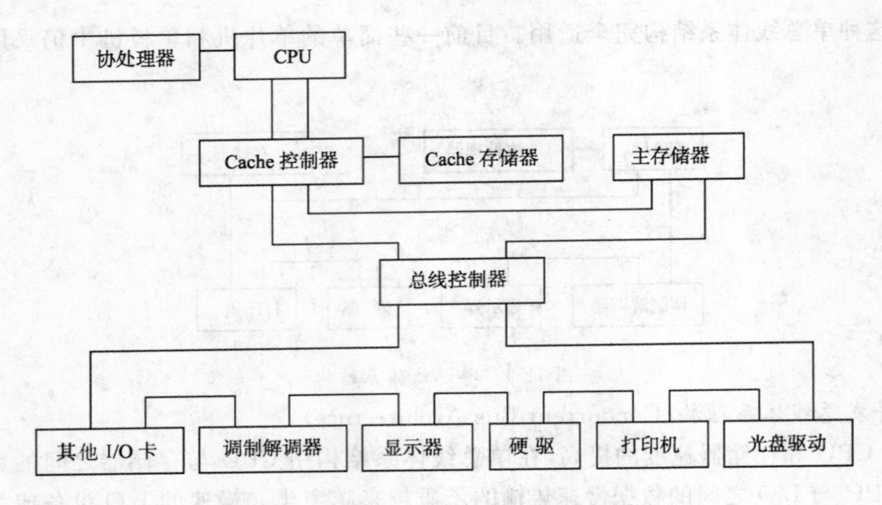

图 12-3　带 Cache 的并发总线体系结构

12.3　总线的通信方式

在计算机系统中,系统总线连接若干个模块并用于传送信息。由于多个模块连接到共用总线上,所以必须对每个发送的信息帧规定其信息类型和接收信息的部件,协调信息帧的传送。通常,总线上的信息传输由主模块启动。总线上可以挂接多个具有主模块功能的设备,但在同一时刻只能有一个主模块控制总线的传输操作。当多个模块同时申请总线时,必须通过选择判优决定把总线交给哪个模块,还需对信息的传送定时,防止信息的丢失,这就需要设置总线控制线路。总线控制线路包括总线判优或仲裁逻辑、总线控制驱动器和中断逻辑等。

1. 总线裁决方式

总线控制方式即为裁决方式,按其仲裁机构的设置可分为分布式控制和集中式控制两种。总线控制逻辑分散在总线各部件中时,称为分布式总线控制。总线控制逻辑基本上集中于一个部件时,称为集中式总线控制,用硬件来实现,主要有串行链接、定时查询和独立请求三种方式。

1) 串行链接式

这种方式中,各部件的请求信号经过一条公共的请求线向控制器发出,如图 12-4 所示。

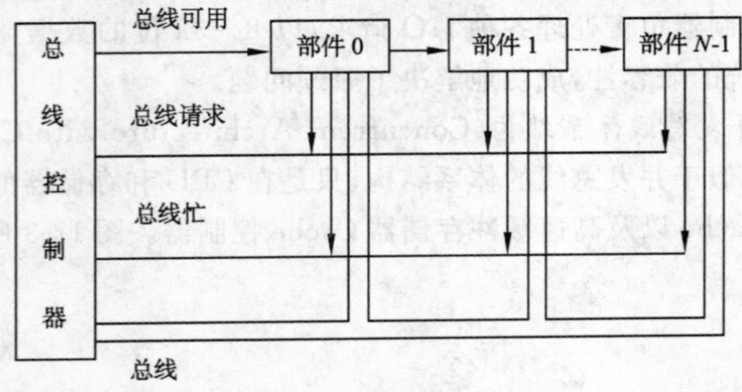

图 12-4　串行链接式总线裁决

如果总线空闲，控制器发出总线可用的响应信号，该信号串行地通过每个部件。未发出请求信号的部件收到此信号时，将其传送给下一个部件；发出请求信号的部件在收到可用信号后发出总线忙信号并开始总线操作，它不再向下一个部件传送总线可用信号。该部件在完成总线操作后将去除总线忙信号，使总线控制重新分配。可见，部件离控制器越近，优先级越高。

2）定时查询方式

定时查询方式由控制器轮流对各部件进行测试，看是否有总线使用请求，如图12-5所示。查询时以计数方式向各部件发出一个计数值，如果与计数值对应的部件发出了请求，则响应该部件的请求，计数器停止计数，该部件获得使用权，发出总线忙信号并开始总线操作。操作结束后，该部件去除总线忙信号，释放总线，控制器继续进行轮流查询。计数值可以从0开始，也可以从暂停的值继续。如果每次都从0开始，则各部件的优先级的排列类似于串行链接方式；如果从暂停的计数值继续下去，则所有部件都有相同的使用总线的机会，即优先级相等。这种方式的优先级可以用程序控制，也可动态改变，灵活性较强。部件的故障不会影响总线的控制，因此可靠性高，其代价是需要较多的控制线和较差的扩展性。

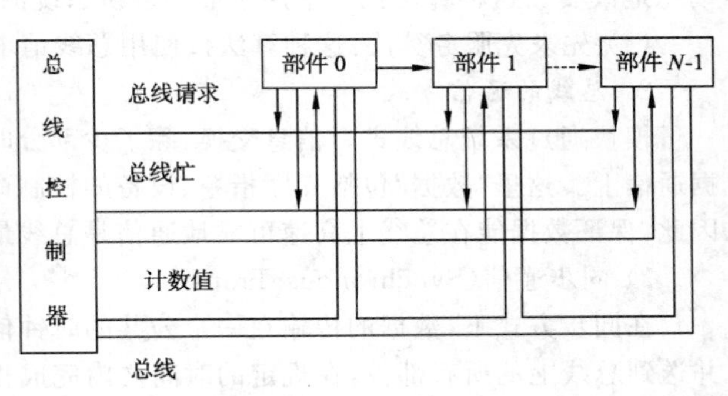

图12-5 定时查询方式

3）独立请求式

独立请求方式中，各部件都有各自的一条总线请求线 BR_i 和一条总线可用信号线 BG_i，总线忙信号SACK是公共的，如图12-6所示。各部件独立地向控制器发出总线请求，在得到总线可用信号时获得总线使用权，发出总线忙信号（表示总线已被占用），并开始总线操作。总线操作结束后，该部件去除总线忙信号以释放总线。总线控制器可根据某种算法（如静态优先级算法、固定时间算法、动态优先级算法或先来先服务算法等）对同时送来的请求进行裁决。

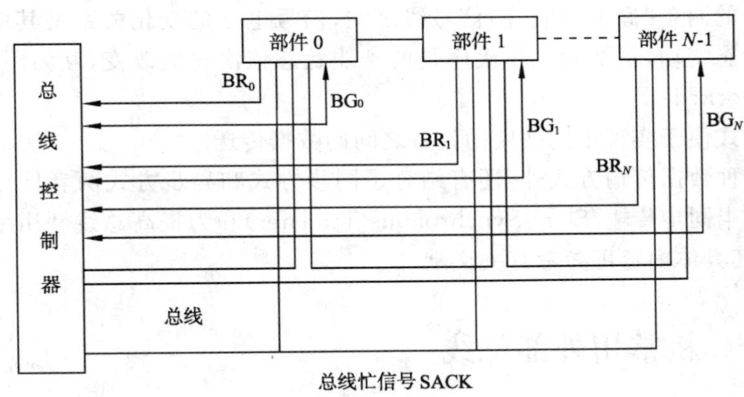

图12-6 独立请求总线裁决

总线裁决的主要算法有以下几种。

(1) 静态优先级算法:把每个使用总线的部件设置为固定的优先级,当多个部件要求使用总线时,优先级较高的部件获得总线使用权。这种算法又称为菊花链算法。

(2) 固定时间算法:这种算法将优先权在总线各部件之间轮转,如果轮到的部件不要求使用总线,则将使用权传送给下一个部件。

(3) 动态优先级算法:这种算法给各设备赋予唯一的优先权,该优先权可以在各设备间动态地改变。这种算法比较适用于面向多机系统的总线。

(4) 先来先服务算法:这种算法按使用总线请求的次序裁决。

2. 总线的通信方式

模块通过系统总线进行信息交换,除了少部分时间用于中断响应外,大部分时间花在数据通信上。这里"数据"包括程序指令、设备的控制命令、状态字、设备间通信的具体数据等。因此,保证数据能在总线上高速可靠地通信是总线最基本的任务。

1) 同步通信(Synchronous Transfer)

在同步方式下,数据的传输在一个公共的时钟信号控制下进行,时钟通常由CPU发出,并送到总线上的所有部件,在规定的时间之内完成相应的动作。总线操作有固定的时序,所有信号与时钟的关系都是固定的,主模块与从模块之间没有应答信号。

同步通信时,主从模块间的时间配合是强制性"同步"的,即所有的模块都必须在限定的时刻完成所规定的要求。其优点是规定明确统一,模块之间的配合简单一致;缺点是对所有模块都强求一致的同一时限,使设计缺乏灵活性。

2) 异步通信(Asynchronous Transfer)

利用数据发送部件和接收部件之间的"握手"(Handshaking)信号线来实现总线数据传送的方式称为异步通信。这种方式摆脱了同步方式下所有数据传输周期都得在统一时间完成的限制,允许各模块有灵活的选择余地,便于实现不同速度设备之间的数据传送。高速模块可以快速地完成读写命令要求;低速模块则可以用更长时间来完成读写命令。例如,发送部件将数据放到总线上后,要在控制线上发出"数据准备好"信号;而接收部件则应发"数据接收"信号来响应,发送此信号到达源部件并接收数据;发送部件收到这个响应信号后,去除原数据,至此本次传送结束。

这种方式中的两条"握手"(应答)信号线之间,信号电平的变化关系是其中一条变动引起另外一条的状态变动,正常的工作次序是两条线状态依次轮流改变,互为因果,称为完全互锁(Full Interlocked)。

异步通信方式便于实现不同速度的设备之间的数据传送。

除了上述两种数据传输方式外,还有结合了同步方式和异步方式两者优点而提出的一种折中方式——半同步传输(Semi-Synchronous Transfer)和为提高总线利用率而提出的分离式传输方式,其具体内容可参考有关文献。

12.4 PC机常用外部总线

12.4.1 PC总线

各种各样的总线结构实际上都是从最早的设计构思逐步发展而来的。IBM公司于

1981年推出的第一台PC机以及随后推出的PC/XT机所使用的总线是PC机历史上最早使用的总线结构，并称为PC总线或PC/XT总线。由于外部总线(或扩展总线)实际上是主板上CPU总线的延伸和扩充，而PC/XT机使用的是8088 CPU，所以这种总线只有20条地址线和8位数据线，因此又称为8位PC总线。

PC总线的主板上一般有8个62线的I/O扩展槽，允许插入不同的I/O接口卡来扩充PC机的功能。图12-7给出了PC总线I/O槽的引脚示意图，其中前面带正号的是高电平有效，带负号的是低电平有效。在8个扩展槽中，第8个插槽有特殊性，专有一个CARD SLCTD信号供在工作时需要控制数据总线上数据传送方向的选件使用。A为元件侧。

B			A
GND	1	1	-I/O CHCK
+RESET DRV	2	2	SD7
+5 V	3	3	SD6
+IRQ2	4	4	SD5
-5 V	5	5	SD4
+DRQ2	6	6	SD3
-12 V	7	7	SD2
RESER VE	8	8	SD1
+12 V	9	9	SD0
GND	10	10	-I/O CHRDY
-MEMW	11	11	+AEN
-MEMR	12	12	SA19
-IOW	13	13	SA18
-IOR	14	14	SA17
-DACK3	15	15	SA16
+DRQ3	16	16	SA15
-DACK1	17	17	SA14
+DRQ1	18	18	SA13
-DACK0	19	19	SA12
CLOCK	20	20	SA11
+IRQ7	21	21	SA10
+IRQ6	22	22	SA9
+IRQ5	23	23	SA8
+IRQ4	24	24	SA7
+IRQ3	25	25	SA6
-DACK2	26	26	SA5
+T/C	27	27	SA4
+ALE	28	28	SA3
+5 V	29	29	SA2
+OSC	30	30	SA1
GND	31	31	SA0

图12-7 PC总线引脚

1. 地址总线SA0～SA19

输出线，SA0为最低位，用来对系统内存或I/O设备进行寻址，寻址空间为1 MB。对外部设备I/O寻址用SA0～SA9，且SA9=1，故I/O的地址范围为:200H～3FFH。

2. 数据总线SD0～SD7

双向数据总线，共有8条，用来在CPU、内存和I/O设备之间传送数据、控制命令或信息。

3. 控制线(共21根)

(1) +AEN:地址允许信号，输出线，高电平有效，表明正处于DMA控制周期。此信号可用来在DMA期间禁止I/O端口译码。

(2) +ALE:允许地址锁存信号，输出线，此信号由8288总线控制器提供，作为CPU地址的有效标志，其下降沿用来锁存SA0～SA19。

(3) -IOR:I/O读命令，输出线，用来把选中的I/O设备的数据读到数据总线上。

(4) -IOW:I/O写命令，输出线，用来把数据总线上的数据写入被选中的I/O端口。

(5) -MEMR:存储器读命令，输出线，用来把选中的存储器单元中的数据读到数据总线上。

(6) -MEMW:存储器写命令，输出线，用来把数据总线上的数据写入被选中的存储器单元中。

(7) +T/C:DMA终末/计数结束，输出线。该信号是一个高电平脉冲，表明DMA通过传送的数据已达到其程序预置的字节数，用来结束一次DMA数据块传送。

(8) +IRQ2～+IRQ7:中断请求，输入线，用来将外部I/O设备的中断请求信号经系统板上的8259A中断控制器送CPU。IRQ2优先级别最高，IRQ7优先级别最低。信号的上升沿触发请求并保持有效高电平，直到CPU响应为止。

(9) +DRQ1～+DRQ3:DMA请求，输入线，用来将I/O设备发出的DMA请求(高电平有效)通过系统板上的DMA控制器产生一个DMA周期。该控制器有四个DMA通道，DRQ2级别最高，系统已专用于刷新动态存储器，未进入系统总线，DRQ3级别最低。

(10) －DACK0～－DACK3:DMA 响应,输出线。它表明对应 DRQ 已被接受,DMA 控制器将占用总线并进入 DMA 周期。

(11) ＋RESET DRV:系统复位信号,输出线。它为接口提供电源接通复位信号,使各部件置于初始状态,此信号在系统电源接通时为高电平,当所有电平都达到规定后变低。

4. 状态线(共 2 根)

(1) －I/O CHCK:I/O 通道检查,输入线,有效低电平用来表明接口插件或系统板存储器出错,它将产生一次不可屏蔽中断。

(2) －I/O CHRDY:I/O 通道就绪,输入线,高电平表示“就绪”。该信号线可供低速 I/O或存储器请求延长总线周期之用。该低速设备应在被选中,且收到读或写命令时将此线电平拉低,以便在总线周期中加入等待状态 T_W,但最多不能超过 10 个时钟周期。

5. 其他线

除了以上信号线外,还有时钟 OSC/CLK 及电源 ＋12 V、－12 V、＋5 V、－5 V、地线等。

12.4.2 ISA 总线

ISA 总线一开始是在采用 80286 CPU 的 IBM PC/AT 机中使用的总线。由于其良好的开放性,使得兼容于这一总线标准的板卡大量涌入市场,因此制定一个统一的标准是很有必要的。为此,国际电子电气工程师协会(IEEE)成立了一个委员会,专门制定了以 PC/AT 机总线为标准的工业标准体系结构 ISA,因此 ISA 总线就成为标准总线或系统总线,一直沿用至今。ISA 总线是在 PC 总线的基础上扩展一个 36 线插槽形成的,同一轴线的插槽分成 62 线和 36 线两段,共计 98 线。其 62 线插槽的引脚排列与定义,与 PC 总线相比,只有 B8 脚和 B19 脚不同:ISA 总线的 B8 脚现在用作 OWS(零等待状态)信号线,该线被拉成低电平时通知微处理器当前总线周期完成,无须插入等待周期;PC 总线的 B19 脚为 DACK0,是作内存动态 RAM 刷新 DRQ0 的响应,而 ISA 总线则把 DRQ0 和 DACK0 作为外接接口的 DMA 请求和响应,将 DACK0 安排在 36 线插槽的 D8 脚,而将 B19 定义为 REFRESH,仍作刷新用。另外,PC 总线的 MEMR 和 MEMW 两根线,ISA 将之改名为 SMEMR 和 SMEMW,仍是作 62 线插槽 A0～A19 这 20 位地址寻址的 1 MB内存的读、写选通信号。可见对 62 线插槽,PC 总线与 ISA 总线是兼容的。以下仅对 36 线插槽的引脚功能加以说明,引脚图如图 12-8 所示。

D			C
$\overline{\text{MEM CS16}}$	1	1	SBHE
$\overline{\text{I/O CS16}}$	2	2	LA23
IRQ10	3	3	LA22
IRQ11	4	4	LA21
IRQ12	5	5	LA20
IRQ13	6	6	LA19
IRQ14	7	7	LA18
$\overline{\text{DACK0}}$	8	8	LA17
DRQ0	9	9	$\overline{\text{MEMW}}$
$\overline{\text{DACK5}}$	10	10	$\overline{\text{MEMR}}$
DRQ5	11	11	SD08
$\overline{\text{DACK6}}$	12	12	SD09
DRQ6	13	13	SD10
$\overline{\text{DACK7}}$	14	14	SD11
DRQ7	15	15	SD12
+5V	16	16	SD13
$\overline{\text{MASTER}}$	17	17	SD14
GND	18	18	SD15

图 12-8 ISA 总线引脚

(1) 地址线 LA17～LA23:这 7 根地址线是 80286 CPU 的 A17～A23 经总线驱动器 LS245 缓冲后提供的非锁存信号,它们可用总线控制器的地址锁存信号 BALE(PC 总线为 ALE)锁存到扩展插件板上。62 线插槽上的 A0～A19 则是已锁存于地址锁存器的地址信号。其中 A17～A19 与 LA17～LA19 是重复的,这是为了使 62 线插槽与 PC 总线兼容。ISA 总线的 LA17～LA19 为非锁存信号,由于没有锁存延时,因而给外设卡提供了一条快速途径。

(2) 数据线 SD08～SD15：它们是 8 位双向信号线，用于 16 位数据传送时传送高 8 位数据。

(3) SBHE：总线高字节允许信号，表示数据总线 SD08～SD15 传送的是高位字节数据。高电平有效时将高位数据总线缓冲器的 D8～D15 送到 SD08～SD15 引脚上。

(4) IRQ10～IRQ15：中断请求输入线。其中 IRQ13 留给数据协处理器使用，不在总线上出现。这些中断请求线都是边沿触发，三态门驱动器驱动。

(5) DMA 的请求线有 DRQ0、DRQ5、DRQ6、DRQ7，相应的响应线是$\overline{\text{DACK0}}$、$\overline{\text{DACK5}}$、$\overline{\text{DACK6}}$、$\overline{\text{DACK7}}$。请求线中 DRQ0 的优先级最高，DRQ4 总线上不用。

(6) 存储器读命令 $\overline{\text{MEMR}}$、存储器写命令 $\overline{\text{MEMW}}$ 信号线，对全部存储器空间有效。

(7) $\overline{\text{MEM CS16}}$是存储器 16 位片选信号，$\overline{\text{I/O CS16}}$是 I/O 16 位片选信号。这两个信号分别指明当前数据传送的是 16 位存储器周期和 16 位片选 I/O 周期。

(8) $\overline{\text{MASTER}}$：输入信号，它由希望占用总线的有主控能力的外设卡驱动，并与 DRQ 一起使用。外设卡的 DRQ 得到确认后，才驱动$\overline{\text{MASTER}}$，从此该板保持对总线的控制，直到$\overline{\text{MASTER}}$无效。

ISA 总线也有缺点。从硬件角度看，ISA 总线是一个单用户结构，缺乏智能成份。ISA 总线的 8 个扩展槽共用一个 DMA 请求，这意味着当一个设备请求占用时，其余的只能等待。另外，ISA 总线没有提供全面的中断共享功能，两级 8259A 中断控制器提供了 15 个中断，其余一些被分配给一些特定的设备，所以在配置系统时经常发生中断冲突。另外，在总线 I/O 过程的实现中只有一个 I/O 过程完成后，才能继续另一个 I/O 过程，这些都是与多用户系统相矛盾的。

12.4.3 PCI 总线

1. 概述

随着 Intel 公司 1985 年 10 月推出了全新的 32 位微处理器 80386，16 位的 ISA 总线越来越不适应这种新型 32 位 CPU 的要求，逐渐成为了系统速度提高的瓶颈。因此迫切需要一种能适合 32 位 CPU 的 32 位高性能扩展总线。在这种背景下，IBM 公司率先推出了 MCA 总线(Micro Channel Architecture，微通道结构总线)并用于 IBM 自己开发的 PS/2 系列计算机上。但 IBM 公司没有像先前那样公开 MCA 总线的技术规范而且还申请了专利，同时 MCA 总线不能同 ISA 总线兼容，因此成为非主流派。由 PC 系列兼容厂商形成的主流派共同推出了一个与原来 ISA 总线兼容的 32 位扩展总线，称为 EISA，即扩展的工业标准体系结构，并公开了 EISA 的所有技术规范。

随着时间的不断推移以及芯片制造技术的不断更新，同时计算机的结构与组织概念也在大幅度改进，使得全新一代的扩展总线开始出现，这就是以增大显示速度为目的的全新扩展 VESA 局部总线(或 VL-BUS 总线)。如果要增加扩展总线的速度，最高的水准就是与 CPU 同速，因此直接将扩展总线与 CPU 总线连接起来，便是一个最直接而有效的办法。VESA 总线就是这样，但是与 CPU 总线直接相连接可能会导致负载增加而过热等问题，而且要求 CPU 有一定的带负载能力，对 CPU 的依赖性也比较高。VESA 总线主要用于 486 CPU 的主机板上，一般有 2～3 个 VL-BUS 插槽。

由于 VESA 总线的缺点及其对速度要求的进一步提高，1992 年 6 月出现了全新的局部总线——PCI 局部总线 1.0 版，支持 32 位的数据宽度；1995 年又诞生了 PCI 局部总线 2.1 版，支持 64 位的数据通路以及 66 MHz 的总线速度。PCI 总线是目前 PC 总线中最新且最流行的总线结构。PCI 总线的自动配置功能可以使用户在安装各种接口卡时不用再为了寻找合适的接口地址、中断号、DMA 通道等而辛苦地调整卡上的开关或跳线，而是将所有的资源设置工作在系统启动时交给 BIOS 自动识别处理。

2. PCI 总线的结构特点

PCI 总线与 VESA 总线有较大的差异。虽然两者都称为局部总线，但 PCI 并未与 CPU 直接相连，而是采用一个桥接器(Bridge，简称桥)使 CPU 与 PCI 总线相连，如图12-9所示。从图中可以看出，PCI 是位于 CPU 局部总线与标准的 I/O 总线(ISA)之间的一种总线结构。大多数 Pentium 级的 PCI 主板上一般都安排了 4 个左右的 PCI 扩展槽。

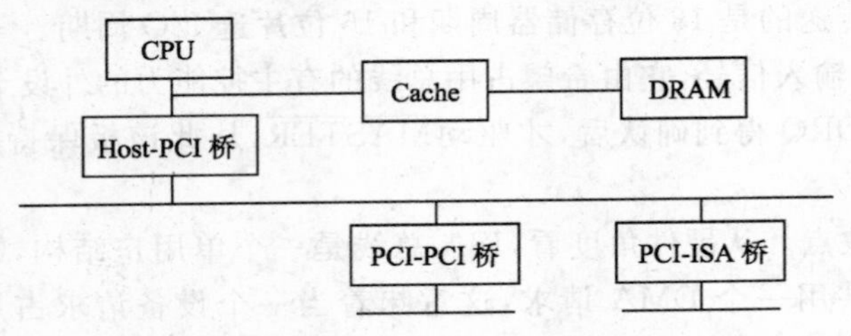

图 12-9 PCI 总线结构

桥接器实际上是一个总线转换部件，其功能是连接两条计算机总线，允许总线之间互相通信。桥接器的主要作用是把一条总线的地址空间映射至另一条总线的地址空间，使系统中每一台总线主控设备(Master)能看到同样的一份地址表。从整个存储系统来看，整体性统一的直接地址映射表(Flat Address Map)可以大大简化编程。

运用桥接器隔离 CPU 总线与 PCI 总线，消除了数据交换时可能发生的延迟问题。Intel 公司设计的芯片组巧妙地使用读/写缓冲区，在数据交换时 CPU 可将数据交给 PCI 控制器，PCI 控制器再将这些数据存入缓冲区，让 CPU 可以很快地执行下一条指令，而不必等到整个数据传输操作完成后再执行。

桥接器本身可以是十分简单的，比如只是具有信号的缓冲能力；也可以是相当复杂的，比如可以包含信号转换、数据缓存、数据分组以及各类系统所规定的一些功能。在 PCI 的技术规范中提出了三类桥接器的设计：主 CPU 至 PCI 的桥(称为“主桥”)、PCI 至标准总线(如 ISA、EISA)间的标准总线桥以及 PCI 与 PCI 之间的桥。

3. PCI 局部总线技术规范

PCI 规范中包括了电气特性规范、信号描述规范、机械物理尺寸规范和总线操作时序规范。

为了加速数据与信息的传输，在 PCI 总线上最基本的传输机制是一次突发(Burst)传输(又称为成组传输)，一次突发传输通常由一个地址周期和一个或几个数据周期所组成。PCI 支持在存储器、I/O 和配置空间中的 Burst 传输。例如，桥可以建立起在 PCI 上的 Burst 传输，其方式是可以把上层 PCI 总线上的写周期的数据缓存起来，在以后的时间里再在下层 PCI 总线上生成写周期；在读操作的情况下，桥也可以先于上层 PCI 总线在下层 PCI 总线上进行预读，但是在 I/O 访问中系统必须保证滞后的写和预读不会产生负效应。例如，预读得

到的存于桥中的数据可能会丢失，如果是FIFO(First In First Out，先进先出)一类的设备就不能支持预读。

桥也可以支持对上层PCI总线上几次交换的数据进行合并和组合，从而在下层总线上产生一次交换，但为了要保证能正确执行I/O设备的操作，桥绝不应把各次顺序执行的I/O(或存储器映射的I/O)存取合并或组合成一次PCI存取或Burst，所有的存取必须完全按照由处理器生成它们那样的方式出现在PCI总线上。

在PCI局部总线的信号规范中分别详细规定了系统信号、数据地址信号、控制信号、总线仲裁信号、出错信号等操作规范的细节(在PCI局部总线规程的总线操作时序规范中详细定义了C/BE 3～0等几条命令，总线的读/写/终止事务、快存支持、出错功能、特殊设计和重要的其他总线操作)。

PCI的低级编程接口主要包括PCI BIOS功能和CMOS SETUP中可设置的参数。POST(加电自检)程序和各个设备驱动程序可以采用与硬件无关的方式使用这个接口存取PCI所规定的特性与功能(甚至可直接存取“配置寄存器”)。

4. PCI的性能特点

1) 优异的高性能

具体表现为实现了33 MHz或66 MHz的同步总线操作，传输速率可从33 MHz的32位数据通路升级到33 MHz的64位数据通路，或者从66 MHz的32位数据通路升级到66 MHz的64位数据通路。显著改善了与写相关的图形性能，实现低延迟随机存取，能实施隐含集中仲裁，真正实现了与CPU/存储器子系统的完全并发工作。

2) 相对的低成本

表现在电气/驱动总负载与频率符合标准的ASIC(Application-Specific Integrate Circuit，应用型专用集成电路)工艺和其他电气工艺流程，并依靠多路复用技术使引脚数减少，使PCI部件尺寸减小，提供了把更多功能模块装入指定尺寸内的可能。

3) 配置与使用灵活简便

可对PCI扩展卡和部件提供全自动配置支持(在PCI支持的设备中的寄存器内已包含有关配置所需的信息)，这样可以很容易实现即插即用(PnP)的功能。

4) 相对长的生命周期

PCI由于是通过桥接器与CPU相连，因而这种总线结构并不依赖特定的处理器，因此可以支持多种系列的处理器和将来出现的新一代微处理器(并不局限于80X86系列的微处理器)，支持64位寻址模式，而且制定了5 V与3.3 V平滑过渡的信号环境。

5) 良好的互操作性与高可靠性

能上下兼容32位与64位的扩展卡和部件、33 MHz与66 MHz的扩展卡和部件。PCI中有两个Present信号可显示扩展卡的功耗。系统可通过监视扩展卡的功耗来控制系统的最大功耗。部件级包含了负载与频率的要求，减少缓冲并使扩展卡能更可靠地适应互操作。两种PCI扩展卡尺寸都采用了可靠的MCA总线插槽的风格。

6) 高度接纳设备的灵活性

包括一个共享槽，可接受ISA、EISA、MCA或PCI扩展卡，提供了完善的多个主设备，允许主设备实现对任一目标设备的点到点的对等存取(Peer to Peer)。

7) 适度保证数据完整性

PCI 提供了数据与地址的奇偶校验,实现无差错数据传输。

8)出色的软件兼容性

PCI 部件可以完全兼容于现有的驱动程序和应用程序,PCI 的设备驱动程序可以移植到各类平台上。

PCI 主板的 BIOS 提供了存取与控制 PCI 规定的功能。虽然在不同的系统中实际采用的硬件千差万别,但是在所有系统中的 BIOS 接口可以保持一致。PCI BIOS 例行程序支持的主要操作包括:查找控制器、PCI 特定周期、存储配置空间、支持各种设备驱动程序(有十个功能代码)。SETUP 参数允许不经过硬编码就可以细致地调整某些 PCI 规定的参数,例如这些参数可包括基地址、延迟定时器、VGA 色调查验、奇偶校验,允许特定周期,开放主设备、存储器空间、地址空间和中断映射等。

5. PCI 总线的信号引脚

PCI 总线的规范定义了两种物理特征的插槽(或扩展卡),一种长插槽和一种短插槽。短插槽是一种 32 位的插槽,其中有 120 个引脚被使用,加上 4 个用于卡定位的引脚,故总共有 124 个引脚。长插槽是一种 64 位的插槽,是在原有 32 位插槽的基础上增加了 60 个插脚及 4 个保留未用的插脚,使引脚总数为 188 个,保持与原有 32 位 PCI 插槽的兼容。

由于 PCI 总线的数据和地址线共用引脚,因此单独一个 PCI 总线的传送由两组节拍组成:一个地址节拍之后紧接着一个或多个数据节拍。当主设备沿着一组引脚发出一个特定的总线设备的地址后,接收设备就进入正常模式准备接收数据和指令,然后主设备从同一组引脚开始传送这次对话的数据。当某一地址建立之后,主设备不必再重复发送这一地址信号就可一直传送数据,因为目标设备一直在等候。这样地址信号发出后(即建立了数据传送的目的),就可以读写数据。

PCI 定义的三个地址空间分别是给内存、I/O 设备和配置使用的。内存和 I/O 设备的寻址是所有总线设计中都使用过的,但是配置地址空间则是为定义硬件自动配置这一特征使用的。因此,每个与 PCI 连接的设备都能通过存储在 PCI 扩展卡上的信息配置自己或被系统配置。

另外连在 PCI 总线上的每个设备可自己进行译码,因此使用 PCI 总线后,除了配置卡使用的选择信号外,就没有必要再用中央译码逻辑。

PCI 引脚的连接功能,32 位的 PCI 总线的引脚定义及排列,64 位的 PCI 总线的引脚定义及排列可参阅有关参考书籍。

12.4.4 AGP 总线

1. AGP 的特点

随着多媒体计算机的普及,在游戏中为了使整个画面效果更接近于真实生活中所见的景象,对视觉效果的要求越来越高,从而对三维(Three-Dimension,简称 3D)技术的应用也越来越广。在 PC 机中,三维图形一般可分为“几何变换”和“绘制着色”两种处理,如果这两种处理都由 CPU 承担,则 CPU 的负担太重,因此将其中处理量极大的“绘制着色”由三维图形加速卡上的三维图形芯片来完成。三维图形加速卡以硬件方式替代二维图形显示卡中由 CPU 通过运行软件来完成的耗时很大的“着色”处理,可以成倍提高运算速度。三维图形加速芯片除具有二维图形加速芯片具备的支持色彩空间转换、图像缩放、图像插值、双线缩放、图像压缩等功能外，还具有硬件支持的 Z 轴缓冲区、纹理(Texture，又称"材质")贴图、颜色浓淡插入技术、多边形动画技术、双缓冲存储器等特性。其中纹理贴图是指可以将图形/图像或背景图案像贴墙纸一样粘接在三维图案的表面。一个三维立体物体所使用的"纹理图像数据"越多越复杂，则所显示的立体物体就越逼真，越富有动感。三维图形加速卡的"显存"(图像内存)除需存储屏幕上的画面数据外，还需存放"纹理图像数据"。

三维图形卡上的"显存"主要分为两部分，即"帧显存"和"纹理显存"。其中"帧显存"的大小决定了可支持的最高分辨率，例如 2 MB 帧显存对应于 640×480 的分辨率，这一容量是固定的。随着用户(特别是一些游戏"玩家")对视觉效果的要求越来越高，对三维图形加速卡上的"纹理显存"的容量要求也越来越大。目前一些高级的游戏程序已经要求 16 MB 甚至更高容量的显存，而显存的价格昂贵，为了降低三维图形加速卡的成本，必须减小图形卡上的显存容量，把要求大容量的纹理数据存储到主存中。但随之带来的另一个问题是，在目前 PC 机中，主存和图形卡之间是用 PCI 总线连接的，其最大的数据传输率为 133 MB/s。同时，由于硬盘控制器、LAN(局域网)卡以及声卡等都是通过 PCI 总线同主存交换数据的，因此实际数据传输率远低于 133 MB/s。而三维图形加速卡在三维图形处理时不仅要求有惊人的数据量，而且要求有更宽广的数据传输频宽。因此，原有 PC 机中 133 MB/s 数据传输率的 PCI 总线就成为三维图形加速卡上高速传送图形纹理数据的一大瓶颈。解决这一传输瓶颈问题，从 PCI 总线角度着手可采用两种方法：把当前 32 位的总线扩展为 64 位；提高 PCI 总线时钟，两种方法都可以把数据传输的频宽成倍地增加。但对大多数 PC 机而言，价格太贵，同时由 32 位扩展为 64 位，必然使 PCI 有关设施更复杂。

AGP(Accelerated Graphics Port，加速图形端口)是在三维图形显示中为解决"图形纹理"数据高速传输的瓶颈问题应运而生的。AGP 是 Intel 公司开发的，于 1996 年 7 月底正式公布的一种新型视频接口技术标准，它定义了一种超高速的连通结构，把三维图形控制器从 PCI 总线上卸下来，用专用的点对点通道使三维图形芯片可以将主存作为帧缓冲器，实现高速存取。AGP 直接连通的系统芯片组以 66.7 MHz 直接同主存联系，而 AGP 的数据宽度为 32 位，因此它的最大数据传输量为 4×66.7=226 MB/s，是传统 PCI 总线频宽的 2 倍。另外，AGP 还定义了一种"双激励"的传输技术，它能够在一个时钟的上、下边沿实现双向传递数据。这样 AGP 的实际数据传输频率就变成2×66.7 MHz，即 133 MHz，其最大数据传输量也增为 4×133 MB/s=533 MB/s。上述第一种情况(66.7 MHz 时钟)称为"基线 AGP"或"AGP-1X"，第二种情况(双激励)称为"全 AGP"或"AGP-2X"。当采用 AGP2.0 技术后，AGP 的时钟频率为 133 MHz，有效频宽将为 1 GB/s，是传统 PCI 的 8 倍，称为"ACP-4X"。

AGP 的地址和数据线分离，没有切换开销，提高了随机访问主存时的性能。AGP 可实现流水线处理，提高了数据的传输速率。同时 AGP 是图形加速卡的一条专用信息通道，不用与其他任何设备共享，任何时候想调用该信息通道都会立即得到响应，效率极高。另外，由于将图形加速卡从 PCI 上分离出来，可使 PCI 总线的重负载得到缓解，使 PCI 总线上的其他设备，包括 PCI 声卡、网卡、SCSI 设备及 PCI 设备的工作效率随之得到提高。上述几个方面是 AGP 技术的优点所在，而从开发方面考虑，AGP 能配置在低价位的 PC 机中，它使相应的器件(图形控制芯片)制造简单，成本低。由于 AGP 除同主存/PCI 控制芯片组连接，只限于连接一个器件，因此所连接的器件容易开发。主存/PCI 控制芯片组，无需安装用于 AGP

仲裁的专用电路,可降低开发成本。

2. 应用时应注意的问题

AGP目前有两种工作方式:一种是DMA(Direct Memory Access,直接存储器存取)方式,它只是利用高速的AGP来提高数据传输率,不使用PC机的主存作为显存的扩展,全部的图形运算都是在显存内部完成,这实际上不是真正意义上的AGP。另一种是DIME(Direct Memory Execute,直接内存执行)方式,当显存容量不够时,将主存当作显存来用,把纹理贴图、*Z*轴缓冲区、Alpha混合等耗费显存的三维操作全部放在主存内完成。采用DIME方式有两大优点:一是节省显存,这是AGP技术开发的出发点,使三维图形加速卡(显示卡)的成本大大降低;二是减少了主存与显示卡之间的数据传输,因为许多操作是直接在主存上完成的,不必再在主存与显示卡之间传来传去。目前PC机的配置为DIME方式,PC机的基本主存已是512 MB或1 GB,甚至是2 GB;同时100 MHz的SDRAM(同步DRAM)已经普及,主存和显存之间的速度差距进一步缩小。在讨论AGP应用时,必须注意如下几个问题:

(1) 采用AGP技术,必须对PC机的系统结构做相应的改变,包括主板、系统芯片组、图形控制器等都要做相应的变化。主板上要求有AGP插槽以安插符合AGP标准的图形卡(显示卡);系统芯片组要有一个新的32位I/O口用于插槽;图形控制器和图形卡都需要转换从PCI到AGP的通信协议。另外,AGP也需要操作系统的支持。

(2) AGP使信息在图形控制器和系统芯片组之间专用点对点的通道上传输。AGP仅仅是一种一对一连接的"端口"(Port),它不是一种"系统总线",甚至称其为"总线"也是不严密的,因为"总线"必须是两个以上设备之间信息传输的公共通路。PCI总线是目前在PC机中使用最为广泛的一种系统总线,而AGP是对PCI总线在某些应用(如三维显示卡)中性能不足的一种补充。用AGP来取代PCI总线,则是不可能的,能取代PCI总线的只能是下一代的性能更高的系统总线。

(3) AGP是Intel公司为"奔腾Ⅱ"(Pentium Ⅱ)芯片设计的技术,只有同"奔腾Ⅱ"的强大功能——高性能的浮点处理部件和高速、新型的高速缓冲存储器(Cache)相结合才能显著提高PC机的显示性能。在操作系统方面,较早的Windows NT5.0版本对AGP进行了全面优化;后来的Windows 98在设计中已考虑到对AGP等硬件的全面支持。目前Windows XP、Windows Vista等操作系统全面支持AGP技术。此外,系统芯片组也必须具有AGP功能,例如Intel的440LX AGP芯片组,总之,采用AGP技术,必须考虑系统的软、硬件的支持。

(4) 采用DIME方式时,AGP总体的传输率对整体性能影响极大。从理论上讲,在66 MHz的频率下,AGP可达到相当于133 MHz频率的532 MB/s的数据传输率,但由于编写程序时的一些原因,实际上在应用中一般无法达到这一理论值,因此采用AGP-1X,但对DIME方式是不够的,只有采用AGP-2X才真正适合于DIME的速度。

(5) AGP技术主要针对绘制、处理三维图形而言,同时AGP对于MPEG(Motion Picture Experts Group,动态图像专家小组)视频的再生具有积极作用,这是指不用专用解压硬件而用CPU来解压MPEG2视频数据的情况。用CPU解压时,可在画面显示时经AGP将解压后的视频数据传送给视频存储器。

总之,AGP技术是提高三维图形/视频处理速度的切实可行的解决策略,而在应用中必须注意上述这些问题,才能全面了解AGP技术的实质。

12.5　总线的应用

有了标准总线，不同的生产厂家可以生产应用在不同领域的板卡。在工业控制领域，目前许多工控板卡都是基于 PC、ISA、PCI 总线设计的，并应用于工业 PC 机中。这些板卡有数据采集卡、信号处理卡、带 CPU 的主板卡、带光电隔离的数字量输入输出卡等。图 12-10给出了一个基于 ISA 总线的 A/D、D/A 卡。12 位 A/D 转换，12 位 D/A 转换，16 单端输入，65 k/s 采样速率，2 个 12 位模拟量输出通道，模拟输出量程 0～5 V，0～10 V，软件可编程增益，A-812PG：1 ，2 ，4 ，8 ，16，中断处理 A/D 触发方式：软件触发、步进触发、外触发、事件触发。

图 12-10　基于 ISA 总线的 A/D、D/A 卡

如果用 C 语言编程，则端口输出函数为：

```
outportb ( 0x30a,ub1 );//把 ub1 字节送到 0x30a 寄存器
```

对应的汇编指令为：

```
MOV     DX,0x30a
MOV     AL,byte ptr ub1     ;byte ptr ub1 为变量 ub1 对应的存储器
OUT     DX,AL
```

C 语言端口输入函数为：

```
char ub1=inportb(0x30a);//把 0x30a 地址寄存器的内容读入变量 ub1
```

对应的汇编指令为：

```
MOV     DX,0x30a
IN      AL,DX
MOV     byte ptr ub1,AL     ; byte ptr ub1 为变量 ub1 对应的存储器
```

复习思考题

1. 什么是总线？总线有哪些类型？作用是什么？
2. 掌握 PC 总线、ISA 总线、PCI 总线的区别与联系。
3. 结合 PC/XT、PC/AT 等 PC 机的主机结构，掌握 PC 微机总线结构的分析方法。
4. 总线的体系结构有几种？
5. 总线的通信方式有哪些？
6. 总线中信号线有哪几类？
7. 设计一个基于 ISA 总线的带有 A/D、D/A 的接口板。

第十三章 微机在自动控制系统中的应用

本章要点：了解工业生产过程中常用的输入、输出信号类型；学会如何利用本门课程学习的知识去处理输入、输出信号以实现生产过程的自动控制；加深理解微型计算机技术在自动控制系统中的重要作用；理解学习本门课程的重要性。

13.1 应用概述

在以计算机技术、网络技术、通信技术和自动化技术等四大技术支持的综合自动化时代，自动化走进了人类社会的各个领域，而以PC机、工业PC机(IPC)为代表的微型计算机在各个领域的自动化过程中发挥了重要作用。按照计算机在自动控制系统中担当的角色来分，计算机发挥的作用可以分为：(1) 计算机检测，其特点是被检测的物理量值通过接口输入到计算机，计算机经过处理，在屏幕上显示出当前值，或者实时变化的曲线。(2) 计算机监督控制，其特点是计算机作为上位机，直接与被控对象进行信息传递的模拟控制仪表或数字控制仪表作为下位机，上、下位机之间进行串行通信。作为上位机的计算机可以方便地给下位机设定各种控制参数，或者将下位机实时控制数据在屏幕上显示出来，克服下位机参数设定不便、显示不便等缺点。(3) 计算机直接控制，其特点是计算机通过接口直接采集被控对象的各种信息，经过运算处理，再通过接口输出各种控制量，对被控对象实施直接控制，达到控制目的。(4) 计算机网络化控制，其特点是由若干台微型计算机分别承担部分任务，并通过高速数据通道把各个分散点的信息集中起来进行集中的监视和操作，并实现复杂的控制和优化。(5) 计算机集成控制，其特点是在分布式数据库、网络通信和自动化系统的环境支持下，将产品设计、产品制造及信息管理三个功能集成在一起。由此可见，微机在当今自动控制系统中发挥了重要作用。下面仅介绍计算机直接控制涉及的接口技术，了解微机如何在自动控制系统中发挥作用。

在计算机直接控制系统中，为了实现对生产过程的控制，要将被控对象的控制参数及运行状态按规定的方式送入计算机，经过计算、处理后，将结果以数字量的形式输出。此时需将数字量变换为适合生产过程控制的量，因此在计算机和生产过程之间，必须设置完成信息的传递和变换的装置，这个装置称为过程输入输出通道，也叫I/O通道。

过程输入输出通道由模拟量输入输出通道、开关量输入输出通道、脉冲信号输入输出通道组成。模拟量输入通道把反映生产过程或设备工况的模拟信号(如温度、压力、流量、速度、液位等)转换为数字信号送给微型计算机；模拟量输出通道则把微型计算机输出的数字控制信号转换为模拟信号(电压或电流)作用于执行机构，实现对生产过程或设备的控制。开关量(数字量)输入通道把反映生产过程或设备工况的开关信号(如继电器接点、行程开关、按钮等)送给微型计算机;微型计算机通过开关量输出通道控制接收开关(数字)信号的执行机构和显示、指示装置。脉冲信号输入通道则是将脉冲信号(如速度、位移、流量脉冲等)输入计算机转化为数字量参与运算处理;脉冲信号输出通道则是输出脉冲信号,驱动需要脉冲信号的执行机构或装置。

由此可见,过程输入输出通道在微型计算机和工业生产过程之间起着信号传递与变换的纽带作用,所涉及的接口技术主要是本课程所学的知识。

13.2　模拟量输入/输出处理

13.2.1　模拟量输入接口

模拟量输入通道的典型结构如图 13-1 所示。过程参数由传感器元件和变送器测量并转换为电压(或电流)形式后送至多路开关;在微机的控制下,由多路开关将各个过程参数依次切换到后级进行放大、采样和 A/D 转换,实现过程参数的巡回检测。

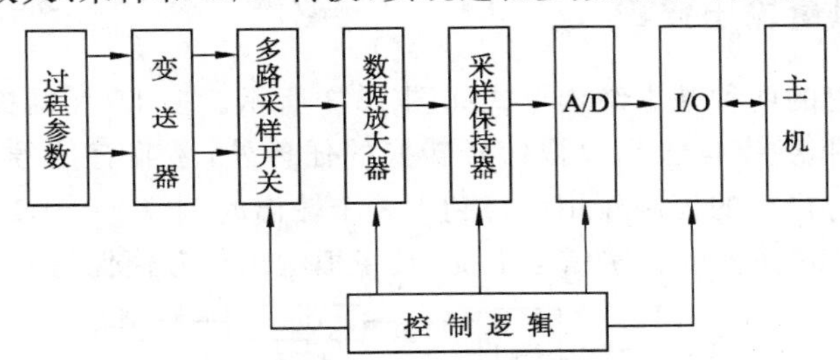

图 13-1　模拟量输入通道的典型结构

图 13-2 给出了一个实际的模拟量输入接口电路。它是一种 8 通道模拟输入板,由 2 片多路开关 CD4051(8 路)、采样保持器 LF398、12 位 A/D 转换器 AD574、仪用放大器 AD625 和接口电路 8255A 等组成。该模拟输入板的主要技术指标如下。

(1) 分辨率:12 位;

(2) 通道数:双端 8 路;

(3) 输入量程:单极性 0～10 V;双极性－5 V～＋5 V;

(4) 转换时间:(A/D)25 μs ;

(5) 线路误差:不大于 0.02%;

(6) 应答方式:查询。

该模板采集一个数据的过程如下。

(1) 通道选择:目的通道号写入端口 C 低 4 位,使 LF398 对目的通道采样(LF398 的工作状态受 AD574 的 STS 控制,AD574 未转换期间 STS＝0,LF398 处于采样状态)。

(2) 启动 AD574 转换:通过 PC6～PC4 输出控制信号启动 AD574。

(3) 查询 AD574 是否转换结束:读端口 A,了解 STS 是否已由高电平变为低电平。

(4) 读取转换结果:读 8255A 端口 A、B,便可得到转换结果。

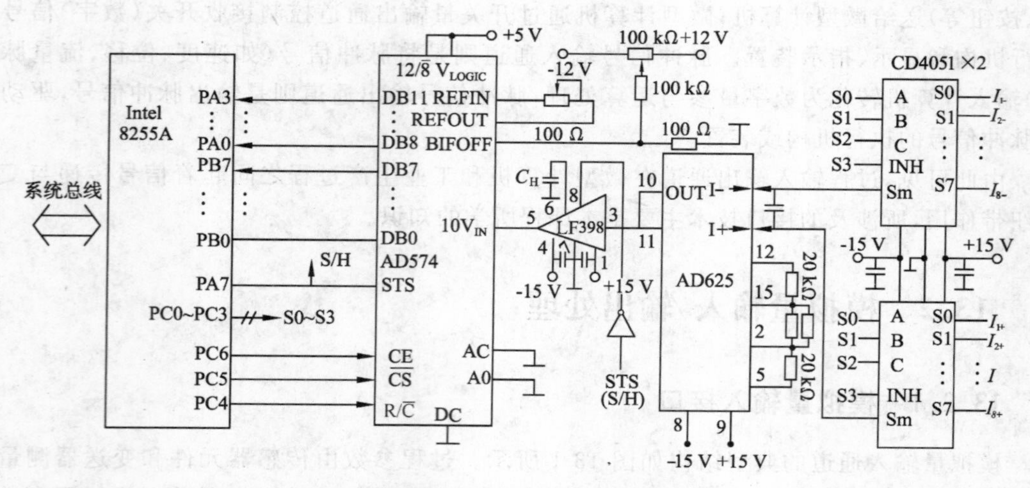

图 13-2　8 通道模拟量输入接口电路

13.2.2　模拟量输出接口

模拟量输出通道的两种基本结构形式如图 13-3 所示。多 D/A 结构的模拟量输出通道中 D/A 转换器除承担数字信号到模拟信号转换的任务外，还兼有信号保持作用，即把微机在 $t=kT$ 时刻对执行机构的控制作用维持到下一个输出时刻[$t=(k+1)T$]。这是一种数字保持方式，送给 D/A 转换器的数字信号不变，其模拟输出信号便保持不变。

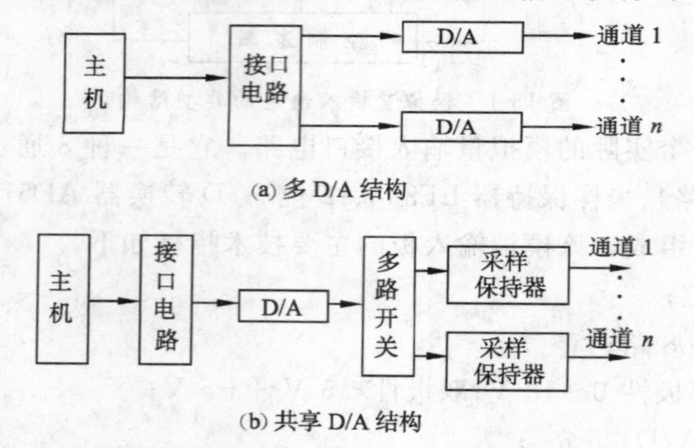

(a) 多 D/A 结构

(b) 共享 D/A 结构

图 13-3　模拟量输出通道的结构

共享 D/A 结构的模拟量输出通道中的 D/A 转换器只起数字信号到模拟信号的转换作用，信号保持功能靠采样保持器完成。这是一种模拟保持方式，微机对通路 $i(i=1,2,\cdots,n)$ 的控制信号被 D/A 转换器转换为模拟形式后，由采样保持器将其记忆下来，并保持到下一次控制信号的到来。多路 D/A 形式输出速度快、工作可靠、精度高，是工业控制领域普遍采用的形式。

图 13-4 给出了 8 路 D/A 转换模板的结构框图和其中一路的电路原理图。该模板由总线接口逻辑、8 片 DAC0832 以及 V/I 变换电路等组成。其中每路的 D/A 转换器均接为单级输入工作方式，而且具有电压、电流两种可选的输出方式。这里的 V/I 变换电路与负载共用电源，输出电流 $I_{OUT}=V_{CC}/R_5$。当 $R_5=500\ \Omega$，$V_{CC}=0\sim5$ V 时，$I_{OUT}=0\sim10$ mA；当 $R_5=$

250 Ω，V_{CC}＝1～5 V 时，I_{OUT}＝4～20 mA。

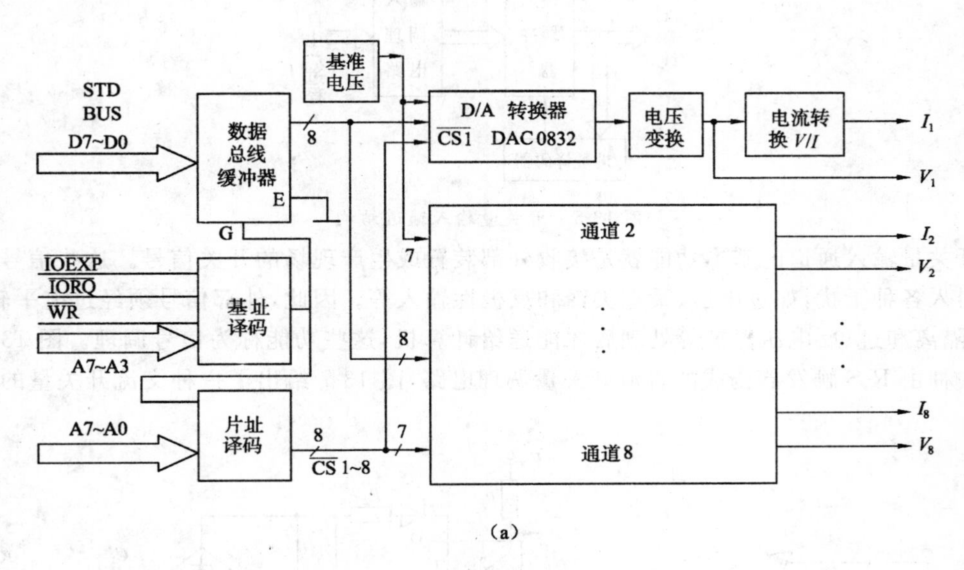

(a)

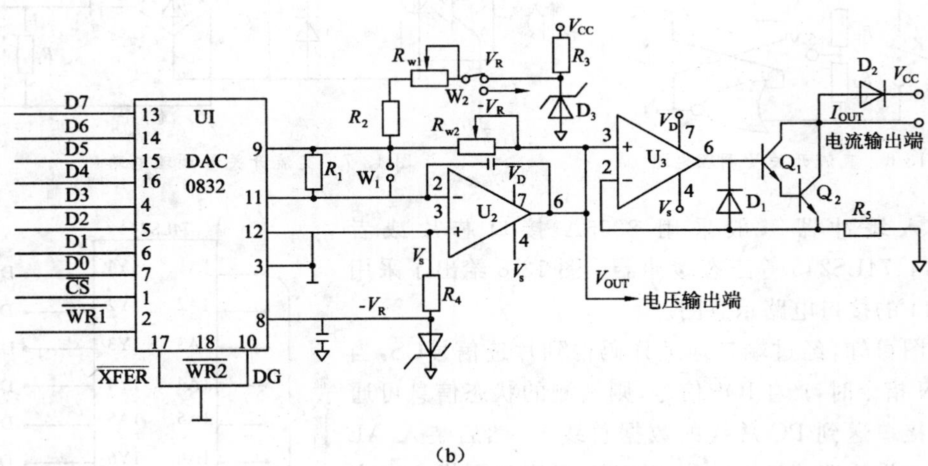

(b)

图 13-4 8 路 D/A 转换模板

13.3 开关量输入/输出处理

13.3.1 开关量输入接口

在计算机控制系统中，当需要对生产过程进行自动控制时，需要处理一类最基本的输入输出信号，即开关量信号。这些信号包括：开关的闭合与断开，指示灯的亮与灭，继电器或接触器的吸合与释放，马达的启动与停止，可控硅的通和断等。这些信号的共同特征是在计算机内以二进制的逻辑“1”和“0”出现，所以把这些信号又称为数字信号。

开关量输入通道主要由输入调理电路、输入缓冲器、地址译码器等组成，如图 13-5所示。

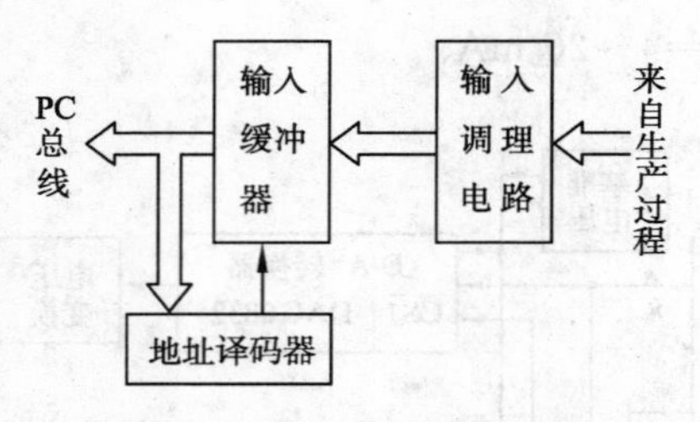

图 13-5　开关量输入通道结构

开关量输入通道的基本功能就是接收外部装置或生产现场的开关信号。这些信号极有可能引入各种干扰,如过电压、瞬态尖锋和反极性输入等。因此,外部信号须经过电平转换,滤波,隔离和过、反电压保护等处理后才能送给计算机,这些功能称为信号调理。图 13-6 给出了一种由 R-S 触发器构成的直流开关量调理电路,图 13-7 给出了一种交流开关量的调理电路。

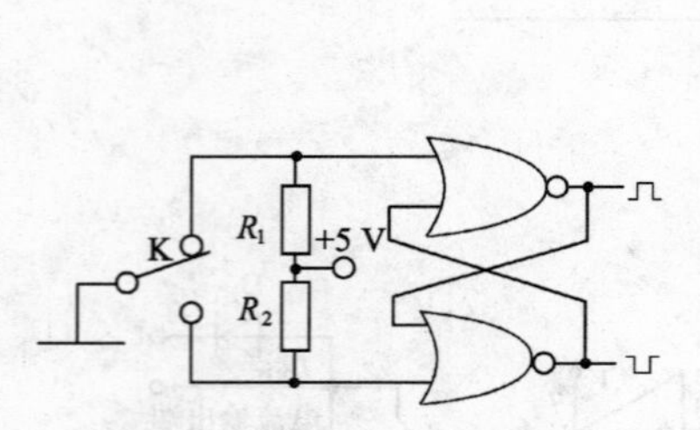

图 13-6　直流开关量调理电路

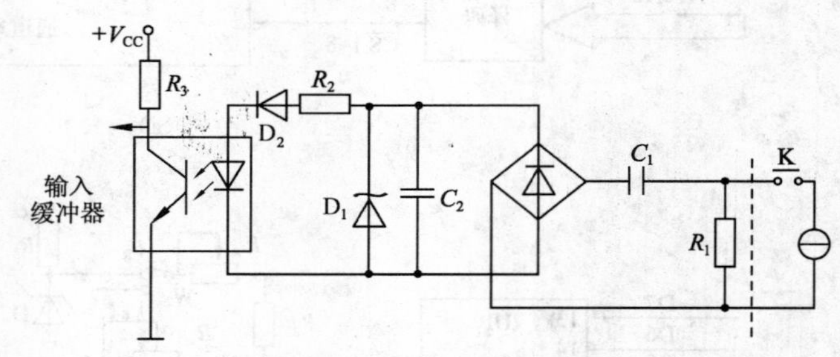

图 13-7　交流开关量调理电路

输入缓冲器一般采用 8255A 接口芯片或者 74LS244、74LS245 等三态缓冲器。图 13-8 给出了采用 74LS244 的接口电路示意图。

由图可知,经过端口地址译码得到片选信号$\overline{CS}$,当执行 IN 指令时,产生$\overline{IOR}$信号,则被测的状态信息可通过输入接口送到 PC 总线的数据总线上,然后装入 AL 寄存器。设片选端口地址为 PROT,可用如下指令来完成取数:

```
MOV    DX,PROT
IN     AL,DX
```

三态门缓冲器 74LS244 可用来隔离输入和输出线路,在两者之间起缓冲作用。另外,74LS244 有 8 个通道可输入 8 个开关状态。

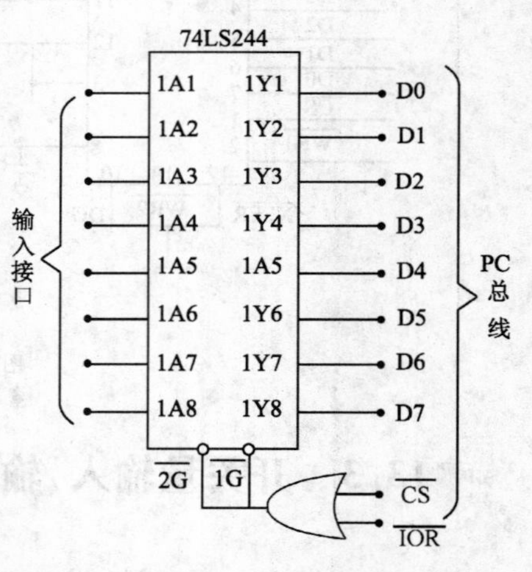

图 13-8　8 路开关量输入接口

13.3.2　开关量输出接口

开关量输出通道主要由输出锁存器、输出驱动电路、输出口地址译码电路等组成,如图 13-9 所示。

要把计算机输出的微弱数字信号转换成能对生产过程进行控制的驱动信号,关键在于输出通道中的功率驱动电路。根据现场开关器件功率的不同，可有多种数字量驱动电路的构成方式，如大、中、小功率晶体管，可控硅，达林顿阵列驱动器，固态继电器等。

图 13-10 给出了 8 路开关量输出锁存接口电路，采用了 74LS273 锁存器。由图可知，利用 $\overline{IOW}$ 的后沿产生的上升沿可以锁存数据。经过端口地址译码，得到片选信号 $\overline{CS}$，执行 OUT 指令时，产生 $\overline{IOW}$ 信号。设片选端口地址为 PROT，可用以下指令完成数据输出控制。

```
MOV    AL,DATA
MOV    DX,PROT
OUT    DX,AL
```

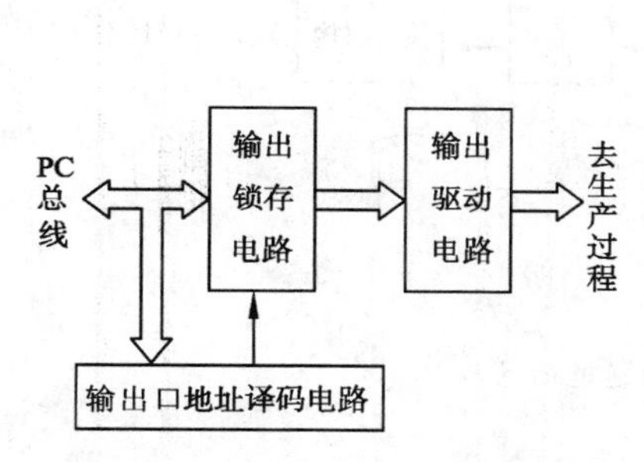

图 13-9 开关量输出通道的结构

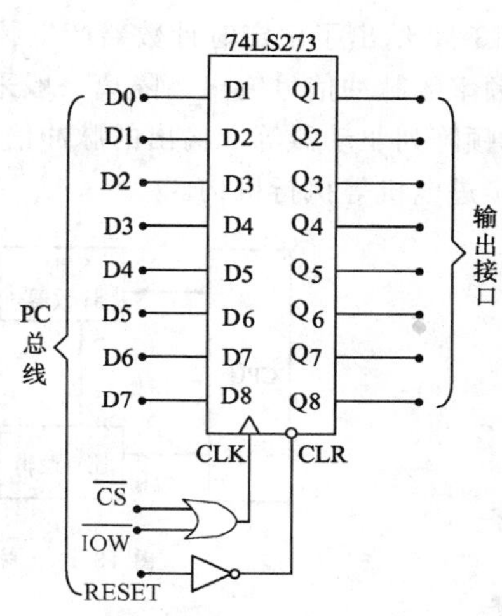

图 13-10 开关量输出锁存接口

74LS273 有 8 个通道，可输出 8 个开关状态，并可驱动 8 个输出装置。

13.4 脉冲信号输入/输出处理

13.4.1 脉冲信号的输入接口

在一些自动控制系统中，有些物理量的检测采用的传感器是输出连续脉冲信号，将被测值转化为一定频率的脉冲信号，例如有些速度传感器、流量传感器等；也可以将传感器输出的模拟信号采用 V/F 转换，转换为一定频率的脉冲信号。脉冲信号通过接口输入到计算机，采用定时计数技术转为数字量。计算机接受的是标准的 TTL 电平信号，如果传感器输出的不是标准的信号，则需要进行处理。图 13-11 给出了非标准脉冲信号输入通道的结构图。

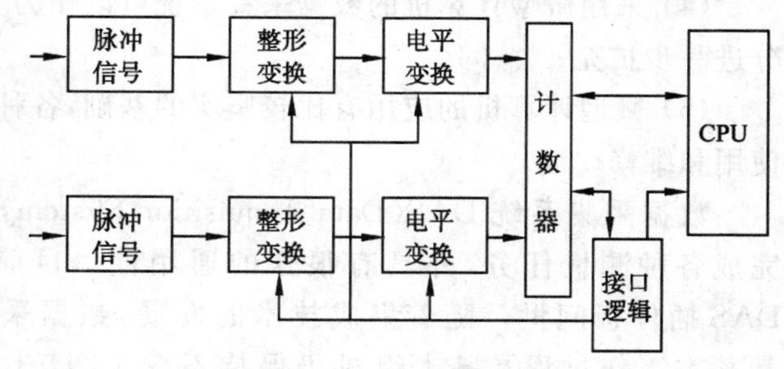

图 13-11 脉冲信号输入通道的结构

(1) 整形变换电路：将混有毛刺之类干扰的非标准脉冲信号或其信号前后沿不符合要求的输入信号整形为接近理想状态的方

波或矩形波，然后再根据系统要求变换为相应形状的脉冲信号。

(2) 电平变换电路：将输入的非 TTL 逻辑电平转换为 TTL 逻辑电平。

(3) 计数器：实现定时计数，例如 8253 定时器/计数器，同时将采集的数字量输入到计算机。

(4) 接口逻辑电路：协调各通道的同步工作，向 CPU 传递状态信息并控制数字量的输入、输出。

13.4.2 脉冲信号的输出接口

图 13-12 给出了由定时计数器产生脉冲信号输出通道的结构。例如，利用 8253 可以产生不同频率的脉冲信号输出。隔离一般采用光电隔离，功放采用大、中、小功率晶体管，可控硅，达林顿阵列驱动器等。输出的脉冲信号一般用于驱动喇叭或发光管进行声光报警，也可以驱动步进电机等执行机构。

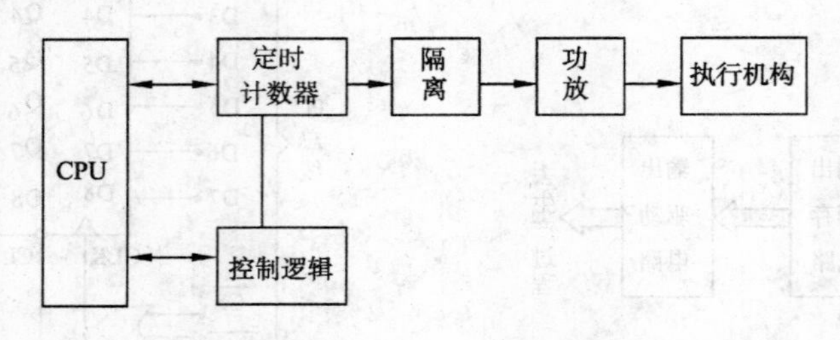

图 13-12 脉冲信号输出通道的结构

13.5 实例设计——数据采集系统

计算机数据采集系统可采用小型机或微型机构成。以微型计算机构成的数据采集系统一般采用单总线结构，目前比较流行的总线有 STD 总线、S100 总线、MULTIBUS 总线、IBM-PC 总线等。单总线结构的主要特点是：

(1) 系统的结构简单，容易实现，能够满足中、小规模数据采集系统的要求；

(2) 微型计算机对环境的要求不太高，能够在比较恶劣的环境下工作；

(3) 微型计算机的价格低廉，可降低数据采集系统的投资，即使是比较小的系统，也可以采用它；

(4) 采用微型计算机的数据采集系统可以作为分布式数据采集系统的一个基本组成部分进一步扩充；

(5) 微型计算机的应用有比较坚实的基础，各种 I/O 模板及应用软件都比较齐全，便于使用和维修。

数据采集系统 DAS(Data Acquisition System，简称 DAS)与微型计算机相配合可以完成各种测量任务，并具有很强的通用性。目前已有许多与各种微机系统相匹配的 DAS 插件板问世。随着集成技术的发展，数据采集系统的结构也有了较大的变化，但其基本工作过程及基本组成仍保持不变。图 13-13 给出了一个典型的 DAS 的基本结构图。

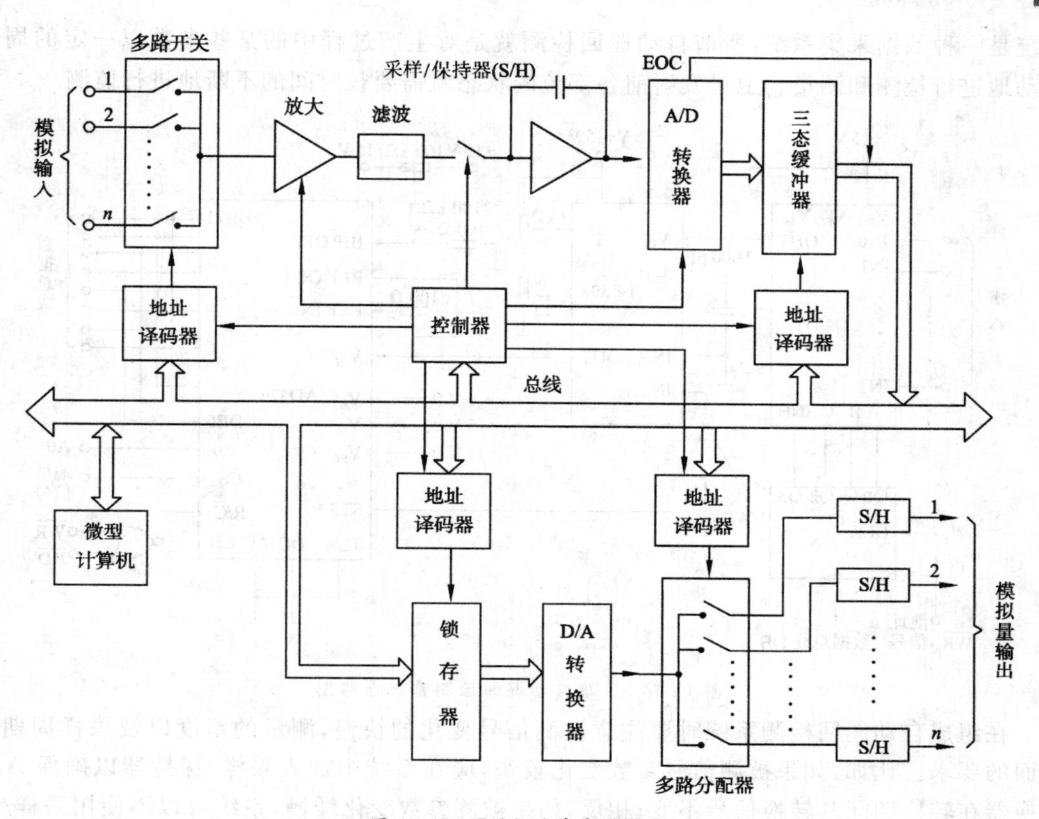

图 13-13 DAS 的基本结构图

图中的多路开关、采样/保持器(S/H)、A/D 转换器等构成了 DAS 的数据输入通道。多路模拟输入信号经多路开关依次接通并顺序输入，再经放大及滤波后被采样/保持器(S/H)采样并保持，使输入到 A/D 转换器的模拟量在保持时间内恒定，以保证 A/D 转换的准确度。A/D 转换器转换后的数字量可经三态门送入总线，以便由微型计算机对采集的数据进行处理。图中的 D/A 转换器、多路分配器、采样/保持器等构成了 DAS 的数据输出通道。输入数据经微型计算机处理后通过锁存器送到 D/A 转换器，然后再在多路分配器的作用下依次输出。为了保持输出量的连续性，各路也要接入采样/保持电路。由此可见，一个完整的数据采集过程大致可分为三步。

1. 数据采集

被测信号经过放大、滤波、A/D 转换，并将转换后的数字量送入计算机。这里要考虑干扰抑制、带通选择、转换准确度、采样/保持及计算机接口等问题。

2. 数据处理

由计算机系统根据不同的要求对采集的原始数据进行各种数学运算。

3. 结果处理

将数据处理后的结果在输出设备上(打印机、绘图仪、CRT 等)复现出来，或者将数据存入磁盘保存起来，或通过通信线路送到远地。

上述整个过程都是在计算机的主导下用软件通过 DAS 来完成的。

图 13-14 给出了一个具体的数据采集系统——8 路自动巡回检测系统。自动巡回检测

系统是一种数据采集系统，所谓自动巡回检测就是对生产过程中的某些参数以一定的周期自动地进行检测和测量。卫星发射前各部位的状态就需要长时间的不断地进行监测。

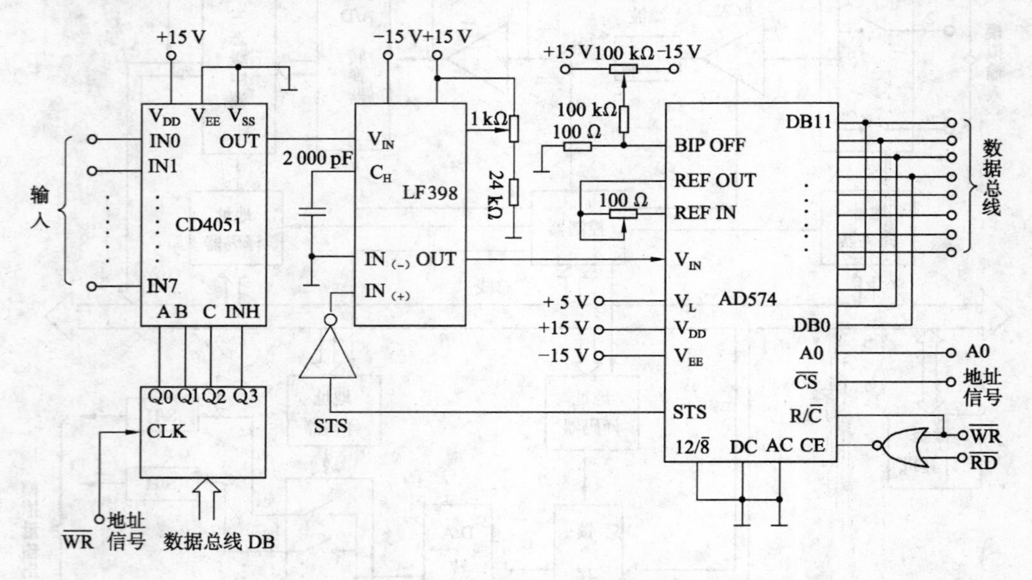

图 13-14　8 路自动巡回检测系统电路图

在组成自动巡回检测系统时要注意被测信号变化的快慢，测量的精度以及采样周期等方面的要求。比如，如果被测信号参数变化较快，应在系统中加入采样/保持器以确保 A/D 转换器在转换期间其转换信号不变；相反，如果被测参数变化缓慢，系统可以不使用采样/保持器。

该系统能对 8 路模拟信号(变化频率≤100 Hz)进行连续巡回检测，电压范围 0～10 V，分辨率为 5 mV(0.05%)，采样间隔为 1 s。

A/D 转换器选用转换速度较快的 AD574。AD574 的分辨率为 12 位(0.025%)，转换误差 0.05%，转换时间 25 μs，输入电压的范围等均能符合上述要求。多路模拟开关选用 CD4051。CD4051 的导通电阻为 200 Ω，由于采样/保持器的输入电阻一般在 10 MΩ 以上，所以输入电压在 CD4051 上的压降仅为 0.002%左右，符合要求。CD4051 的开关漏电流仅为 0.08 nA，当信号源内阻为 10 kΩ 时，误差电压约为 0.08 μV，可以忽略不计。采样/保持器选用 LF398。LF398 采样速度快，保持性能好，非线性度为±0.01%，也符合上述要求。整个系统采用以 8086 CPU 构成的微机系统来实施控制。

该系统检测周期的定时由定时器/计数器 8253 来完成。设与 8253 CLK0 相连的时钟频率为 2 MHz，OUT0 接 CLK1，OUT1 接 8259A 的 IR2。选 8253 的计数器 0 工作在方式 2，定时时间 20 ms(计数初值为 40000D)，禁止中断；计数器 1 工作在方式 2，计数次数 50，允许中断。每中断一次(即每隔 1 s)，便通知进行定时采样。

下面是实现上述过程的程序(设 8253 的端口地址为 80H～83H，8259A 的地址为 20H、21H)：

主程序：

```
……
INI1:IN        AL,21H
```

```
        AND     AL,11111011B          ;开放 8259A 的 IR2 中断
        OUT     21H,AL
        MOV     AX,0                  ;装填中断向量表
        MOV     ES,AX
        MOV     DI,0AH * 4
        CLD
        MOV     AX,OFFSET INTSUB
        STOSW                         ;装中断服务程序入口地址的偏移量
        MOV     AX,SEG INTSUB
        STOSW                         ;装中断服务程序入口地址的段基值
        MOV     AL,00110100B          ;8253 的计数器 0 初始化
        OUT     83H,AL
        MOV     AX,40000D             ;送计数器 0 的计数初值
        OUT     80H,AL                ;先送低 8 位
        OUT     80H,AH                ;后送高 8 位
        MOV     AL,01010100B          ;8253 的计数器 1 初始化
        OUT     83H,AL
        MOV     AL,50D                ;送计数器 1 的计数初值
        OUT     81H,AL
        STI                           ;开中断
        ……
WAIT:   HLT                           ;等待 1 s 中断
        JMP     WAIT
```

1 s定时中断服务程序：

```
        INTSUB  PROC  FAR
        ……
INT1:   LCALL   SAP              ;调采样子程序
        ……
        MOV     AL,20H           ;写 8259A 的中断结束命令
        OUT     20H,AL
        IRET                     ;中断返回
        INTSUB  ENDP
```

在该系统中，被测参数经多路开关 CD4051 选通后送到 LF398 的输入端。LF398 的工作状态由 A/D 转换器转换结束标志 STS 的状态控制：当 A/D 转换正在进行时，STS 为高电平，经反相后使 S/H 呈保持状态，以保证 A/D 转换器输入信号的稳定；当 A/D 转换结束时，STS 变为低电平，经反相后使 S/H 呈采样状态。这种控制方法不必由微型计算机传送 S/H 控制信号，所以使系统速度加快。数据采集的顺序是先把 8 个通道各采样一次，然后再循环 10 次，这样就相当于在一次中断处理中对每一通道采样 10 次，最后再对每通道采集的 10 个数据进行滤波处理。采样子程序框图如图 13-15(a)所示，采样后有效数据的格式如图

13-15(b)所示。

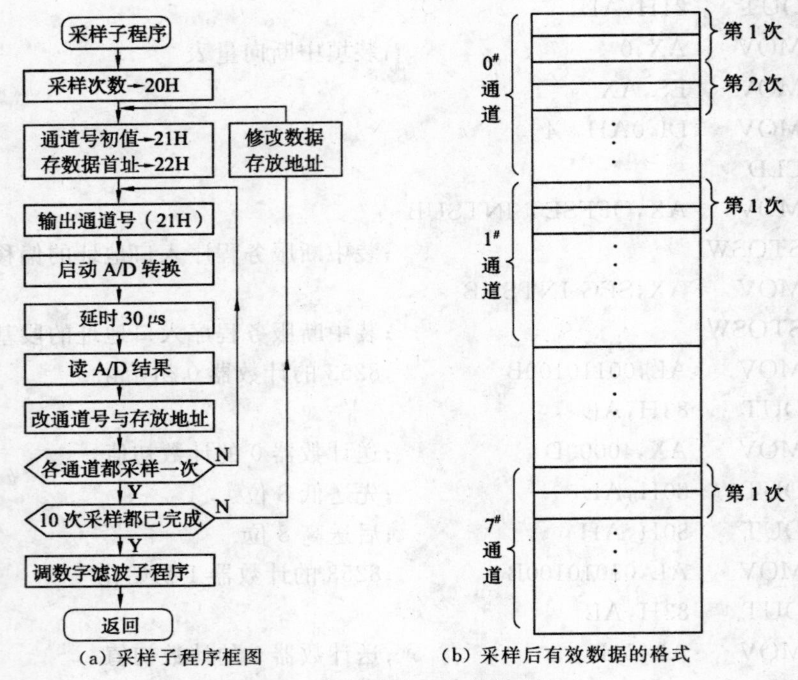

(a) 采样子程序框图　　(b) 采样后有效数据的格式

图 13-15　数据采集子程序流程图

复习思考题

1. 智能工业供水系统的设计与模拟。

某工业供水系统中有水网供水和大(30 kW)、小(22 kW)两个水泵从地下抽水三种方式。为保证供水和节约用水，需设计一个控制系统，根据水网水压在三种方式之间自动切换。设计要求：

① 随时检测水网水压，当该信号低于3 V时，打开小水泵抽水；当该信号低于2 V时，打开大水泵抽水。

② 当某一水泵电机过热时(如该信号大于4 V时，表示过热)，自动切换到另一水泵上，并且显示过热水泵泵号；若两泵电机均过热，则报警，两泵编号交替显示，并切换到水网供水。

③ 输出的控制信号可用8255A或DAC0832的输出模拟。

2. 天然气燃具定时报告及泄露报警控制系统的设计与实现。

设计对天然气泄露检测报警和按设定时间进行报告的控制系统，并编程实现相应功能。设计要求：

① 检测天然气是否漏气，若有(到一定浓度，探测器的灵敏度能够分辨的浓度)，则蜂鸣

器报警。可设定两个界限值。

② 设定燃气开关开启时间(如蒸饭设定为一小时),时间到后自动报告主人(用蜂鸣器),并自动关闭。

③ 应至少能控制两个燃具。

提示:检测燃烧现象要用温度传感器、光传感器同时检测,当它们同时满足条件时才开始燃烧。控制开关的"开"和"关"可用8255A和8259A实现。

3. 铁道路口交通管理自动控制系统的设计与功能实现。

设计一个铁道与公路交叉路口的自动交通管理系统。设计要求:

① 当检测到铁轨振动(火车将到)时,自动发出警报信号,并控制关闭栅栏,同时公路方向红灯亮。

② 火车将到时(关闭栅栏后),当检测到铁路上有物体时自动发出紧急刹车信号,并以急促的声音报警,同时红灯闪烁。

③ 当铁轨振动信号由大到小达到一定程度(火车已过)时,自动解除警报,同时打开栅栏门,公路方向绿灯亮。

提示:铁轨振动信号可由振动传感器检测,这里用模拟电压代替;输出的报警信号可用PC机内部的扬声器发声代替;指示灯可由发光二极管代替;关栅栏门信号由输出开关信号表示;输出的紧急刹车信号由DAC0832的输出模拟信号代替。

第十四章 嵌入式系统简介

本章要点:了解当前流行的嵌入式系统技术;重点掌握嵌入式微处理器与一般 CPU 的区别、联系,嵌入式操作系统与一般 Windows 操作系统的区别、联系,嵌入式系统开发的一般原理与方法。

14.1 什么是嵌入式系统

从长远来看,PC 机和计算机工作站将衰落,因为计算机变得无处不在,例如在手腕上、在手写电脑中(像手写纸一样)等,随用随取、伸手可及。全世界的计算机科学家正在形成一种共识:计算机不会成为科幻电影中的那种贪婪的怪物,而是将变得小巧玲珑,无处不在。它们藏身在任何地方,又消失在所有地方,功能强大,却又无影无踪。人们将这种思想命名为“无所不在的计算机”。

无处不在的计算机是计算机与使用者的比率达到和超过 100∶1 的阶段。无处不在的计算机包括通用计算机和嵌入式计算机系统,在 100∶1 比例中 95%以上都是嵌入式计算机系统,并非通用计算机。通用计算机是看得见的计算机,如 PC 机、服务器、大型计算机等。嵌入式计算机是看不见的计算机,一般不能被用户编程,它有一些专用的 I/O 设备,对用户的接口是专用的。通常将嵌入式计算机系统简称为嵌入式系统。

1. 嵌入式系统的定义

嵌入式系统是以应用为中心、以计算机技术为基础、软件硬件可裁剪,适用于系统对功能、可靠性、成本、体积、功耗有严格要求的专用计算机系统。

嵌入式系统是将先进的计算机技术、半导体技术和电子技术与各个行业的具体应用相结合的产物,包含有计算机,但又不是通用计算机的计算机应用系统,其对比关系如表 14-1 所示。

表 14-1 通用计算机与嵌入式系统对比

特　征	通用计算机	嵌入式系统
形式和类型	看得见的计算机,按其体系结构、运算速度和结构规模等因素分为大、中、小型机和微机	看不见的计算机,形式多样,应用领域广泛
组　成	通用处理器、标准总线和外设,软件和硬件相对独立	面向应用的嵌入式微处理器,总线和外部接口多集成在处理器内部,软件与硬件是紧密集成在一起的

续表

特　征	通用计算机	嵌入式系统
开发方式	开发平台和运行平台都是通用计算机	采用交叉开发方式。开发平台一般是通用计算机，运行平台是嵌入式系统
二次开发性	应用程序可重新编制	一般不能再编程

2. 嵌入式系统的组成

嵌入式系统一般由嵌入式硬件和软件组成。硬件以微处理器为核心，集成存储器和系统专用的输入/输出设备；软件包括初始化代码及驱动、嵌入式操作系统和应用程序等。这些软件有机地结合在一起，形成系统特定的一体化软件。

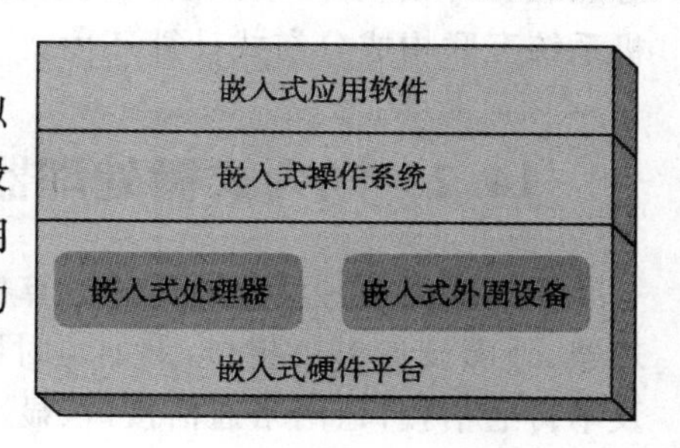

图 14-1　嵌入式系统的组成架构

图 14-1 给出了嵌入式系统的组成架构。

3. 嵌入式系统的应用

进入 21 世纪，在分布控制、柔性制造、数字化通信和数字化家电等巨大需求的牵引下，嵌入式系统的硬件、软件技术进一步加速发展，应用领域进一步扩大。嵌入式系统的某些应用如下：

① 手机、数码相机、VCD、数字电视、路由器、交换机等都是嵌入式系统；

② 大多数豪华轿车每辆拥有约 50 个嵌入式微处理器；

③ 波音 777 宽体客机上约有 1 000 个嵌入式微处理器；

④ 在不久的将来你会在你的家里发现几十到上百个嵌入系统在为你服务；

⑤ 在工业控制领域，嵌入式 PC 大量应用于嵌入式系统中。

图 14-2 给出了嵌入式系统的一些应用领域。

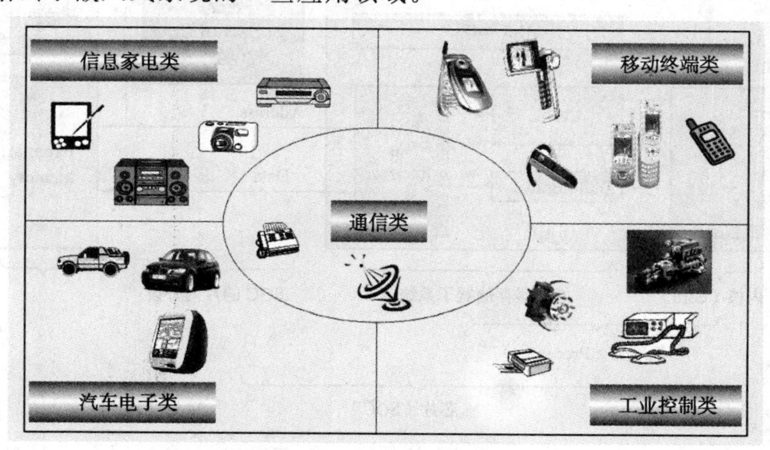

图 14-2　嵌入式系统的应用领域

4. 嵌入式系统的特点

嵌入式系统具有如下一些特点：通常是形式多样、面向特定应用的；得到多种类型的处理器和处理器体系结构的支持；通常极其关注成本；有实时性和可靠性的要求；使用的操作系统一般是适应多种处理器、可剪裁、轻量型、实时可靠、可固化的嵌入式操作系统；开发需要专门工具和特殊方法。

5. 嵌入式系统的发展趋势

嵌入式系统向新的嵌入式计算模型方向发展：支持自然的人机交互和互动的、图形化、多媒体的人机界面；操作简便、直观、无需学习，如司机操纵高度自动化的汽车主要通过方向盘、脚踏板和操纵杆；可编程的嵌入式系统可支持二次开发，如采用嵌入式Java技术，可动态加载和升级软件，增强嵌入式系统功能；支持分布式计算，与其他嵌入式系统和通用计算机系统互联构成分布式计算环境。

14.2 嵌入式微处理器

嵌入式微处理器是在通用计算机微处理器(CPU)的基础上又集成了存储器及存储器管理器、外围设备I/O接口，例如定时器/计数器、中断管理器、DMA、并行输入输出接口等，以及串行通信接口、网络通信接口、显示接口、调试接口等。在某种意义上讲，一个嵌入式微处理器芯片就是一个"SOC"。图14-3显示了"SOC"的含义。

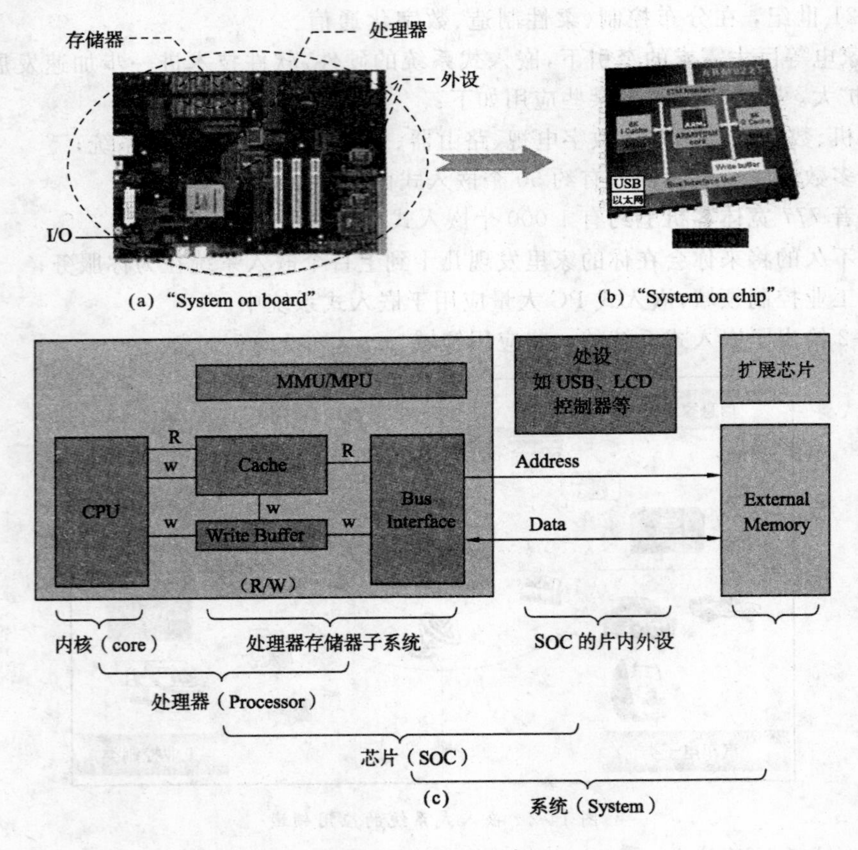

图14-3 "SOC"的含义

每个嵌入式系统至少包含一个嵌入式微处理器，嵌入式微处理器的体系结构可采用冯·诺依曼(Von Neumann)结构或哈佛(Harvard)结构。传统的微处理器采用的冯·诺依曼结构将指令和数据存放在同一存储空间中，统一编址，指令和数据通过同一总线访问。哈佛

结构则是不同于冯·诺依曼结构的一种并行体系结构，其主要特点是程序和数据存储在不同的存储空间中，即程序存储器和数据存储器是相互独立的，每个存储器独立编址、独立访问。与之相对应的是系统中设置的两条总线（程序总线和数据总线），从而使数据的吞吐率提高了一倍。图 14-4 给出了两种结构的差异。

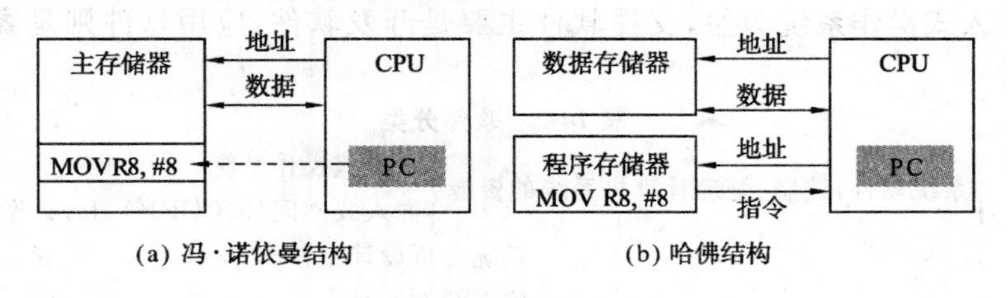

图 14-4　微处理器结构

嵌入式微处理器的指令系统可采用精简指令集系统 RISC（Reduced Instruction Set Computer，简称 RISC）或复杂指令集系统 CISC（Complex Instruction Set Computer，简称 CISC）。嵌入式微处理器有许多不同的体系，即使在同一体系中也可能具有不同的时钟速度和总线数据宽度，集成不同的外部接口和设备。通常情况下，嵌入式微处理器包括：片内存储器，外部存储器的控制器，外设接口（串口，并口），LCD 控制器，中断控制器，DMA 控制器，协处理器，定时器，A/D、D/A 转换器，多媒体加速器，总线，其他标准接口或外设。

据不完全统计，目前全世界嵌入式微处理器的品种总量已经超过千种，有几十种嵌入式微处理器体系，主流的体系有 ARM、MIPS、PowerPC、SH、X86 等。

1. X86 系列

主要由 AMD、Intel、NS、ST 等公司提供，如 AM186/88、Elan520、嵌入式 K6，386EX、STPC 等，主要应用在工业控制、通信等领域。国内由于对 X86 体系比较熟悉，得到广泛应用，特别是在嵌入式 PC 中应用非常广泛。

2. MPC/PPC 系列

Motorola 推出的 MPC 系列，如 MPC8XX，IBM 推出 PPC 系列，如 PPC4XX，主要应用在通信、消费电子及工业控制、军用装备等领域。IBM PowerPC 集成 10/100 Mbps 以太网控制器、串行和并行端口、内存控制器以及其他外设的高性能嵌入式处理器。Motorola MPC 是高度综合的 SOC 设备，结合了 PPC 微处理器核心的功能、通信处理器和单硅成分内的显示控制器。此设备可以在大量的电子应用中使用，特别是在低能源、便携式、图像捕捉和个人通信设备中。

3. ARM 系列

ARM（Advanced RISC Machine，简称 ARM）公司是一家专门从事芯片 IP 设计与授权业务的英国公司，其产品有 ARM 内核以及各类外围接口。ARM 内核是一种 32 位 RISC 微处理器，具有功耗低、性价比高、代码密度高等三大特色。目前，90％的移动电话、大量的游戏机、手持 PC 和机顶盒等都已采用了 ARM 处理器，许多一流的芯片厂商都是 ARM 的授权用户（Licensee），如 Intel、Samsung、TI、Motorola、ST 等。ARM 已成为业界公认的嵌入式微处理器标准之一。

14.3 嵌入式系统软件

嵌入式系统的软件主要分为三大类：系统软件、支撑软件和应用软件，如表 14-2 所示。系统软件以嵌入式操作系统为主，支撑软件主要是开发软件，应用软件则是客户使用的软件。

表 14-2 软件分类

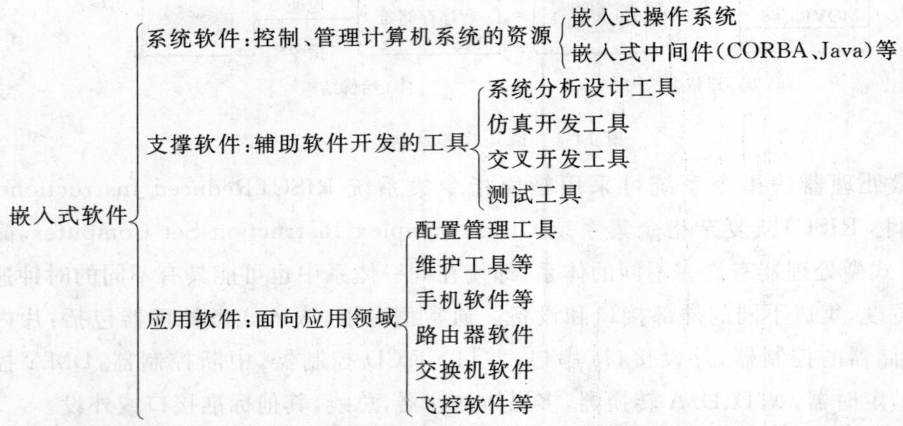

图 14-5 给出了嵌入式软件系统的体系结构，显示不同软件之间的关系，可分为四层，上层依赖下层。因此嵌入式系统软件的开发比较复杂。

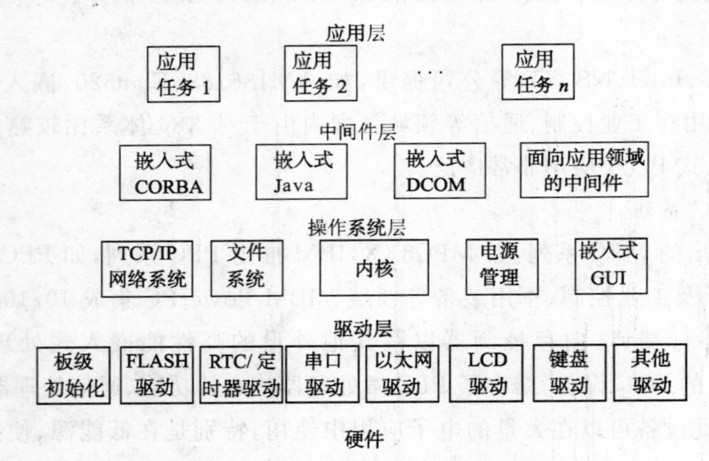

图 14-5 软件体系结构

1. 驱动层

驱动层是直接与硬件打交道的一层，它为操作系统和应用提供所需的驱动支持。该层主要包括三种类型的程序：(1) 板级初始化程序：这些程序在嵌入式系统上电后初始化系统的硬件环境，包括嵌入式微处理器、存储器、中断控制器、DMA、定时器等的初始化。(2) 与系统软件相关的驱动：这类驱动是操作系统和中间件等系统软件所需的驱动程序，它们的开发要按照系统软件的要求进行。目前操作系统内核所需的硬件支持一般都已集成在嵌入式微处理器中，因此操作系统厂商提供的内核驱动一般不用修改。(3) 与应用软件相关的驱动：这类驱动不一定需要与操作系统连接，这些驱动的设计和开发由应用决定。

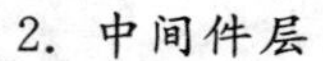

2. 中间件层

目前在一些复杂的嵌入式系统中也开始采用中间件技术，主要包括嵌入式 CORBA、嵌入式 Java、嵌入式 DCOM 和面向应用领域的中间件软件，如基于嵌入式 CORBA 的应用于软件无线电台的应用中间件 SCA(Software Core Architecture，简称 SCA)等。

3. 应用层

应用层软件主要由多个相对独立的应用任务组成，每个应用任务完成特定的工作，如 I/O任务、计算任务、通信任务等，由操作系统调度各个任务的运行。

4. 操作系统层

操作系统层包括嵌入式内核、嵌入式 TCP/IP 网络系统、嵌入式文件系统、嵌入式 GUI 系统和电源管理等部分。其中嵌入式内核是基础和必备的部分，其他部分要根据嵌入式系统的需要来确定。

嵌入式操作系统可以统称为应用在嵌入式系统中的操作系统，它具有一般操作系统的功能，同时具有嵌入式软件的特点，主要有：可固化；可配置、可剪裁；独立的板级支持包，可修改；不同的 CPU 有不同的版本；应用的开发需要有集成的交叉开发工具。

从应用领域来分，嵌入式操作系统分为：面向信息家电的嵌入式操作系统；面向智能手机的嵌入式操作系统，如 Symbian OS、MS Mobile OS、Palm OS、Embedded Linux 等；面向汽车电子的嵌入式操作系统；面向工业控制的嵌入式操作系统。

从实时性的角度来分，嵌入式操作系统分为：具有强实时特点的嵌入式操作系统，如 VxWorks、QNX、Nucleus、OSE、Delt OS、各种 ITRON OS 等；非实时嵌入式操作系统：一般只具有弱实时特点，如 WinCE、版本众多的嵌入式 Linux、Palm OS 等。

从嵌入式系统的商业模式来分，嵌入式操作系统分为：商用型，功能稳定、可靠，有完善的技术支持和售后服务，有开发费用并收取版税。开源型，开放源码，只收服务费，没有版税，如 Embedded Linux、RTEMS、eCOS。

嵌入式 Linux 操作系统迅速发展，由于具有源代码开放、系统内核小、执行效率高、网络结构完整等特点，很适合信息家电等嵌入式系统的需要，目前已经形成了能与 Windows CE、Symbian 等嵌入式操作系统进行有力竞争的局面。

μC/OS-II 是一个抢占式实时多任务内核，它是用 ANSI C 语言编写的，包含一小部分汇编语言代码，使之可以提供给不同架构的微处理器使用。至今，从 8 位到 64 位，μC/OS-II 已经在 40 多种不同架构的微处理器上使用。使用 μC/OS-II 的领域包括：照相机行业、航空业、医疗器械、网络设备、自动提款机以及工业机器人等。μC/OS-II 全部以源代码的方式提供，大约有 5 500 行，CPU 相关的部分使用的是针对 Intel 80X86 微处理器的代码。μC/OS-II 可以很容易地移植到不同架构的嵌入式微处理器。

复习思考题

1. 简述微型机系统与嵌入式系统的区别与联系。
2. 简述嵌入式操作系统的类型、作用。
3. 简述嵌入式微处理器与 80X86 系列 CPU 的区别。

参考文献

1 王培进. 微型计算机技术. 东营:石油大学出版社,2002
2 张荣标. 微型计算机原理与接口技术. 北京:机械工业出版社,2005
3 周明德. 微机原理与接口技术. 北京:人民邮电出版社,2002
4 朱德森. 微型计算机(80486)原理与接口技术. 北京:化学工业出版社,2003
5 马忠梅. ARM & Linux 嵌入式系统教程. 第 2 版. 北京:北京航空航天大学出版社,2008